新一代信息技术（网络空间安全）高等教育丛书

丛书主编：方滨兴　郑建华

密码技术应用

樊　凯　李　晖　苏锐丹　赵兴文 ◎编著

科学出版社

北　京

内 容 简 介

本书密切围绕国家安全战略需求，紧跟时代发展，是开展密码技术科学研究与工程实践中密码算法、密码应用与实践，以及密码应用安全性评估等多个层面的基本原理、共性技术和应用实践的归纳总结。本书内容包括密码学基础理论和方法、国家商用密码标准算法、身份认证与访问控制、密钥管理技术、公钥基础设施、密码应用与实践、商用密码应用安全性评估等。

本书旨在帮助读者建立正确的密码技术应用观，使读者理解密码技术在信息系统中的应用，培养读者运用密码技术基本原理独立分析和解决信息系统安全问题的能力。

本书可作为密码科学与技术、网络空间安全、信息安全、网络工程等方向本科和研究生课程的教材，也可作为相关方向读者的参考书。

图书在版编目(CIP)数据

密码技术应用 / 樊凯等编著. -- 北京：科学出版社，2024. 12. --（新一代信息技术（网络空间安全）高等教育丛书 / 方滨兴，郑建华主编).-- ISBN 978-7-03-080125-8

Ⅰ. TN918.4

中国国家版本馆 CIP 数据核字第 2024FQ9166 号

责任编辑：于海云　张丽花 / 责任校对：胡小洁
责任印制：赵　博 / 封面设计：马晓敏

科 学 出 版 社 出版

北京东黄城根北街 16 号
邮政编码：100717
http://www.sciencep.com

天津市新科印刷有限公司印刷
科学出版社发行　各地新华书店经销

*

2024 年 12 月第　一　版　　开本：787×1092　1/16
2024 年 12 月第一次印刷　　印张：15 1/4
字数：360 000

定价：69.00 元

（如有印装质量问题，我社负责调换）

丛书编写委员会

丛 书 序

    网络空间安全已成为国家安全的重要组成部分，也是现代数字经济发展的安全基石。随着新一代信息技术发展，网络空间安全领域的外延、内涵不断拓展，知识体系不断丰富。加快建设网络空间安全领域高等教育专业教材体系，培养具备网络空间安全知识和技能的高层次人才，对于维护国家安全、推动社会进步具有重要意义。

    2023 年，为深入贯彻党的二十大精神，加强高等学校新兴领域卓越工程师培养，信息工程大学牵头组织编写"新一代信息技术（网络空间安全）高等教育丛书"。本丛书以新一代信息技术与网络空间安全学科发展为背景，涵盖网络安全、系统安全、软件安全、数据安全、信息内容安全、密码学及应用等网络空间安全学科专业方向，构建"纸质教材+数字资源"的立体交互式新型教材体系。

    这套丛书具有以下特点：一是系统性，突出网络空间安全学科专业的融合性、动态性、实践性等特点，从基础到理论、从技术到实践，体系化覆盖学科专业各个方向，使读者能够逐步建立起完整的网络安全知识体系；二是前沿性，聚焦新一代信息技术发展对网络空间安全的驱动作用，以及衍生的新兴网络安全问题，反映网络空间安全国际科研前沿和国内最新进展，适时拓展添加新理论、新方法和新技术到丛书中；三是实用性，聚焦实战型网络安全人才培养的需求，注重理论与实践融通融汇，开阔网络博弈视野、拓展逆向思维能力，突出工程实践能力提升。这套"新一代信息技术（网络空间安全）高等教育丛书"是网络空间安全学科各专业学生的学习用书，也将成为从事网络空间安全工作的专业人员和广大读者学习的重要参考和工具书。

    最后，这套丛书的出版得到网络空间安全领域专家们的大力支持，衷心感谢所有参与丛书出版的编委和作者们的辛勤工作与无私奉献。同时，诚挚希望广大读者关心支持丛书发展质量，多提宝贵意见，不断完善提高本丛书的质量。

方滨兴

2024 年 8 月

前　言

在以信息技术为基础的知识经济时代，信息安全问题日益严峻，密码技术已成为保障网络与信息安全的关键核心技术，对于维护国家安全、社会稳定和人民利益具有不可替代的作用。在此背景下，作者编写了本书，旨在使读者理解密码技术在信息系统中的作用并掌握相关密码技术及应用知识，帮助读者建立正确的密码技术应用观，培养读者密码技术研究、开发、应用和管理的能力。

我国正处于实现中华民族伟大复兴的关键时期，面临着前所未有的机遇和挑战。在新时代新征程上，必须坚持创新驱动发展战略，加强关键核心技术自主研发，推动高质量发展，加快建设网络强国、数字中国。密码技术作为保障网络与信息安全的重要基石，其发展和应用直接关系到国家安全和经济社会发展的全局。

本书突出以下几方面的特点。

(1) 强化信息安全意识。从信息安全问题的由来出发，阐述密码技术在维护信息安全和人民利益方面的重要作用，增强读者的信息安全意识和社会责任感。

(2) 注重知识体系。从国家密码建设的大局出发，系统性地思考应用密码技术解决信息系统应用中的安全问题，进而介绍解决实际安全问题的关键核心技术和方法论。同时，全景式地展示密码技术解决信息系统中安全问题的根本方法、密码应用核心技术和实践机制。

(3) 强化自主创新。重点介绍我国密码技术的最新研究成果和发展趋势，鼓励读者积极参与密码技术的自主研发和创新实践，为我国密码技术的自主可控和国际竞争力提升贡献力量。

(4) 突出应用实践。不仅注重密码学基本原理和关键技术的介绍，还结合实际应用场景，详细介绍密码技术在移动通信、可信计算、物联网和工业互联网、云计算、隐私保护、区块链等领域的应用实践，帮助读者掌握密码技术的实际应用能力。

(5) 紧跟时代步伐。在编写过程中，密切关注国家政策和行业标准的最新动态，及时将最新的技术标准纳入书中；体现价值引领作用，紧跟学科前沿技术，融入丰富的应用实践内容和具体案例，确保书中内容的时效性和权威性。

本书是在归纳总结多年开展密码技术科学研究与工程实践的基本原理、共性技术和应用实践的基础上编写而成的。全书分 7 章。第 1 章从信息安全问题的由来出发，介绍密码技术在维护信息安全方面的作用和密码学的基础理论和方法；第 2 章全面介绍我国 SM4、ZUC、SM3、SM2、SM9 等商用密码标准算法及其特点；第 3~5 章介绍身份认证与访问控制、密钥管理和公钥基础设施的相关概念、技术，以及密码技术在其中的应用；第 6 章介绍密码技术在传输层安全、蜂窝移动通信系统接入安全、可信计算平台、物联网和工业互联网、云计算、隐私保护、区块链等领域中的应用和实践；第 7 章介绍商用密码应用安全性评估测评过程和工具。

书中部分知识点的拓展内容配有视频讲解，读者可以扫描相关的二维码进行查看。

本书由西安电子科技大学网络与信息安全学院包括国家级教学名师在内的长期从事密码和网络空间安全教学和科研一线的教授共同编写，由樊凯组织编写并统稿。其中，第 1 章和第 3 章由李晖编写，第 2 章和第 7 章由赵兴文编写，第 4 章由樊凯编写，第 5 章和第 6 章由苏锐丹编写。

在本书编写过程中，得到了科学出版社领导和编辑、西安电子科技大学网络与信息安全学院领导和教师的支持和帮助，在此表示衷心的感谢。

希望通过本书的出版，能够为我国密码技术的教育和人才培养贡献一份力量，推动密码技术在更多领域得到广泛应用和深入发展，为加快建设网络强国、数字中国提供有力支撑。

限于作者水平，书中难免存在疏漏之处，恳请同行专家和读者批评指正。

作　者

2024 年 7 月

目　录

第1章　绪　　论

1.1　信息安全问题的由来

在社会不断发展和科学技术水平不断提升的现阶段，计算机技术已经在社会的各个行业领域当中都实现了广泛的应用，信息网络是推动社会向前发展的重要力量。对于计算机网络中的信息系统而言，其中的信息数据与国家政府、企业公司和个人之间都具有十分紧密的联系，信息系统传输和处理的信息会涉及政府宏观调控、企业资金管理和个人隐私等重要内容，不可避免地会受到数据篡改、信息窃取和计算机病毒等形式的攻击，计算机犯罪的发生率也呈现出递增的趋势，对社会的健康发展构成了严重的威胁。因此，要正确地认识到网络信息系统中存在的安全问题，并采取有效的应对策略来保证信息的安全性。

目前，信息安全问题产生的根源主要有以下几方面。

(1) 技术和管理不到位。技术落后，导致安全防护手段缺乏；或者有先进的技术设备，但管理不善造成损失。这可能涉及员工培训、制度建设等方面的问题。

(2) 安全意识不足。一些组织和个人对信息安全的重视程度不够，没有采取必要的安全措施或及时修补漏洞，从而导致攻击者的入侵。这种疏忽可能是由教育水平限制、风险评估不当等造成的。

(3) 网络和系统存在缺陷。网络设计不合理、操作系统存在漏洞、物理设施不完善等问题都可能导致信息安全问题的发生。比如，黑客可以利用系统的漏洞进行非法侵入，窃取、篡改甚至破坏数据。这是硬件、软件方面存在的问题，如不能得到及时的检测和维护，就会成为安全隐患。

(4) 信息安全管理机构不健全。虽然许多企业建立了专门的信息安全管理部门，但是这些部门并没有发挥出应有的作用，存在着人员配备专业性不强、工作协调难度大和工作责任不明确等问题。特别地，中小企业因对业务发展的盲目追求而忽视内部的数据安全问题的情况也并不少见。企业的核心涉密人员的保密意识和技能也是影响企业整体信息化建设的重要因素之一，他们是企业信息化建设的先头军，必须认识到实施这一举措的重要性方可稳步发展，还需要进一步了解企业发展中的具体需求，不断完善软硬件环境，并加强自身的防范意识，以更好地促进企业的发展。

(5) 人为恶意侵犯和非授权访问。人为的恶作剧以及出于报复等不良心态故意地破坏信息的完整性和机密性是引发此类事件的主要原因。非授权访问则是包括使用未经授权的文件或装置、假冒合法用户以进入信息系统等方式在内的行为总称，这也是网络安全中需要重点防止的事件类型。

(6) 系统自身的不安全性。随着计算机技术的广泛应用与普及，各种应用服务系统中存储、处理、传输的大量数据资料变成了一个个潜在的"靶标"，面临着严重的威胁。在开放的网络环境下，当一个单位内网服务器公开后置于互联网上时，"靶标"就更大更明显了。总之，在进行数据处理的时候，如果忽略了一些关键性的细节，就会让整个程序本身具有危险系数，给某些人可乘之机。

(7) 其他原因。政策法规滞后、国际形势复杂多变等因素也会在不同程度上影响着计算机网络信息的安全保护。

综上所述，解决信息安全问题是一个涉及多方面的综合任务，需要进行全面的考虑和分析。

1.2　密码学在信息安全中的作用

随着信息技术的飞速发展，信息安全问题日益凸显，密码学作为信息安全的基石，发挥着至关重要的作用。密码学不仅为数据的机密性、完整性和认证性提供了保障，还为网络通信、电子交易等场景提供了安全支持。

(1) 密码学在保护通信内容方面起到了关键作用。在互联网上，人们通过电子邮件、即时通信等方式进行交流，这些信息如果不进行加密，就会面临被窃听、阅读、修改的风险。密码学通过使用加密算法，将明文转化为密文，使得未经授权的用户无法解读数据的真实内容。无论是个人之间的私密聊天，还是企业之间的商业机密，密码学都为其提供了坚实的保护，确保信息在传输过程中的安全。

(2) 密码学在确认身份方面发挥了重要作用。在网络上进行交流、购物、转账等时，需要确认对方的身份，以防止身份被伪造和信息被篡改。密码学通过数字签名和公钥基础设施(public key infrastructure，PKI)等技术，实现了对身份的认证和授权。数字签名技术可以确保信息的来源是可信的，并且信息在传输过程中没有被篡改；而 PKI 则通过颁发和管理数字证书，为网络通信提供了可信的身份验证机制。这些技术的应用使得可以放心地在网络上进行各种交易和操作，而不用担心身份被盗用或信息被篡改。

(3) 密码学在保护数据完整性方面也发挥了重要作用。在信息传输过程中，数据包可能会因为各种原因而丢失、损坏或被篡改。密码学通过哈希函数和数字签名等技术，实现了对数据的完整性校验和认证。哈希函数可以将任意长度的数据映射为固定长度的哈希值，一旦数据发生任何变化，哈希值都会随之改变。数字签名则可以对数据进行签名，确保数据的完整性和来源的真实性。这些技术的应用可以及时发现并处理数据在传输过程中的问题，确保数据的完整性和可靠性。

除了以上三方面，密码学还在其他多个领域发挥着重要作用。例如，在云计算和大数据领域，密码学为数据的隐私保护和安全存储提供了有效手段；在物联网领域，密码学为设备的认证和通信安全提供了保障；在区块链领域中，密码学为去中心化网络的安全性和可信度提供了支持。可以说密码学已经渗透到信息安全的各个领域，为人们的生活和工作提供了更加安全的环境。

数据信息在信息系统中存储、在网络上流通时，会出现被非法访问、被窃听、被篡改、被操作者或发送方否认等很多的问题。因此需要密码学的算法来进行一些支撑，密码技术是信息安全的基础和关键技术，用于保护数据存储和流通中信息的机密性、完整性、不可否认性等方面的安全。通过对信息的加密和解密，使得除通信双方以外的其他人无法获取明文信息，这主要用于抵抗被动攻击；利用密码技术还可以对信息发送和接收方的身份进行认证，对传递信息的完整性、不可否认性或来源真实性进行保护，这主要用于抵抗主动攻击。

1.3 密码学基础理论和方法

密码学是数学的一个分支，是研究编制密码和破译密码的技术科学，其中应用于编制密码以保守通信秘密的称为密码编码学，而应用于破译密码以获取通信情报的称为密码分析学。密码学基于信息论、数学和计算机科学设计了诸多密码算法和密码协议，以保证通信和存储等环节的系统和数据安全，是信息安全和网络安全的重要组成部分。密码学典型的密码算法有对称加密(对称密码)算法、公钥加密(公钥密码)算法、杂凑函数算法等，基于这些密码算法可以设计多种场景适用的密码协议，下面进行简要介绍。

1.3.1 对称密码

对称密码也称为私钥密码或单钥密码，是密码学中的一种重要加密方式。它的特点在于加密和解密过程使用相同的密钥，即对称密钥，这一特性使得对称密码在数据加密中既快速又高效，但同时也带来了一些挑战，如密钥的分发和管理。

一个密码系统由算法和密钥两个基本组件构成。密钥是一组二进制数，由进行密码通信的双方掌握，而算法则是公开的，任何人都可以获取使用。对称密码系统的基本原理模型如图 1-1 所示。

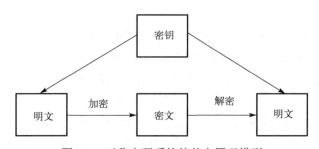

图 1-1 对称密码系统的基本原理模型

1. 对称密码的优点

(1) 对称密码具有高效的加密和解密速度。由于加密和解密过程使用的是相同的密钥和算法，因此计算复杂度相对较低，使得加密和解密过程能够迅速完成。这种高效性在处理大量数据时尤为突出，满足了实时性和高效性的需求。

(2) 对称密码算法简单、易于实现。对称加密算法通常设计得相对简洁，易于理解和实现。这使得对称密码在实际应用中具有广泛的适用性，无论是硬件实现还是软件实现都相对容易。

(3) 对称密码的实现成本低。由于算法简单、计算量小，对硬件资源的需求相对较低，因此在实现成本上具有一定优势。这使得对称密码在资源有限的环境下(如嵌入式系统、物联网设备等)具有广泛的应用前景。

2. 对称密码的缺点

(1) 密钥管理困难。由于加密和解密使用的是相同的密钥，因此密钥的分发和保管变得尤为关键。在多人通信的场景中，密钥的组合数量会随着用户数量的增加而爆炸式增长，使得密钥的分发和管理变得异常复杂。此外，如何确保密钥在传输过程中的安全性，防止被窃取或篡改，也是对称密码面临的一大挑战。

(2) 无法解决不可否认的问题。由于发送方和接收方使用的是相同的密钥，因此接收方可以否认接收到某消息，发送方也可以否认发送过某消息。

(3) 密钥交换缺乏安全性保证。如果密钥交换不安全，密钥的安全性就会丧失。特别是在电子商务环境下，当客户是未知的、不可信的实体时，如何使客户安全地获得密钥就成为一大难题。

3. 常见的对称密码

1) DES

DES(data encryption standard，数据加密标准)是一种广泛应用的对称加密算法，它使用相同的密钥进行加密和解密操作。DES 自 1977 年被美国联邦政府采纳为官方加密标准以来，一直在信息安全领域发挥着重要作用。

DES 算法的核心思想是将明文数据划分为固定长度的块，并使用密钥对这些块进行加密。具体而言，DES 采用 64 位的明文输入，其中 8 位用于奇偶校验，剩余 56 位作为加密的实际数据。密钥长度也为 64 位，但其中有 8 位为奇偶校验位，实际有效密钥长度为 56 位。具体加解密过程如下。

(1) DES 加密过程。

初始置换：64 位的明文数据会经过一个初始置换，将数据的位重新排列。

分组：这 64 位的数据被分为左右两部分，每部分 32 位。

16 轮函数迭代：进行 16 轮相同的函数迭代。在每一轮中，右半部分保持不变并作为下一轮的左半部分，而下一轮的右半部分则是通过左半部分和当前轮的子密钥进行一系列变换得到的。这个变换包括扩展置换、S 盒替换、P 盒置换等步骤。

交换并合并：16 轮迭代后，左右两部分交换位置，并经过逆初始置换，得到最终的 64 位密文。

(2) DES 解密过程。

解密过程与加密过程基本类似，但是轮密钥的使用顺序是相反的，即解密时使用的子密钥顺序与加密时相反。这样，通过相同的函数迭代，可以从密文中恢复出原始的明文。

2) AES

AES(advanced encryption standard，高级加密标准)是另一种广泛应用的对称加密算法，被广泛用于数据加密，保护数据的机密性和完整性。作为现代密码学的代表之一，AES 以其高效、安全和灵活性赢得了全球范围内的认可和应用。

AES 算法的核心思想是将明文数据划分为固定长度的分组，并使用密钥对每个分组进行加密。AES 支持三种密钥长度：128 位、192 位和 256 位，可以根据不同的安全需求选择合适的密钥长度。较长的密钥长度意味着更大的密钥空间和更高的安全性，但也会增加计算复杂度和资源消耗。

在 AES 加密过程中，每个分组都会经过一系列复杂的数学运算，包括字节替换、行移位、列混合和轮密钥加等步骤。这些步骤通过非线性变换和线性变换的组合，实现对数据的混淆和扩散，确保密文与明文之间的差异最大化，从而增加破解的难度。

AES 算法的设计充分考虑了效率和安全性的平衡。它采用了高效的数学运算和算法结构，使得加密和解密过程能够在各种平台上快速实现。同时，AES 的密钥扩展算法和轮密钥加机制确保了密钥的安全性和灵活性，防止了密钥泄露和滥用。

与 DES 相比，AES 具有更高的安全性和更强的抗攻击能力。由于 AES 的密钥空间更大，暴力破解变得更加困难。此外，AES 的算法设计也更加复杂和精细，能够有效抵御各种已知的攻击手段。因此，AES 已经成为现代信息安全领域的主流加密算法之一，广泛应用于网络通信、数据存储和传输等场景。其具体流程如下。

(1) 初始变换：明文(128 位)首先转换为 16 字节的矩阵，并与 128 位的密钥(同样转换为 16 字节的矩阵)进行异或操作，得到初始变换后的结果。

(2) 循环运算：进行多轮的循环运算，具体包括以下四个步骤。

① 字节代换：通过查找 S 盒，将初始变换后的数据中的每个字节替换为另一个字节。

② 行移位：对状态矩阵的各行进行循环移位。具体地说，第 0 行保持不变，第 1 行循环左移 1 字节，第 2 行循环左移 2 字节，第 3 行循环左移 3 字节。

③ 列混合：左乘一个固定矩阵，实现列之间的混合。

④ 轮密钥加：将当前轮的子密钥与状态矩阵进行逐比特异或操作。轮密钥由种子密钥通过密钥编排算法得到，其长度与分组长度相同。

这个过程会一直重复，直到完成所有预定的轮数。需要注意的是，在最后一轮循环中，通常不会进行列混合操作。

(3) 密钥扩展：AES 算法中的密钥扩展过程用于生成每轮所需的子密钥(轮密钥)。如果标识轮密钥的索引 i 不是 4 的倍数，那么轮密钥 $W_i = W_{i-4} \oplus W_{i-1}$；如果 i 是 4 的倍数，那么轮密钥 $W_i = W_{i-4} \oplus T(W_{i-1})$。其中，$T$ 函数由字循环、字节代换和轮常量异或三部分组成。

最终，经过多轮的循环运算后，得到加密后的密文。解密过程与加密过程类似，但顺序相反，并且使用的轮密钥也是逆序的。

3) SM4

SM4 是一种对称分组密码算法，是中华人民共和国中央人民政府采用的一种分组密码标准它由国家密码管理局(简称国密局)于 2012 年 3 月 21 日发布。其相关标准为《SM4 分组密码算法》(GM/T 0002—2012)。SM4 算法主要用于数据加密，在商用密码体系中发挥着重要作用。

SM4 算法的特点是设计简洁、结构独特，同时安全高效。它的数据分组长度和密钥长度均为 128 比特，且加密算法与密钥扩展算法都采用了 32 轮非线性迭代结构，这意味着加密和解密过程都包含 32 轮的迭代操作。这种结构使得 SM4 算法在保持高安全性的同时，也具备较快的加密和解密速度，非常适用于对大量数据进行加密和解密的场景。

SM4 算法使用的基本运算为异或和循环移位。此外，SM4 算法还包含一个 S 盒，它是一种非线性代替变换，可以起到混淆的作用，进一步增强算法的安全性。解密算法与加密算法的结构相同，只是轮密钥的使用顺序相反，解密轮密钥是加密轮密钥的逆序。

有关 SM4 算法的具体流程将在后续章节介绍。

4) ZUC

ZUC(祖冲之)是一种基于序列密码原理的加密算法，由我国密码学家团队提出并广泛应用于数字通信领域。该算法全称为 Zero-Unit-Cycle 序列密码算法，具有较高的安全性和强大的抗攻击能力。

在 ZUC 序列密码算法(简称 ZUC 算法)中，序列密码是一种将明文分成长度相等的序列，然后对这些序列进行加密的密码方法。它使用一组伪随机序列对明文进行加密，这些序列是由一系列随机数生成器(random number generator，RNG)生成的。在加密过程中，每个序列都会与明文序列进行异或操作，从而得到密文。由于每个序列都是随机生成的，因此密文具有较高的安全性和复杂性。

此外，ZUC 算法以中国古代数学家祖冲之的拼音(Zu Chongzhi)前三个字母命名，其密钥长度为 128 比特，由 128 比特种子密钥和 128 比特初始向量(initialization vector，IV)共同作用产生 32 比特密钥流。在生成密钥流时，ZUC 算法采用 128 比特的初始密钥和 128 比特的初始向量作为输入参数，共同决定线性反馈移位寄存器(linear feedback shift register，LFSR)的初始状态。随着电路时钟的变化，LFSR 的状态被比特重组之后输入非线性函数 F，每一拍时钟输出一个 32 比特的密钥流 Z。随后，密钥流与明文按位异或生成密文。

基于 ZUC 的算法还包括机密性算法 128-EEA3 和完整性算法 128-EIA3，这些算法提供了数据机密性和完整性保护的功能。

ZUC 算法在数字通信领域有着广泛的应用，主要用于数据加密和解密、信道编码和解码等。在 3G、4G 和 5G 无线通信系统中，ZUC 算法用于保护用户数据的隐私，同时提高通信系统的性能。此外，ZUC 算法还应用于数字音频广播、数字电视、卫星通信等领域。

有关 ZUC 算法的具体流程将在后续章节详细介绍。

1.3.2　公钥密码

公钥密码又称为非对称密钥密码或双密钥密码，是一种运用陷门单向函数原理的加密方式。在这种密码体系中，加密密钥是公开的，而解密密钥则是保密的。公钥密码系统允许用户使用对方的公钥进行加密，接收方再使用自己的私钥进行解密，从而确保了数据的机密性。此外，公钥密码系统还可以用于数字签名，即发送方使用其私钥对报文进行签名，接收方使用发送方的公钥进行解密以验证报文的真实性，实现不可否认性。同时，公钥密码系统也可用于密钥交换，以实现安全的通信。公钥密码系统的基本原理模型如图 1-2 所示。

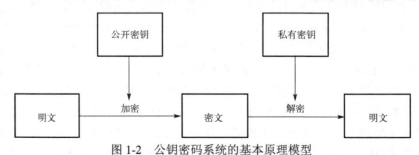

图 1-2　公钥密码系统的基本原理模型

1. 公钥密码的优点

(1) 公钥密码体制的安全性更高。加密和解密使用不同的密钥，公钥用于加密，私钥用于解密，避免了对称密码体制中需要共享密钥的安全性问题，使得公钥密码体制更难以被破解。

(2) 公钥密码体制的密钥管理更为简便。每个通信方都有自己的一对密钥(公钥和私钥)，无须大量预先共享密钥，从而降低了密钥管理的复杂性。这种机制使得密钥分配更为方便，尤其适用于大规模网络环境。

(3) 公钥密码体制实现了身份认证功能。通过公钥对数字签名进行验证，可以确认发送方的身份和消息的完整性。这种身份认证机制在网络通信和电子商务中起着重要的作用，有助于防止身份伪造和数据篡改。

(4) 公钥密码体制允许安全地进行密钥交换。通信方可以使用对方的公钥加密一个对称密钥，然后将其发送给对方，从而实现安全的密钥交换。

2. 公钥密码的缺点

(1) 密钥长度较长。为了保证安全强度，公钥密码体制通常需要较长的密钥长度。这增加了密钥管理的难度和存储成本，尤其是在大规模网络环境中，管理和维护大量的长密钥可能成为一个挑战。

(2) 加密速度较慢。相对于对称密码体制，公钥密码体制的加密速度较慢，尤其是在处理大数据量时。这种速度上的劣势可能会成为其在某些应用场景中的瓶颈，如实时通信或高性能计算环境。

(3) 计算资源消耗大。公钥密码体制通常涉及复杂的数学运算，如大数分解和离散对数等，这些运算会消耗大量的计算资源。这可能导致在资源受限的设备或环境中使用公钥密码体制变得不切实际。

3. 常见的公钥密码

1) RSA

RSA 算法是由罗纳德·李维斯特(Ronald Rivest)、阿迪·萨莫尔(Adi Shamir)和伦纳德·阿德曼(Leonard Adleman)于 1977 年共同发明的。当时，这三位杰出的科学家都在美国麻省理工学院工作，他们合作研究出了这一具有划时代意义的加密算法。RSA 这个名称正是由他们三人姓氏的首字母组合而成的。

RSA 算法自问世以来，就以其高度的安全性和可靠性受到了广泛的关注和应用。它利用了大数分解问题的困难性，使得在不知道私钥的情况下，破解密文变得极为困难。因此，RSA 算法广泛应用于各种安全通信协议中，如 TLS/SSL、SSH 等，为互联网通信和电子商务等领域提供了强有力的安全保障。

随着计算机技术的不断发展，RSA 算法也得到了不断的优化和改进。如今，它已经成为全球范围内最为广泛使用的公钥加密算法之一，为保障信息安全发挥着重要的作用。

RSA 算法基于大数分解问题的困难性来提供安全性。RSA 算法涉及三个主要步骤，即密钥生成、加密和解密。

密钥生成：

(1) 随机选择两个大的质数 p 和 q，并计算它们的乘积 $n = pq$。n 的长度决定了 RSA 算法的安全性，通常选择足够大的 n 以确保安全性。

(2) 计算 n 的欧拉函数 $\varphi(n) = (p-1)(q-1)$。

(3) 选择一个整数 e，使得 $1 < e < \varphi(n)$ 且 e 与 $\varphi(n)$ 互质。e 作为公钥的一部分，用于加密数据。

(4) 计算 e 关于 $\varphi(n)$ 的模反元素 d，即 $ed \equiv 1 \pmod{\varphi(n)}$。$d$ 作为私钥的一部分，用于解密数据。

公钥为 (n, e)，私钥为 (n, d)。

加密：假设要加密的消息为 m，且 $m < n$。使用公钥 (n, e) 对 m 进行加密，计算密文 $c = m^e \bmod n$。

解密：接收方使用私钥 (n, d) 对密文 c 进行解密，计算明文 $m = c^d \bmod n$。

2) SM2

SM2 算法是国家密码管理局推出的国产化算法，它是一种基于椭圆曲线密码的公钥加密算法。该算法包括数字签名、密钥交换和公钥加密三个部分，分别用于实现数字签名、密钥协商和数据加密等功能。

SM2 算法定义了两条椭圆曲线，一条基于 FP 上的素域曲线，另一条基于 $F(2^m)$ 上的扩域曲线，目前使用最多的曲线为素域曲线。该算法基于椭圆曲线数学理论的公钥密码体制，相对于 RSA 等传统公钥密码体制，在相同的安全级别下，密钥长度更短，运算速度更快，存储空间更小。

与 RSA 算法不同的是，SM2 算法基于椭圆曲线上点群离散对数难题，因此 256 位的 SM2 密码已经比 2048 位的 RSA 密码强度要高。在实际使用中，国密局推荐使用素域 256 位椭圆曲线。

SM2 算法被认为在经典计算机和量子计算机的攻击下都是安全的，具有高效性，特别适用于移动设备和资源受限的环境。作为中国政府机构和企业的信息安全标准，SM2 算法在国内得到广泛应用，尤其是在数字签名、数据加密、电子认证等领域。

SM2 相关算法流程将在后续章节介绍。

3) SM9

SM9 算法是一种标识密码算法，用于在物联网(internet of things，IoT)环境中实现数据安全和隐私保护。它允许设备和实体使用其身份信息生成密钥对，并使用其私钥进行数字签名和身份验证，这种设计使得身份管理和密钥交换更为简单。SM9 算法基于椭圆曲线密码学(elliptic curve cryptography，ECC)的原理，利用椭圆曲线上的点来执行数字签名、身份验证和密钥交换。在密钥生成和派生过程以及加密和解密操作中，SM9 都基于椭圆曲线上的数学运算。

此外，SM9 算法还是一种公钥加密算法，它利用目标实体的标识加密消息，且唯有目标实体可以解密消息。SM9 还提供了密钥封装机制，使得密钥封装者可以产生和加密一个秘密密钥给目标实体，唯有目标实体可以解封该秘密密钥，并把它作为进一步的会话密钥。

在安全性方面，SM9 允许用户在不泄露其真实身份的情况下进行身份验证和签名操作，从而保护用户的隐私。同时，SM9 算法具有与 3072 位密钥的 RSA 算法相当的加密强度，提供了较高的安全保障。

在实际应用上，SM9 算法已由国家密码管理局于 2016 年 3 月 28 日发布，相关标准为《SM9 标识密码算法》(GM/T 0044—2016)。在商用密码体系中，SM9 算法主要用于用户的身份认证，具有广泛的应用前景。

SM9 相关算法流程将在后续章节介绍。

1.3.3　杂凑函数

杂凑函数，也称为哈希函数，是一种将任意大小的数据映射到固定大小的数据的函数。它将输入数据通过一系列的计算操作，转换成一个固定长度的输出，通常称为散列值或哈希值。杂凑函数在密码学、数据完整性校验、数据索引等领域中具有重要的基础作用。杂凑函数一般用于产生消息摘要，从而实现消息认证码、数字签名等更实用的功能。哈希函数基本原理模型如图 1-3 所示。

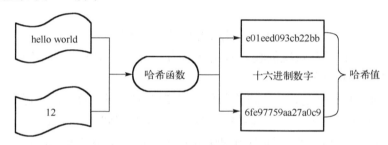

图 1-3　哈希函数基本原理模型

1.　杂凑函数的特点

(1) 输入与输出的关联性：对于相同的输入，杂凑函数总是产生相同的输出，确保数据的一致性和唯一性。这种特性使得杂凑函数在数据校验和验证中非常有用。

(2) 固定长度的输出：无论输入数据的大小如何，杂凑函数的输出长度总是固定的。这使得杂凑值易于存储、传输和比较，特别是在处理大量数据时。

(3) 单向性：杂凑函数是单向的，意味着从输出无法推导出输入。这使得杂凑函数在密码学中具有不可否认性，即数据发送方不能否认其发送的数据，同时接收方也能验证数据的完整性。

(4) 可结合加密及数字签名：杂凑函数可以与加密算法和数字签名算法结合使用，为系统提供有效的安全、保密和认证机制。

一个安全的杂凑函数应该至少满足以下几个条件。

(1) 输入长度是任意的。

(2) 输出长度是固定的，根据计算技术应至少取 128 比特或者更长，以便抵抗生日攻击。

(3) 对每一个给定的输入，计算输出即杂凑值是很容易的。

(4) 给定杂凑函数的描述，找到两个不同的输入消息杂凑到同一个值是计算上不可行的，或给定杂凑函数的描述和一个随机选择的消息，找到另一个与该消息不同的消息使得它们杂凑到同一个值是计算上不可行的。

2. 杂凑函数的潜在威胁

(1) 碰撞攻击：尽管设计良好的杂凑函数旨在使碰撞(即不同输入产生相同输出)的可能性极小，但在理论上仍然存在这种可能性。随着计算能力的进步，攻击者可能会利用特定的算法或技术来寻找碰撞，这可能对依赖于杂凑函数唯一性的应用构成威胁。

(2) 长度扩展攻击：某些杂凑函数设计可能存在长度扩展攻击的风险。这种攻击允许攻击者在不知道原始消息的情况下，通过扩展已知的消息哈希值来构造新的有效哈希值。这可能对数字签名的完整性和验证构成威胁。

(3) 侧信道攻击：攻击者通过物理手段(如功耗分析、电磁辐射等)来获取关于杂凑函数计算过程中的信息，从而尝试破解或伪造哈希值。这种攻击方式可能对硬件实现或特定环境下的杂凑函数构成威胁。

3. 常见的杂凑函数

1) MD5

MD5(message digest algorithm 5，消息摘要算法第 5 版)是一种广泛使用的密码散列函数。它的主要作用是将任意长度的输入数据映射为固定长度(128 位，即 16 字节)的散列值，用于提供信息的完整性保护。

MD5 算法的核心原理是，首先将输入信息按 512 位分组进行处理，每个分组又进一步划分为 16 个 32 位子分组。经过一系列复杂的处理后，最终输出一个 16 字节的固定长度散列值。这个散列值具有唯一性，即不同的输入几乎总是产生不同的输出，而且无法通过散列值反推出原始数据，这是 MD5 单向性的体现。

MD5 算法在多个领域有重要的应用。例如，它可以用于数字签名，以防止信息被篡改。一段信息经过 MD5 处理后，会得到唯一的 MD5 值，这个值可以用于后续的比对，以检测信息是否被篡改。MD5 也可以用于一致性验证，比如，在软件下载时，可以通过比较下载软件的 MD5 值与官方提供的 MD5 值来验证软件的完整性。此外，MD5 还可以用于操作系统的登录认证，如 UNIX、BSD 系统的登录密码和数字签名等。

尽管 MD5 算法在过去被广泛使用，但随着计算能力的提升和攻击技术的发展，MD5 的安全性逐渐受到质疑。已经存在一些针对 MD5 的碰撞攻击，即找到两个不同的输入，它们产生相同的 MD5 值。这使得 MD5 在某些需要高安全性的场合中不再适用。因此，在需要高安全性的场合中，建议使用更安全的哈希函数，如 SHA-256 或 SHA-3 等。

MD5 算法的工作原理大致如下。

(1) 填充：MD5 算法对原始数据进行填充，使其长度达到一个特定的位数(512 位的倍数)。填充的方式是在原始数据的末尾添加一个 1，然后填充足够的 0，直到满足所需的长度。

(2) 初始化缓冲区：MD5 算法使用四个 32 位的缓冲区来存储中间结果和最终哈希值。这些缓冲区被初始化为特定的值。

(3) 处理数据块：MD5 算法将填充后的数据分为 512 位的块，并逐块进行处理。对于每个数据块，它执行一系列的逻辑、位移和加法操作，这些操作会更新四个缓冲区中的值。

(4) 输出：在所有数据块都被处理后，MD5 算法将四个缓冲区中的值连接在一起，形成一个 128 位的哈希值。这个哈希值通常以 32 个十六进制数字的形式表示。

2) SHA

SHA(secure hash algorithm，安全哈希算法)是一种安全散列函数，也称为哈希函数或杂凑函数。它的主要作用是将任意长度的数据(或称为"消息")通过一系列算法运算，转换为固定长度的数字摘要。这种数字摘要通常用于数据的完整性校验、数字签名等与安全相关的应用。

SHA 算法家族有多个版本，包括 SHA-1、SHA-224、SHA-256、SHA-384 和 SHA-512。其中，SHA-1 是第一代 SHA 算法标准，可以生成 160 位的散列值，由于其安全性逐渐受到质疑，已被更安全的算法所取代。SHA-224、SHA-256、SHA-384 和 SHA-512 统称为 SHA-2 系列算法，相较于 SHA-1，SHA-2 系列算法在构造和签名的长度上都有所不同，提供了更高的安全性。

SHA 流程具体描述为以下步骤。

(1) 消息填充：对于输入的原始消息，SHA 算法首先进行填充处理。填充的目的是使消息的长度达到一个特定的数值，以便于后续的处理。

(2) 消息分组：填充后的消息被划分为固定长度的分组，通常是 512 位一组。每个分组都将独立进行后续的哈希运算。

(3) 初始化常量：在 SHA 算法中，会使用到一系列的初始化常量。这些常量是预定义的，用于在哈希运算过程中与消息分组进行运算。

(4) 主循环运算：对于每个消息分组，SHA 算法会进行一系列复杂的运算，包括位运算、逻辑运算等。这些运算的结果将与前一个分组的运算结果相结合，产生当前分组的中间结果。

(5) 输出散列值：当所有消息分组都经过主循环运算后，最终的输出结果为输入消息的 SHA 散列值。

注意，不同的 SHA 算法版本(如 SHA-1、SHA-256 等)在具体的实现细节上可能有所差异，包括初始化常量的值、消息分组的长度以及主循环运算的具体步骤等。因此，在实际应用中，需要根据所使用的 SHA 算法版本选择相应的实现方式。

此外，SHA 的安全性也是需要考虑的重要因素。随着计算能力的提升和攻击技术的发展，某些旧的 SHA 算法可能面临安全漏洞的风险。因此，在选择和使用 SHA 算法时，需要关注其安全性能，并适时更新到更安全的版本。

3) SM3

SM3 是我国采用的一种密码散列函数标准，由国家密码管理局于 2010 年 12 月 17 日发布，相关标准为《SM3 密码杂凑算法》(GM/T 0004—2012)。

SM3 主要用于数字签名及验证、消息认证码生成及验证、随机数生成等，其算法公开。在信息安全中，密码散列函数有着重要应用，如数字签名和消息认证码。

SM3 算法对长度小于 2^{64} 比特的消息 m 进行处理。首先，SM3 算法会对消息进行填充，将消息的长度扩展到 512 位的倍数。填充过程包括在消息末尾添加比特 1，然后添加一定数量的 0，直到满足特定的长度条件，最后添加一个 64 位比特串，表示原始消息的长度。

填充后的消息被分为 512 比特的分组，然后每个分组进行迭代压缩处理。这个过程通过一系列的位运算和逻辑运算实现，最终生成一个固定长度为 256 比特的杂凑值。

SM3 算法在结构上采用了 M-D 结构，与 MD5、SHA1、SHA2 等算法类似。它的安全性依赖于填充后消息的分组处理和迭代压缩过程中的复杂性，特别是抗碰撞能力。SM3 还在设计上引入了新的元素，如 16 步全异或操作、消息双字介入和加速雪崩效应的 P 置换，这些都能有效抵抗差分攻击和线性攻击。

在安全性及效率方面，国家密码管理局表示 SM3 与 SHA-256 相当。这意味着 SM3 算法在提供足够安全性的同时，也保持了良好的性能。

SM3 相关算法流程将在后续章节进行详细介绍。

1.3.4　密码协议

密码协议是指两个或两个以上的参与者为完成密码通信中某项特定任务而约定的一系列步骤。密码协议通常涉及密码设备之间、密码管理者之间、密码管理者与被管理者之间，以及密码系统与所服务的用户之间，为完成密钥传递、数据传输，或者状态信息、控制信息交换等与密码通信相关的活动所约定的通信格式、步骤，以及规定的密码运算方法、使用的密钥数据等。

密码协议的目的是通过安全的密码算法，在实体之间安全地分配密钥或其他秘密信息，以及进行实体之间的鉴别等，以保障信息的安全。例如，密钥交换协议旨在让两方或者多方在不安全的信道上协商会话密钥，从而建立安全的通信信道。认证协议用于确认用户的身份，以确保只有经过授权的用户才能访问特定的资源。

密码协议是将密码算法等应用于具体环境的重要密码技术，具有丰富的内容，各种身份鉴别协议、TLS 协议、IPSec 协议等都是常用的密码协议。此外，针对不同的应用场景(如区块链、云计算、物联网等)，设计专门的密码协议，也是当前应用密码学研究的重要内容之一。

1. 密码协议的特点

密码协议的特点主要体现在以下几方面。

(1) 明确的通信参与者和目标：密码协议通常涉及两个或更多的参与者，这些参与者有明确的角色和职责。密码协议的目标通常是满足某种特定的安全需求，如密钥交换、身份认证或数据完整性保护。

(2) 步骤的详细定义：密码协议中的每一步操作都必须被明确和详细地定义，包括所使用的密码算法、密钥管理、消息格式以及通信流程等。这样可以确保所有参与者都能够准确地执行协议，并且能够实现预期的安全目标。

(3) 安全特性的保障：密码协议旨在提供一系列的安全特性，如机密性、认证性、完整性和不可否认性等。这些特性通过密码学算法和协议的设计来实现，以确保通信过程中信息的保密性、发送方和接收方身份的真实性、消息的完整性和可验证性。

(4) 适应性和灵活性：密码协议需要能够适应不同的应用场景和安全需求。它们可以在不同的通信环境中运行，如网络、无线通信或分布式系统等。此外，密码协议还需要具有一定的灵活性，以便能够适应协议参与者的变化、安全需求的变更以及技术发展的要求。

(5) 抗攻击性：密码协议设计时应考虑各种潜在的安全威胁和攻击方式，如中间人攻击、重放攻击、篡改攻击等。密码协议应具备足够的抗攻击能力，以抵御这些攻击并保护通信的安全。

(6) 标准化和认证：密码协议往往需要符合国际或国家的密码标准，并且可能需要经过权威机构的认证和审查。这有助于确保协议的安全性和可靠性，并促进其在不同领域和场景中的广泛应用。

2. 密码协议的潜在威胁

密码协议虽然旨在保护通信安全，但同样存在潜在的安全威胁。以下是一些主要的密码协议潜在威胁。

(1) 协议设计缺陷：密码协议的设计可能存在缺陷，导致安全漏洞。这些缺陷可能包括逻辑错误、安全特性缺失或未充分考虑到的攻击场景。攻击者可以利用这些缺陷来破解协议，以窃取敏感信息或进行其他恶意活动。

(2) 密码算法弱点：密码协议中使用的密码算法可能存在已知的弱点或漏洞。如果协议没有选择足够强大的算法或未及时更新算法来应对新发现的弱点，攻击者可能会利用这些弱点来破解协议。

(3) 密钥管理问题：密码协议中的密钥管理是一个关键环节。如果密钥生成、分发、存储或销毁过程中存在不当操作或安全漏洞，攻击者可能能够获取密钥，进而破解协议或篡改通信内容。

(4) 中间人攻击：攻击者可能通过拦截和篡改通信双方之间的消息，来实施中间人攻击。这种攻击可以使攻击者窃取敏感信息、篡改通信内容或冒充合法用户进行恶意活动。

(5) 重放攻击：攻击者可能通过捕获通信双方之间的消息，并在稍后重放这些消息来实施重放攻击。这种攻击可能导致通信双方误以为通信合法，从而泄露敏感信息或执行不安全的操作。

(6) 社会工程学攻击：攻击者可能通过欺骗、诱导或利用人们的心理弱点来实施社会工程学攻击。这种攻击可能使攻击者绕过密码协议的安全机制，获取敏感信息或对系统的非法访问权限。

3. 常见的密码协议

1) 密钥交换协议

密钥交换协议是指在网络通信中，双方通过安全的方式交换密钥，以确保通信过程中的数据安全性和保密性。其重要性在于一旦密钥泄露，就会产生通信内容被窃取或篡改的风险。因此，密钥交换协议在网络安全中扮演着至关重要的角色。

密钥交换协议通常涉及一系列的加密算法和协议，用于生成和交换密钥。这些密钥用于加密和解密通信中的数据，确保只有通信双方能够理解和使用这些数据。通过这种方式，密钥交换协议保护着网络通信、电子商务、电子邮件等多种应用场景中的敏感信息。

常见的密钥交换协议有 Diffie-Hellman 密钥交换协议、SM2 密钥交换协议、SM9 密钥交换协议等。

2) 认证协议

认证协议是指在网络通信中，用于验证通信双方身份或消息来源的通信协议。它确保只有经过授权的用户才能访问特定的资源或执行特定的操作，从而保护系统的安全性和完整性。

认证协议的重要性在于它能够有效防止未授权访问和恶意活动。通过验证通信双方的身份和消息来源，认证协议能够确保信息的真实性和可信度，防止攻击者冒充合法用户或篡改消息内容。

常见的认证协议包括数字证书认证协议、Kerberos 认证协议、S/KEY 认证协议等。这些协议通过不同的机制和技术来实现身份验证和授权，以满足不同应用场景的需求。

例如，数字证书认证协议利用 PKI 中的数字证书来验证通信双方的身份。Kerberos 认证协议则提供了一种基于对称密钥的身份验证机制，用于在分布式系统中实现安全的身份认证。

在实施认证协议时，需要关注其安全性、可靠性和效率等方面。选择适合的认证协议，并根据实际情况进行配置和管理，是确保网络通信安全的关键步骤。

随着网络技术的不断发展和安全威胁的不断变化，认证协议也需要不断更新和改进。新的认证协议和技术不断涌现，以应对日益复杂的安全挑战。

1.3.5　密码学发展

1. 古典密码学

古典密码是通过字母间相互代替或相互换位来进行加密，主要分为代替密码和换位密码两种。

(1) 代替密码是将明文中的字符用其他字符代替，包括单表代替和多表代替。单表代替密码的安全性不高，因为明文字母与密文字母之间存在固定的替换关系，容易被频率分析破解。为了增强安全性，多表代替密码被提出，它构造多个密文字母表，在密钥的控制下用一系列代替表依次对明文消息的字母序列进行代替。Playfair 密码就是一种多表代替密码，它使用密钥控制生成矩阵，然后以两个字符为单位进行代替。

(2) 换位密码是重新排列消息中的字符，分为列换位和周期换位。列换位是将明文按固定长度分组，然后将这些分组以列的形式排列成一个矩阵。接下来，根据密钥中指定的列置换规则，对矩阵中的列进行重新排列，最后按照列优先的顺序依次读出排列后的字符，从而得到密文。周期换位同样将明文进行分组，但每个分组内部的字符不是以列的形式排列，而是保持原有的顺序。加密时，根据密钥中指定的周期和置换规则，对明文中的字符进行周期性的置换，从而得到密文。

古典密码学中使用的是单一密钥，即加密和解密使用同一个密钥。这种方法的缺点是密钥容易被破解，因为攻击者可以通过尝试所有可能的密钥来进行破解。此外，古典密码学中的加密算法容易受到各种攻击，如频率分析、差分攻击、线性攻击等，因此无法保证机密性。

2. 近代密码学

近代密码学的发展主要集中在第一次世界大战到 1976 年这一时期。在此期间，随着电报和无线电报等通信技术的出现，远距离快速传递信息成为可能，但同时也产生了信息传输的安全问题。因此，对加密技术的需求急剧上升，推动了密码学的发展。

在近代密码学阶段，密码的应用不再局限于个人或少数团体，而是扩展到军事、政治和商业等领域。密码的复杂性也大大增加，使用了更加复杂的算法和数学原理，使得破解密码的难度大大提高。

值得一提的是，在这一时期，密码学开始与数学、计算机科学等其他学科相结合，形成了基于数学和计算机科学的高级密码学。这种新型的密码学不仅提高了密码的安全性，还使得密码的设计和应用更加灵活和高效。

此外，近代密码学还涌现出了许多著名的密码专家和学者，他们通过研究和创新，为密码学的发展做出了重要贡献。他们的研究成果不仅推动了密码学的理论发展，还为其实际应用提供了有力的支持。

然而，近代密码学也面临着一些挑战和问题。随着计算机技术和密码分析技术的发展，一些传统的密码算法逐渐暴露出安全隐患，需要不断更新和改进。同时，随着信息化和网络化的快速发展，密码学在保护信息安全方面的作用越来越重要，但也面临着更加复杂和严峻的安全威胁。

3. 现代密码学

现代密码学是一门关于保护信息安全的学科，它综合运用了数学、计算机科学和密码学的原理和技术，旨在确保信息在网络中的机密性、完整性和可用性。现代密码学的研究范围非常广泛，涉及加密算法、数学原理、密码协议等多方面。

现代密码学的核心技术主要包括对称密钥加密和非对称密钥加密。对称密码加密技术简单高效，但在密钥管理和分发方面存在一定的安全隐患。在非对称密钥加密技术中，公钥可以公开分享，而私钥则保密存储。这种加密方式提供了更高的安全性，并广泛应用于数字签名、身份验证等领域。

除了传统的加密技术，现代密码学还涉及数字签名、数字证书、公钥基础设施(PKI)等技术。数字签名用于确认数字信息的发送方和接收方的身份，保证信息的完整性和真实性。数字证书用于证明数字证书所有者的身份，确保通信双方的身份安全。PKI 是一种以数字证书为基础的安全技术，用于管理和验证数字证书，为网络通信提供信任机制。

现代密码学的应用领域非常广泛，包括电子商务、网络安全、移动通信等。在电子商务中，密码学技术用于保护交易信息的机密性和完整性，确保网上支付的安全性。在网络安全中，密码学技术用于保护网络通信的隐私和完整性，防止黑客攻击和信息泄露。在移动通信中，密码学技术用于保护移动设备存储的敏感信息，防止数据被窃取或篡改。

然而，随着计算机技术的进步，特别是量子计算的发展，现代密码学面临着新的挑战。传统的加密算法可能受到量子计算的攻击，导致数据安全性受到威胁。因此，研究和开发能够抵御量子计算攻击的密码算法成为现代密码学的重要研究方向。

第 2 章　国家商用密码标准算法

2.1　SM4 分组密码算法

SM4 算法是 2012 年国家密码管理局公布的国内第一个商用密码算法。SM4 算法是一种分组密码算法，其数据分组长度为 128 位(即 16 字节，4 字)，密钥长度也为 128 位。其加解密过程采用了 32 轮迭代机制，每一轮需要一个轮密钥以字节(8 位)和字(32 位)为单位进行数据处理。

SM4 算法主要解决数据的安全传输和安全存储问题，用于实现数据信息的机密性，主要体现在以下几方面。

(1) 数据分组问题：明文的长度是不固定的，需要设计如何分组以适合当前软硬件的移位、置换、异或操作。当明文长度不是分组长度的整数倍时，需要决定是否填充且如何填充等。以上这些都是确保明文能够解密恢复出相同的明文需要解决的问题。

(2) 数据分组衔接问题：需要解决分组之后的各个块以何种形式组织起来实现整体的加解密的问题，这里蕴含着安全性和加解密效率的设计。

(3) 数据机密性保护问题：SM4 算法设计了如何通过移位、置换、异或等操作实现基于对称密钥针对每个块的加解密处理，这个是不同的分组加密算法的核心部分。

SM4 的基本参数如下。

SM4 密钥长度为 128 比特，表示为 $\mathrm{MK} = (\mathrm{MK}_0, \mathrm{MK}_1, \mathrm{MK}_2, \mathrm{MK}_3)$，其中 MK_i ($i = 0,1,2,3$) 为字。轮密钥表示为 $(\mathrm{rk}_0, \mathrm{rk}_1, \cdots, \mathrm{rk}_{31})$，其中 rk_i ($i = 0,1,\cdots,31$) 为 32 比特字。轮密钥由加密密钥生成。$\mathrm{FK} = (\mathrm{FK}_0, \mathrm{FK}_1, \mathrm{FK}_2, \mathrm{FK}_3)$ 为系统参数，$\mathrm{CK} = (\mathrm{CK}_0, \mathrm{CK}_1, \cdots, \mathrm{CK}_{31})$ 为固定参数，用于密钥扩展算法，其中 FK_i ($i = 0,1,2,3$)、CK_i ($i = 0,1,\cdots,31$) 为字。

2.1.1　轮函数

1. 轮函数结构

设输入为 $(X_0, X_1, X_2, X_3) \in (\mathbb{Z}_2^{32})^4$，轮密钥为 $\mathrm{rk} \in \mathbb{Z}_2^{32}$，则轮函数 F 为

$$F(X_0, X_1, X_2, X_3, \mathrm{rk}) = X_0 \oplus T(X_1 \oplus X_2 \oplus X_3 \oplus \mathrm{rk})$$

轮函数 $F(X_i, X_{i+1}, X_{i+2}, X_{i+3}, \mathrm{rk}_i)$ 接收了 5 个 1 字的参数，前 4 个字 $(X_i, X_{i+1}, X_{i+2}, X_{i+3})$ 为明文字或者迭代中间值，最后一个字的轮密钥 rk_i，轮函数的输出结果为 1 字。轮函数内部需要执行的运算为 $F(X_i, X_{i+1}, X_{i+2}, X_{i+3}, \mathrm{rk}_i) = X_i \oplus T(X_{i+1} \oplus X_{i+2} \oplus X_{i+3} \oplus \mathrm{rk}_i)$，其中 T 为合成置换。

2. 合成置换

合成置换 T 是一个可逆变换，接收 1 个字的输入 A，得出 1 个字的输出 C。它包含非线性变换 τ 和线性变换 L 两个过程，即 $C = T(A) = L(\tau(A))$。

(1) 非线性变换 τ：接收 1 个字(即 4 字节)的输入，记为 $A = (a_0, a_1, a_2, a_3)$ (其中 a_i 为 1 字节)，输出 1 个字的结果，记为 $B = (b_0, b_1, b_2, b_3)$。非线性变换就是对输入参数的每字节进行 S 盒(Sbox)变换，得到输出结果，即 $B = (b_0, b_1, b_2, b_3) = \tau(A) = (\mathrm{Sbox}(a_0), \mathrm{Sbox}(a_1), \mathrm{Sbox}(a_2), \mathrm{Sbox}(a_3))$。

(2) 线性变换 L：接收 1 个字的 B 作为输入，经过运算，得出 1 个字的输出 C，即 $C = L(B) = B \oplus (B \lll 2) \oplus (B \lll 10) \oplus (B \lll 18) \oplus (B \lll 24)$。

经过非线性变换和线性变换，就完成了一轮迭代，计算出了下一个字的内容。

2.1.2　加解密算法

1. 加密过程

SM4 的分组长度为 4 个字，因此，其输入是 4 个字的明文 (X_0, X_1, X_2, X_3) (其中 X_i 表示一个 32 位的字)，经过加密后，得到的输出是 4 个字的密文 (Y_0, Y_1, Y_2, Y_3) (其中 Y_i 表示一个 32 位的字)。这个加密过程分为两步，由 32 轮迭代和 1 次反序变换组成。

32 轮迭代：对这个 4 字明文进行 32 轮迭代。每一轮迭代都需要一个 1 字的轮密钥，总共需要 32 个轮密钥，记为 $(\mathrm{rk}_0, \mathrm{rk}_1, \cdots, \mathrm{rk}_{31})$ (其中轮密钥 rk_i 在第 $i+1$ 轮(这里从 0 开始算)迭代使用，长为 1 个字)。迭代的过程就是不断地使用轮函数，往后计算下一个字。迭代运算式为

$$X_{i+4} = F(X_i, X_{i+1}, X_{i+2}, X_{i+3}, \mathrm{rk}_i), \quad i = 0, 1, \cdots, 31$$

一次反序变换：将迭代最后得到的 4 个字 $(X_{32}, X_{33}, X_{34}, X_{35})$ 进行反序，得到最终的密文 $(Y_0, Y_1, Y_2, Y_3) = (X_{35}, X_{34}, X_{33}, X_{32})$。

2. 解密过程

加密过程完全相同，也包括 32 轮迭代和一次反序变换。只是在轮迭代的时候，需要将轮密钥逆序使用。

由加解密算法可以看出，SM4 算法具有以下特点。

(1) 分组计算：SM4 算法采用分组密码的方式进行加密和解密操作，将明文分成固定长度的数据块进行处理。这种分组计算方式能够有效保护数据的安全，防止信息泄露和篡改。

(2) 计算速度快：SM4 算法在硬件和软件实现上都具有较快的加密和解密速度，SM4 算法的设计结构与运算方式使得它能够在较短时间内完成大量数据的加解密运算，因此 SM4 算法适用于对大规模数据进行加密保护的场景。

2.1.3　轮密钥生成算法

加密过程使用的轮密钥由加密密钥生成，其中加密密钥 $\mathrm{MK} = (\mathrm{MK}_0, \mathrm{MK}_1, \mathrm{MK}_2, \mathrm{MK}_3)$，加密过程使用的轮密钥生成算法如下：

$$(K_0, K_1, K_2, K_3) = (\mathrm{MK}_0 \oplus \mathrm{FK}_0, \mathrm{MK}_1 \oplus \mathrm{FK}_1, \mathrm{MK}_2 \oplus \mathrm{FK}_2, \mathrm{MK}_3 \oplus \mathrm{FK}_3)$$

$$\mathrm{rk}_i = K_{i+4} = K_i \oplus T'(K_{i+1} \oplus K_{i+2} \oplus K_{i+3} \oplus \mathrm{CK}_i), \quad i = 0,1,\cdots,31$$

式中， T' 是将合成置换 T 中的线性变换 L 替换为 L' ：

$$L'(B) = B \oplus (B << 13) \oplus (B << 23)$$

系统参数 FK 的取值：

$$\mathrm{FK}_0 = (A3B1BAC6), \quad \mathrm{FK}_1 = (56AA3350)$$
$$\mathrm{FK}_2 = (677D9197), \quad \mathrm{FK}_3 = (B27022DC)$$

固定参数 CK 的取值方法如下：

设 $\mathrm{ck}_{i,j}$ 为 CK_i 的第 j 字节（ $i = 0,1,\cdots,31; j = 0,1,2,3$ ），即 $\mathrm{CK}_i = (\mathrm{ck}_{i,0}, \mathrm{ck}_{i,1}, \mathrm{ck}_{i,2}, \mathrm{ck}_{i,3})$ ，则 $\mathrm{ck}_{i,j} = (4i + j) \times 7 \pmod{256}$ 。

解密密钥的方法同加密密钥，解密使用的轮密钥由解密密钥生成，其轮密钥生成方法同加密过程的轮密钥生成方法。

2.2 ZUC 序列密码算法

ZUC(祖冲之)序列密码算法是我国采用的一种序列密码标准，由国家密码管理局于 2012 年 3 月 21 日发布，相关标准为《祖冲之序列密码算法》(GM/T 0001—2012)，2016 年 10 月成为中国国家密码标准《信息安全技术　祖冲之序列密码算法　第 1 部分：算法描述》(GB/T 33133.1—2016)。ZUC 算法于 2011 年 9 月被 3GPP(3rd generation parthership project，第三代合作伙伴计划)采纳为国际加密标准(TS 35.221)，可供 LTE(long term evdution，长期演进)移动终端选用。

ZUC 算法的多轮运算和非线性函数使得生成的密钥流具有高度的随机性和不可预测性，从而保证了加密算法的安全性。而且 ZUC 算法在软硬件实现上都具有较高的加密和解密效率，能够在较短的时间内完成大规模数据的加密和解密操作。

ZUC 算法的基本参数如下。

ZUC 算法输入的初始密钥 k 和初始向量 iv 均为 128 比特。在初始化步骤的密钥装入过程中，定义了 16 个 16 比特的常量串 d_i（ $0 \le i \le 15$ ）用于配置 LFSR 单元变量 $S_0, S_1, \cdots, S_{15}$ 的初始状态。算法最终输出 L 个 32 比特的密钥字。

2.2.1 算法基本模块

ZUC 算法逻辑上分为上、中、下三层，上层是 16 级线性反馈移位寄存器(LFSR)；中层是比特重组(bit reassembly，BR)；下层是非线性函数 F 。

1. 线性反馈移位寄存器

LFSR 包括 16 个 31 比特寄存器单元变量 $S_0, S_1, \cdots, S_{15}$ 。

LFSR 的运行模式有 2 种：初始化模式和工作模式。

1) 初始化模式

在初始化模式下，LFSR 接收一个 31 比特的字 u ， u 是通过舍弃非线性函数 F 输出的 32 比特中最低位得到的，主要计算过程如下。

LFSRWithInitialisationMode(u)

{

$$v = 2^{15} S_{15} + 2^{17} S_{13} + 2^{21} S_{10} + 2^{20} S_4 + (1 + 2^8) S_0 \bmod (2^{31} - 1)$$

$$S_{16} = (v + u) \bmod (2^{31} - 1)$$

如果 $S_{16} = 0$ ，则令 $S_{16} = 2^{31} - 1$

$$(S_1, S_2, \cdots, S_{16}) \rightarrow (S_0, S_1, \cdots, S_{15})$$

}

2) 工作模式

在工作模式下， LFSR 不接收任何输入，直接对寄存器单元变量 $S_0, S_1, \cdots, S_{15}$ 进行更新。其计算过程如下：

LFSRWithWorkMode( )

{

$$S_{16} = 2^{15} S_{15} + 2^{17} S_{13} + 2^{21} S_{10} + 2^{20} S_4 + (1 + 2^8) S_0 \bmod (2^{31} - 1)$$

如果 $S_{16} = 0$ ，则令 $S_{16} = 2^{31} - 1$

$$(S_1, S_2, \cdots, S_{16}) \rightarrow (S_0, S_1, \cdots, S_{15})$$

}

2. 比特重组

比特重组从 LFSR 的单元中抽取 $S_0, S_2, S_5, S_7, S_9, S_{11}, S_{14}, S_{15}$ ，输出为 128 比特，组成 4 个 32 比特字 (X_0, X_1, X_2, X_3) 。比特重组的具体计算过程如下：

BitReconstruction( )

{

$$X_0 = S_{15H} \| S_{14L}$$

$$X_1 = S_{11L} \| S_{9H}$$

$$X_2 = S_{7L} \| S_{5H}$$

$$X_3 = S_{2L} \| S_{0H}$$

}

3. 非线性函数 F

F 包含 2 个 32 比特记忆单元变量 R_1 和 R_2 。

其输入为 3 个 32 比特字 (X_0, X_1, X_2) ，输出为 1 个 32 比特字 W ，计算过程如下：

$F(X_0, X_1, X_2)$

{

$$W = (X_0 \oplus R_1) + R_2 \bmod (2^{32})$$

$$W_1 = R_1 + X_1 \bmod (2^{32})$$

$$W_2 = R_2 \oplus X_2$$

$$R_1 = S(L_1(W_{1L} \| W_{2H}))$$

$$R_2 = S(L_2(W_{2L} \| W_{1H}))$$

}

其中，S 为 32 比特的 S 盒变换；L_1 和 L_2 为 32 比特线性变换，定义如下：

$$L_1(X) = X \oplus (X <<< 2) \oplus (X <<< 10) \oplus (X <<< 18) \oplus (X <<< 24)$$

$$L_2(X) = X \oplus (X <<< 8) \oplus (X <<< 14) \oplus (X <<< 22) \oplus (X <<< 30)$$

4. 密钥装入过程

密钥装入过程将初始密钥 k 和初始向量 iv 分别扩展为 16 个 31 比特字作为 LFSR 单元变量 $S_0, S_1, \cdots, S_{15}$ 的初始状态，过程如下：

设 k 和 iv 分别为 $k_0 \| k_1 \| \cdots \| k_{15}$ 和 $\mathrm{iv}_0 \| \mathrm{iv}_1 \| \cdots \| \mathrm{iv}_{15}$，其中 k_i 和 iv_i 均为 8 比特（$0 \leqslant i \leqslant 15$）。对 $0 \leqslant i \leqslant 15$，有 $s_i = k_i \| d_i \| \mathrm{iv}_i$。$d_i$ 为 16 比特的常量串：

$$d_0 = 100010011010111_2, \quad d_1 = 010011010111100_2$$

$$d_2 = 110001001101011_2, \quad d_3 = 001001101011110_2$$

$$d_4 = 101011110001001_2, \quad d_5 = 011010111100010_2$$

$$d_6 = 111000100110101_2, \quad d_7 = 000100110101111_2$$

$$d_8 = 100110101111000_2, \quad d_9 = 010111100010011_2$$

$$d_{10} = 110101111000100_2, \quad d_{11} = 001101011110001_2$$

$$d_{12} = 101111000100110_2, \quad d_{13} = 011110001001101_2$$

$$d_{14} = 111100010011010_2, \quad d_{15} = 100011110101100_2$$

2.2.2 密钥流生成算法

祖冲之算法的输入参数为初始密钥 k、初始向量 iv 和正整数 L，输出参数为 L 个密钥字 Z。算法运行包括初始化步骤和工作步骤。

1. 初始化步骤

(1) 按照 2.2.3 节中的密钥装入过程将初始密钥 k 和初始向量 iv 装入到 LFSR 的单元变量 $S_0, S_1, \cdots, S_{15}$ 中作为 LFSR 的初态。

(2) 令 32 比特记忆单元变量 R_1 和 R_2 为 0。

(3) 重复执行以下过程 32 次：

  BitReconstruction( )；

  $W = F(X_0, X_1, X_2)$；

  输出 32 比特字 W；

  LFSRWithInitialisationMode($W >> 1$)。

2. 工作步骤

  BitReconstruction( )；

  $F(X_0, X_1, X_2)$；

  LFSRWithWorkMode( )。

重复计算 L 次以下过程:

  BitReconstruction( );

  $Z = F(X_0, X_1, X_2) \oplus X_3$;

  输出 32 比特密钥字 Z;

  LFSRWithWorkMode( )。

2.3　SM3 杂凑函数

SM3 是我国采用的一种密码散列函数标准,能计算出一个数字消息所对应的,长度固定的字符串(又称为消息摘要)。

2.3.1　常数与函数

1. 初始向量

IV = 7380166f 4914b2b9 172442d7 da8a0600 a96130bc 163138aa e38dee4d b0fb0e4e

2. 常量

$$T_j = \begin{cases} \text{79cc4519}, & 0 \leqslant j \leqslant 15 \\ \text{7a879d8a}, & 16 \leqslant j \leqslant 63 \end{cases}$$

3. 布尔函数

$$FF_j(X,Y,Z) = \begin{cases} X \oplus Y \oplus Z, & 0 \leqslant j \leqslant 15 \\ (X \wedge Y) \vee (X \wedge Z) \vee (Y \wedge Z), & 16 \leqslant j \leqslant 63 \end{cases}$$

$$GG_j(X,Y,Z) = \begin{cases} X \oplus Y \oplus Z, & 0 \leqslant j \leqslant 15 \\ (X \wedge Y) \vee (\neg X \wedge Z), & 16 \leqslant j \leqslant 63 \end{cases}$$

其中,X、Y、Z 为字。

4. 置换函数

$$P_0(X) = X \oplus (X <<< 9) \oplus (X <<< 17)$$

$$P_1(X) = X \oplus (X <<< 15) \oplus (X <<< 23)$$

其中,X 为字。

2.3.2　SM3 杂凑函数描述

SM3 杂凑函数的输入为长度为 $l(l < 2^{64})$ 比特的消息 m,经过填充、迭代压缩,生成杂凑值,杂凑值长度为 256 比特。函数描述如下。

1. 填充

假设消息 m 的长度为 l 比特,首先将比特 1 添加到消息的末尾,再添加 k 个 0,k 是满足 $l + 1 + k \equiv 448 (\mathrm{mod}\ 512)$ 的最小非负整数。然后添加一个 64 位比特串,该比特串是长度 l

的二进制表示。填充后的消息 m' 的比特长度为 512 的倍数。

例如，对消息 01100001 01100010 01100011，其长度 $l = 24$，经填充得到如下比特串：

$$01100001\ 01100010\ 01100011\ 1\ \underbrace{00\cdots00}_{423\text{比特}}\ \underbrace{00\cdots0\underbrace{11000}_{l=24}}_{64\text{比特}}$$

2. 迭代压缩

1) 迭代过程

将填充后的消息 m' 按 512 比特进行分组：$m' = B^{(0)}B^{(1)}\cdots B^{(n-1)}$，$n = (l + k + 65)/512$。对 m' 按下列方式迭代：

FOR $i = 0$ **TO** $n-1$

　　　$V^{(i+1)} = \mathrm{CF}(V^{(i)}, B^{(i)})$

ENDFOR

其中，CF 是压缩函数，$V^{(0)}$ 为 256 比特初始值 IV，$B^{(i)}$ 为填充后的消息分组，迭代压缩结果为 $V^{(n)}$。

2) 消息扩展

将消息分组按以下方法扩展生成 132 个消息字 $W_0, W_1, \cdots, W_{67}, W_0', W_1', \cdots, W_{63}'$，用于压缩函数 CF。

第一步：将消息分组 $B^{(i)}$ 划分为 16 个字 $W_0, W_1, \cdots, W_{15}$。

第二步：执行以下循环。

FOR $i = 16$ **TO** 67

　　　$W_i \leftarrow P_1(W_{i-16} \oplus W_{i-9} \oplus (W_{i-3} <<< 15)) \oplus (W_{i-13} <<< 7) \oplus W_{i-6}$

ENDFOR

第三步：执行以下循环。

FOR $i = 0$ **TO** 63

　　　$W_i' = W_i \oplus W_{i+4}$

ENDFOR

3) 压缩函数

令 A、B、C、D、E、F、G、H 为字寄存器，SS1、SS2、TT1、TT2 为中间变量，压缩函数 $V^{i+1} = \mathrm{CF}(V^{(i)}, B^{(i)})(0 \leqslant i \leqslant n-1)$。计算过程描述如下：

　　$ABCDEFGH \leftarrow V^{(i)}$

FOR $i = 0$ **TO** 63

　　　$\mathrm{SS1} \leftarrow ((A <<< 12) + E + (T_i <<< (j \bmod 32))) <<< 7$

　　　$\mathrm{SS2} \leftarrow \mathrm{SS1} \oplus (A <<< 12)$

　　　$\mathrm{TT1} \leftarrow \mathrm{FF}_i(A, B, C) + D + \mathrm{SS2} + W_i'$

　　　$\mathrm{TT2} \leftarrow \mathrm{GG}_i(E, F, G) + H + \mathrm{SS1} + W_i$

　　　$D \leftarrow C$

　　　$C \leftarrow B <<< 9$

$$B \leftarrow A$$
$$A \leftarrow TT1$$
$$H \leftarrow G$$
$$G \leftarrow F \lll 19$$
$$F \leftarrow E$$
$$E \leftarrow P_0(TT2)$$

ENDFOR

$$V^{(i+1)} \leftarrow ABCDEFGH \oplus V^{(i)}$$

其中，字的存储为大端，左边为高有效位，右边为低有效位。

3．输出杂凑值

$ABCDEFGH \leftarrow V^{(n)}$，输出 256 比特的杂凑值 $y = ABCDEFGH$。

2.4　SM2 公钥加密方案

SM2 国密非对称密码算法是基于椭圆曲线密码体制设计的，其安全性基于椭圆曲线上的离散对数困难问题。同等安全条件下，椭圆曲线密码较其他公钥算法所需密钥长度小很多。SM2 作为国家商业密码标准之一，官方文档分别给出了数字签名算法、密钥交换协议、公钥加密算法和相关参数定义。

2.4.1　椭圆曲线密码的基础知识

1．椭圆曲线与椭圆的区别

椭圆曲线是光滑的三次曲线，例如：

$$y^2 = x^3 + ax + b, \quad 4a^3 + 27b^2 \neq 0$$

椭圆是二次曲线，例如：

$$\frac{x^2}{a^2} + \frac{y^2}{b^2} = 1, \quad a > 0, b > 0$$

椭圆曲线之所以有"椭圆"两字，是因为椭圆曲线会出现在椭圆周长的积分表达式中。

2．椭圆曲线上的点和群

椭圆曲线上的点经过一种特定的加法运算可以让椭圆曲线构成一个群。

设椭圆曲线 $y^2 = x^3 + ax + b \bmod p$，椭圆曲线上存在两点 $P(x_1, y_1)$、$Q(x_2, y_2)$，$P \oplus Q = R(x_3, y_3)$，则分为以下两种情况。

若椭圆曲线上的两点 P 和 Q 相同，则有

$$\lambda = (3x_1^2 + a) \times (2y_1)^{-1} \bmod p$$
$$x_3 = \lambda^2 - 2x_1 \bmod p$$
$$y_3 = \lambda(x_1 - x_3) - y_1 \bmod p$$

若椭圆曲线上的两点 P 和 Q 不同，则有

$$\lambda = (y_2 - y_1) \times (x_2 - x_1)^{-1} \bmod p$$

$$x_3 = \lambda^2 - x_1 - x_2 \bmod p$$

$$y_3 = \lambda(x_1 - x_3) - y_1 \bmod p$$

通过椭圆曲线上点的加法运算，可以扩展到多倍点运算。

2.4.2 椭圆曲线系统参数

椭圆曲线系统参数包括有限域 F_p 的规模 p；定义椭圆曲线 $E(F_p)$ 的方程的两个元素 a、$b \in F_p$；$E(F_p)$ 上的基点 $G = (x_G, y_G)(G \neq O)$，其中 x_G 和 y_G 是 F_p 中的两个元素；G 的阶 n 及其他可选项(如 n 的余因子 h 等)。系统参数及其验证如下。

1. 系统参数

(1) 域的规模 $q = p$， p 是大于 3 的素数。

(2) 一个长度至少为 192 比特的比特串 SEED。

(3) F_p 中的两个元素 a 和 b，它们定义椭圆曲线 E 的方程 $y^2 = x^3 + ax + b$。

(4) 基点 $G = (x_G, y_G) \in E(F_p)(G \neq O)$。

(5) 基点 G 的阶 n(要求 $n > 2^{191}$ 且 $n > 4p^{1/2}$)。

(6) 余因子 $h = \#E(F_p)/n$，其中，$\#E(F_p)$ 为 $E(F_p)$ 上点的数目，称为椭圆曲线 $E(F_p)$ 的阶。

2. 系统参数的验证

椭圆曲线系统参数的生成者应验证下面的条件。椭圆曲线系统参数的用户可选择验证这些条件。

输入：F_p 上椭圆曲线系统参数的集合。

输出：若椭圆曲线系统参数是有效的，则输出"有效"；否则输出"无效"。

(1) 验证 $q = p$ 是奇素数。

(2) 验证 a、b、x_G 和 y_G 是区间 $[0, p-1]$ 中的整数。

(3) 验证 SEED 是长度至少为 192 的比特串，且 a、b 由 SEED 派生得到。

(4) 验证 $(4a^3 + 27b^2) \bmod p \neq 0$。

(5) 验证 $y_G^2 = x_G^3 + ax_G + b (\bmod p)$。

(6) 验证 n 是素数，$n > 2^{191}$ 且 $n > 4p^{1/2}$。

(7) 验证 $[n]G = O$。

(8) 计算 $h' = (p^{1/2} + 1)^2 / n$，并验证 $h = h'$。

(9) 验证抗 MOV 攻击条件和抗异常曲线攻击条件成立。

(10) 若以上任何一个验证失败，则输出"无效"；否则输出"有效"。

2.4.3 辅助函数

椭圆曲线公钥加密算法涉及三类辅助函数：密码杂凑算法、密钥派生函数和随机数发生器。这三类辅助函数的强弱直接影响加密算法的安全性。

1. 密码杂凑算法

使用 SM3 密码杂凑算法。

2. 密钥派生函数

密钥派生函数的作用是从一个共享的秘密比特串中派生出密钥数据。在密钥协商过程中，密钥派生函数作用在密钥交换所获共享的秘密比特串上，从中产生所需的会话密钥或进一步加密所需的密钥数据。

密钥派生函数需要调用密码杂凑算法。

设密码杂凑算法为 $H_v(\ )$，其输出是长度恰为 v 比特的杂凑值。

密钥派生函数 $KDF(Z,\text{klen})$ 具体如下。

输入：比特串 Z、整数 klen (表示要获得的密钥数据的比特长度，要求该值小于 $(2^{32}-1)v$)。

输出：长度为 klen 的密钥数据比特串 K。

(1) 初始化一个 32 比特的计数器 $ct = 0x00000001$。

(2) 对 i 从 1 到 klen$/v$ 执行：

① 计算 $\text{Ha}_i = H_v(Z\text{ct})$；

② ct $++$。

(3) 若 klen$/v$ 是整数，令 $\text{Ha}!_{\text{klen}/v} = \text{Ha}_{\text{klen}/v}$，否则令 $\text{Ha}!_{\text{klen}/v}$ 为 $\text{Ha}_{\text{klen}/v}$ 最左边的 $\text{klen} - (v \times \text{klen}/v)$ 比特。

(4) 令 $K = \text{Ha}_1\ \text{Ha}_2\cdots\text{Ha}_{\text{klen}/v-1}\ \text{Ha}!_{\text{klen}/v}$。

3. 随机数发生器

使用国家密码管理局批准的随机数发生器。

2.4.4　加密方案

1. SM2 加密算法

发送方用户 A 使用接收方用户 B 的公钥 P_B 以及必要参数，可以把长为 klen 比特的消息明文 M 做公钥运算处理后传递给接收方用户 B。

(1) 产生随机数 k，$k \in [1, n-1]$。

(2) 求解椭圆曲线上的点 $C_1 = [k]G = (x_1, y_1)$。

(3) 求解椭圆曲线上的点 $S = [h]P_B$，若 S 是无穷远点，则报错并退出；若不是，则继续计算。

(4) 计算椭圆曲线上的点 $Q = [k]P_B = (x_2, y_2)$。

(5) 计算求得 $t = \text{KDF}(x_2 \| y_2, \text{klen})$，其中 KDF 为密钥派生函数算法，若 t 为全 0，则返回第一步。

(6) 计算 $C_2 = M \oplus t$。

(7) 计算 $C_3 = \text{Hash}(x_2 \| M \| y_2)$ 。

(8) 输出密文 $C = C_1 \| C_2 \| C_3$ 。

2．SM2 解密算法

接收方 B 收到 $C = C_1 \| C_2 \| C_3$ 后，还原消息 M 。

(1) 从 C 中将信息 C_1 分解出来，将 C_1 的数据类型转换为椭圆曲线上的点，验证 C_1 是否满足椭圆曲线方程，若不满足，则报错并退出。

(2) 计算椭圆曲线上的点 $S = [h]C_1$ ，若 S 是无穷远点，则报错并退出。

(3) 计算 $[d_B]C_1 = (x_2, y_2)$ 。

(4) 计算 $t = \text{KDF}(x_2 \| y_2, \text{klen})$ ，若 t 为全 0，则报错并退出。

(5) 从 C 中取出比特串 C_2 ，计算 $M' = C_2 \oplus t$ 。

(6) 计算求得 $u = \text{Hash}(x_2 \| M' \| y_2)$ ，从 C 中取出比特串 C_3 ，若 $u \neq C_3$ ，则报错并退出。

(7) 输出明文 M' 。

方案特点分析如下。

(1) SM2 公钥加密算法基于椭圆曲线离散对数困难问题，具有较高的安全性。

(2) 在传统的椭圆曲线加密方案中，只利用了分量 x_2 进行加密，分量 y_2 没有利用，而 SM2 公钥加密算法同时利用了 x_2 和 y_2 。

(3) 传统椭圆曲线加密使用乘法进行加密运算，较为复杂，而 SM2 公钥加密算法使用模 2 加法进行加密运算，具有更高的效率。

(4) SM2 公钥加密算法使用了密钥派生函数，提高了算法的安全性，但增加了算法的运算时间。

(5) SM2 公钥加密算法中采取了很多检错措施，提高了数据完整性、系统可靠性和安全性。

(6) SM2 公钥加密算法可以对任意长度的明文进行计算。

2.5　SM2 数字签名方案

1．椭圆曲线系统参数

有限域 F_q 上定义一个椭圆曲线 $E(F_q)$ ，其中两个定义元分别为 a、b，椭圆曲线基点 $G \neq O$ ，G 的阶为 n 。用户 A 的密钥对包括私钥 d_A、公钥 $P_A = [d_A]G$，如$[k]G$表示kG ；用户 B 的密钥对包括私钥 d_B、公钥 $P_B = [d_B]G$ 。

2．辅助函数

1) 密码杂凑算法

使用 SM3 密码杂凑算法。

2) 随机数发生器

使用国家密码管理局批准的随机数发生器。

3. 数字签名方案

1) 用户密钥对

用户 A 的密钥对包括其私钥 d_A 和公钥 $P_A = [d_A]G = (x_A, y_A)$。

2) 用户其他信息

作为签名者的用户 A 具有长度为 entlen_A 比特的可辨别标识 ID_A，记 ENTL_A 是由整数 entlen_A 转换而成的两字节，在椭圆曲线数字签名算法中，签名者和验证者都需要用密码杂凑算法求得用户 A 的杂凑值 Z_A。将椭圆曲线方程参数 a、b、G 的坐标值 x_G、y_G 和 P_A 的坐标值 x_A、y_A 的数据类型转换为比特串，$Z_A = H_{256}(\mathrm{ENTL}_A \| \mathrm{ID}_A \| a \| b \| x_G \| y_G \| x_A \| y_A)$。

3) 数字签名的生成算法

设待签名的消息为 M，为了获取消息 M 的数字签名 (r,s)，作为签名者的用户 A 应实现以下运算步骤。

(1) 置 $\bar{M} = Z_A \| M$，Z_A 为 A 的可辨识标识、部分椭圆曲线系统参数和用户 A 的公钥的 Hash 值。

(2) 计算 $e = \mathrm{Hash}(\bar{M})$ 并将其转化为整数。

(3) 用随机数发生器产生随机数 $k \in [1, n-1]$。

(4) 求解曲线上的点 $(x_1, y_1) = [k]G$，并将其转化为椭圆上一点。

(5) 计算 $r = (e + x_1) \bmod n$，若 $r = 0$ 或 $r + k = n$，则返回步骤(3)。

(6) 计算 $s = ((1 + d_A)^{-1} \cdot (k - r \cdot d_A)) \bmod n$，若 $s = 0$，则返回步骤(3)。

(7) 将 r、s 的数据类型转化成字节串，得到消息 M 的签名 (r,s)。

4) 数字签名的验证算法

(1) 检验 $r' \in [1, n-1]$ 是否成立，若不成立，则验证不通过。

(2) 检验 $s' \in [1, n-1]$ 是否成立，若不成立，则验证不通过。

(3) 置 $\bar{M'} = Z_A \| M'$。

(4) 计算 $e' = \mathrm{Hash}(\bar{M'})$ 并将其转化为整数。

(5) 将 r'、s' 的数据类型转换为整数，计算 $t = (r' + s') \bmod n$，若 $t = 0$，则验证不通过。

(6) 计算椭圆曲线点 $(x_1', y_1') = [s']G + [t]P_A$。

(7) 将 x_1' 的数据类型转换成整数，计算 $R = (e' + e'x_1') \bmod n$，验证 $R = r'$，若成立，则验证通过。

4. 方案特点分析

(1) SM2 数字签名算法基于椭圆曲线离散对数困难问题，具有较高的安全性。

(2) SM2 数字签名算法的签名速度快，但验证速度较慢。

(3) SM2 数字签名算法中采取了很多检错措施，提高了数据完整性、系统可靠性和安全性。

2.6　SM2 密钥交换协议

椭圆曲线系统参数包括有限域 F_p 的规模 p；定义椭圆曲线 $E(F_p)$ 的方程的两个元素

a、$b \in F_p$；$E(F_p)$ 上的基点 $G = (x_G, y_G)(G \neq O)$，其中 x_G 和 y_G 是 F_p 中的两个元素；G 的阶 n 及其他可选项(如 n 的余因子 h 等)。

2.6.1　用户密钥生成

1. 用户公钥私钥生成

输入：一个有效的 F_p ($q = p$ 且 p 为大于 3 的素数)上椭圆曲线系统参数的集合。

输出：与椭圆曲线系统参数相关的一个密钥对 (d, P)。

(1) 用随机数发生器产生整数 $d \in [1, n-2]$。

(2) G 为基点，计算点 $P = (x_P, y_P) = [d]G$。

(3) 密钥对是 (d, P)，其中 d 为私钥，P 为公钥。

2. 密钥验证

输入：一个有效的 F_p ($p > 3$ 且 p 为素数)上椭圆曲线系统参数集合及一个相关的公钥 P。

输出：对于给定的椭圆曲线系统参数，若公钥 P 是有效的，则输出"有效"；否则输出"无效"。

(1) 验证 P 不是无穷远点 O。

(2) 验证公钥 P 的坐标值 x_P 和 y_P 是域 F_P 中的元素(即验证 x_P 和 y_P 是区间 $[0, p-1]$ 中的整数)。

(3) 验证 $y_P^2 = x_P^3 + ax_P + b(\mathrm{mod}\, p)$。

(4) 验证 $[n]P = 0$。

(5) 若通过了所有验证，则输出"有效"；否则输出"无效"。

2.6.2　辅助函数

基于 SM2 密钥交换协议的辅助函数与 SM2 公钥加密方案的相同，此节内容与 2.4.3 节保持一致。

1. 密码杂凑算法

使用 SM3 密码杂凑算法。

2. 密钥派生函数

密钥派生函数的作用是从一个共享的秘密比特串中派生出密钥数据。在密钥协商过程中，密钥派生函数作用在密钥交换所获共享的秘密比特串上，从中产生所需的会话密钥或进一步加密所需的密钥数据。

密钥派生函数需要调用密码杂凑算法。

设密码杂凑算法为 $H_v(\ )$，其输出是长度恰为 v 比特的杂凑值。

密钥派生函数 KDF(Z, klen)，具体如下。

输入：比特串 Z、整数 klen (表示要获得的密钥数据的比特长度，要求该值小于 $(2^{32} - 1)v$)。

输出：长度为 klen 的密钥数据比特串 K。

(1) 初始化一个 32 比特的计数器 ct = 0x00000001。

(2) 对 i 从 1 到 klen/v 执行：

① 计算 $\text{Ha}_i = H_v(Z \text{ct})$；

② ct++。

(3) 若 klen/v 是整数，令 $\text{Ha!}_{\text{klen}/v} = \text{Ha}_{\text{klen}/v}$，否则令 $\text{Ha!}_{\text{klen}/v}$ 为 $\text{Ha}_{\text{klen}/v}$ 最左边的 klen/v − ($v \times$ klen/v) 比特。

(4) 令 $K = \text{Ha}_1 \ \text{Ha}_2 \ \cdots \ \text{Ha}_{\text{klen}/v-1} = \text{Ha!}_{\text{klen}/v}$。

3. 随机数发生器

使用国家密码管理局批准的随机数发生器。

2.6.3　密钥交换协议流程

1. 用户密钥对

用户 A 的密钥对包括其私钥 d_A 和公钥 $P_A = [d_A]G = (x_A, y_A)$，用户 B 的密钥对包括其私钥 d_B 和公钥 $P_B = [d_B]G = (x_B, y_B)$。

2. 用户其他信息

用户 A 具有长度为 entlen_A 比特的可辨别标识 ID_A，记 ENTL_A 是由整数 entlen_A 转换而成的两字节；用户 B 具有长度为 entlen_B 比特的可辨别标识 ID_B，记 ENTL_B 是由整数 entlen_B 转换而成的两字节。在椭圆曲线密钥交换协议中，参与密钥协商的 A、B 双方都需要用密码杂凑算法求得用户 A 的杂凑值 Z_A 和用户 B 的杂凑值 Z_B。将椭圆曲线方程参数 a、b, G 的坐标值 x_G、y_G 和 P_A 的坐标值 x_A、y_A 的数据类型转换为比特串，$Z_A = H_{256}(\text{ENTL}_A \| \text{ID}_A \| a \| b \| x_G \| y_G \| x_A \| y_A)$；将椭圆曲线方程参数 a、b, G 的坐标值 x_G、y_G 和 P_B 的坐标值 x_B、y_B 的数据类型转换为比特串，$Z_B = H_{256}(\text{ENTL}_B \| \text{ID}_B \| a \| b \| x_G \| y_G \| x_B \| y_B)$。

3. 密钥交换协议

设用户 A 和 B 协商获得的密钥数据的长度为 klen 比特，用户 A 为发起方，用户 B 为响应方。

用户 A 和 B 双方为了获得相同的密钥，应分别实现如下运算步骤。

记 $w = (\log_2(n)/2) - 1$。

用户 A：

A_1：用随机数发生器产生随机数 $r_A \in [1, n-1]$。

A_2：计算椭圆曲线上的点 $R_A = [r_A]G = (x_1, y_1)$。

A_3：将 R_A 发送给用户 B。

用户 B：

B_1：用随机数发生器产生随机数 $r_B \in [1, n-1]$。

B_2：计算椭圆曲线上的点 $R_B = [r_B]G = (x_2, y_2)$。

B_3：从 R_B 中取出域元素 x_2，将 x_2 的数据类型转换为整数，计算 $\bar{x}_2 = 2^w + (x_2 \ \& \ (2^w - 1))$。

B_4：计算 $t_B = (d_B + \bar{x}_2 \cdot r_B) \bmod n$。

B_5：验证 R_A 是否满足椭圆曲线方程，若不满足，则协商失败；否则从 R_A 中取出域元素 x_1，将 x_1 的数据类型转换为整数，计算 $\overline{x}_1 = 2^w + (x_1 \& (2^w - 1))$。

B_6：计算椭圆曲线上的点 $V = [h \cdot t_B](P_A + [\overline{x}_1]R_A) = (x_V, y_V)$，若 V 是无穷远点，则 B 协商失败；否则将 x_V、y_V 的数据类型转换为比特串。

B_7：计算 $K_B = \mathrm{KDF}(x_V \| y_V \| Z_A \| Z_B, \mathrm{klen})$。

B_8：(选项) R_A 的坐标值 x_1、y_1 和 R_B 的坐标值 x_2、y_2 的数据类型转换为比特串，计算 $S_B = \mathrm{Hash}(0x02 \| y_V \| \mathrm{Hash}(x_V \| Z_A \| Z_B \| x_1 \| y_1 \| x_2 \| y_2))$。

B_9：将 R_B、(选项) S_B 发送给用户 A。

用户 A：

A_4：从 R_A 中取出域元素 x_1，将 x_1 的数据类型转换为整数，计算 $\overline{x}_1 = 2^w + (x_1 \& (2^w - 1))$。

A_5：计算 $t_A = (d_A + \overline{x}_1 \cdot r_A) \bmod n$。

A_6：验证 R_B 是否满足椭圆曲线方程，若不满足，则协商失败；否则从 R_B 中取出域元素 x_2，将 x_2 的数据类型转换为整数，计算 $\overline{x}_2 = 2^w + (x_2 \& (2^w - 1))$。

A_7：计算椭圆曲线上的点 $U = [h \cdot t_A](P_B + [\overline{x}_2]R_B) = (x_U, y_U)$，若 U 是无穷远点，则 A 协商失败；否则将 x_U、y_U 的数据类型转换为比特串。

A_8：计算 $K_A = \mathrm{KDF}(x_U \| y_U \| Z_A \| Z_B, \mathrm{klen})$。

A_9：(选项)将 R_A 的坐标值 x_1、y_1 和 R_B 的坐标值 x_2、y_2 的数据类型转换为比特串，计算 $S_1 = \mathrm{Hash}(0x02 \| y_U \| \mathrm{Hash}(x_U \| Z_A \| Z_B \| x_1 \| y_1 \| x_2 \| y_2))$，并检验 $S_1 = S_B$ 是否成立，若等式不成立，则从 B 到 A 的密钥确认失败。

A_{10}：(选项)计算 $S_A = \mathrm{Hash}(0x03 \| y_U \| \mathrm{Hash}(x_U \| Z_A \| Z_B \| x_1 \| y_1 \| x_2 \| y_2))$，并将 S_A 发送给用户 B。

用户 B：

B_{10}：(选项)计算 $S_2 = \mathrm{Hash}(0x03 \| y_V \| \mathrm{Hash}(x_V \| Z_A \| Z_B \| x_1 \| y_1 \| x_2 \| y_2))$，并检验 $S_2 = S_A$ 是否成立，若等式不成立，则从 A 到 B 的密钥确认失败。

2.7　SM9 数字签名算法

SM9 是国密局发布的一种基于身份的加密(identity-based encryption，IBE)算法。IBE 算法基于双线性对，以用户的身份标识作为公钥。

SM9 是基于双线性对的标识密码算法，与 SM2 类似，包含以下几部分：总则、数字签名算法、密钥交换协议以及密钥封装机制和公钥加密算法。在这些算法中使用了椭圆曲线上的"对"这一工具，不同于传统意义上的 SM2 算法，可以实现基于身份的密码体制，也就是公钥与用户的身份信息(即标识相关)，从而比传统意义上的公钥密码体制有许多优点，省去了证书管理等。下面简要介绍 SM9 数字签名算法。

在介绍 SM9 数字签名算法时，将省去对密码杂凑函数和数据类型转换的说明(如群中元素和字节串之间的转换)，SM9 数字签名算法主要包括四个步骤：系统参数生成、用户密钥生成、数字签名生成、数字签名验证。

1. 系统参数生成

KGC(key generation center，密钥生成中心)生成系统所需公共参数 pp，包括曲线标识符 cid，椭圆曲线参数，两个 N 阶加法循环子群 G_1、G_2 及其各自的生成元 P_1、P_2，N 阶乘法循环子群 G_T，$G_1 \times G_2 \rightarrow G_T$ 的双线性映射 e 及其标识符 eid。接着 KGC 随机选取 $s \in \mathbb{Z}_N^*$ 作为其主私钥并秘密保存，计算 $P_{\text{pub}} = [s]P_2$ 为其主公钥并公开。

2. 用户密钥生成

身份标识为 ID_i 的用户发送其身份标识给 KGC，KGC 执行以下算法为其生成私钥：

(1) 计算 $r_1 = H_1(\text{ID}_i \| \text{hid}, N)$，若 $r_1 = 0$，则重新生成主私钥；

(2) 计算 $r_2 = s \cdot r_1^{-1}$；

(3) 计算用户私钥 $S_i = [r_2]P_1$。

3. 数字签名生成

输入系统参数 pp，用户 ID_i 的私钥 S_i、待签名消息 m，用户执行以下算法生成数字签名：

(1) 计算 $g = e(P_1, P_{\text{pub}}) \in G_T$；

(2) 随机选取 $r \in \mathbb{Z}_N^*$，计算 $w = g^r \in G_T$；

(3) 计算 $h = H_2(m \| w, N)$；

(4) 计算 $l = (r - h) \bmod n$，若 $l = 0$，则返回步骤(2)；

(5) 计算 $S = [l]S_i \in G_1$ 并输出签名 $\sigma = (h, S)$。

4. 数字签名验证

输入系统参数 pp，消息 m'、签名者 ID_i 生成的对应的签名结果 $\sigma' = (h', S')$，用户执行以下算法验证数字签名：

(1) 验证 $h \in \mathbb{Z}_N^*$ 是否成立，若不成立，则返回验证失败；

(2) 验证 $S' \in G_1$ 是否成立，若不成立，则返回验证失败；

(3) 计算 $g = e(P_1, P_{\text{pub}}) \in G_T$；

(4) 计算 $t = g^{h'} \in G_T$；

(5) 计算 $h_1 = H_1(\text{ID}_i \| \text{hid}, N)$；

(6) 计算 $Q = [h_1]P_2 + P_{\text{pub}} \in G_2$；

(7) 计算 $v = e(S', Q) \in G_T$；

(8) 计算 $w' = v \cdot t \in G_T$；

(9) 计算 $h_2 = H_2(m' \| w', N)$；

(10) 验证 $h_2 = h$ 是否成立，若等式成立，则返回验证成功，否则返回验证失败。

第 3 章　身份认证与访问控制

3.1　身份认证和访问控制概述

身份认证和访问控制都是密码学中的重要概念。其中，身份认证指验证某个实体(如个人、计算机系统、网络服务等)所声明的身份是否合法可信；访问控制指管理和控制用户或实体对系统资源的访问权限。

3.1.1　身份认证

1. 身份认证的概念

身份认证(authentication)是指确认用户、实体或系统声称的身份的过程。在计算机安全领域，身份认证是确认用户或系统声称的身份是否有效的一种方式。身份认证的主要目的是确保对于敏感操作(如访问受保护的资源、进行交易、访问私人数据等)，确实是合法的实体在进行，而不是未经授权的个人或系统。

身份认证通常涉及以下几个要素。

(1) 标识(identity)：被认证的实体的唯一标识符。它可以是一个用户名、数字 ID、电子邮件地址、手机号码等。标识用于识别实体，但本身不足以确认身份。

(2) 凭证(credentials)：被验证实体提供给认证系统的用于证明身份的具体信息，通常包括密码、数字证书、生物特征(如指纹、虹膜)、智能卡等。凭证用于验证声称的身份是否与实际身份一致。

(3) 认证服务(authentication service)：负责对提供的证据进行验证并确认身份的服务。它可以是一个独立的系统，也可以是系统中的一个模块或组件。认证服务负责执行验证过程，并在验证成功时向系统授予访问权限。

这些要素相互作用确保了对用户或实体身份的有效验证，并帮助防止未经授权的访问和数据泄露。

身份认证的常见方法如下。

(1) 基于知识的认证：用户通过提供已知的信息来认证自己的身份。这种方法通常涉及用户名和密码。用户必须记住他们的凭证，并在需要时输入正确的凭证以通过认证。虽然这种方法便于实施，但存在着密码泄露和猜测的风险。

(2) 基于物理特征的认证：使用用户的生物特征来认证其身份，如指纹识别、虹膜扫描、面部识别等。这些生物特征是独一无二的，因此能够提供高度的身份认证安全性。然而，这种方法可能需要专门的硬件支持，并且可能受到生物特征本身的变化和技术限制的影响。

(3) 基于所持物品的认证：使用物理设备来认证用户的身份，如智能卡、USB 安全密钥等。用户必须拥有正确的物品，并在需要时将其插入设备或通过其他方式与设备进行通信，以通过认证。这种方法通常提供了较高的安全性，但需要用户携带额外的物品，并可能需要额外的设备支持。

(4) 基于证书的认证：使用数字证书来认证用户的身份。数字证书是由可信机构颁发的电子文档，用于证明用户的身份。用户需要拥有有效的数字证书，并在通信中提供证书以进行身份认证。这种方法提供了较高的安全性和可信度，但需要建立和维护一个可信的证书颁发机构体系。

2. 身份认证的作用

具体来说，身份认证主要有以下几个重要作用。

(1) 建立信任关系：身份认证通过验证通信双方的身份，建立起彼此之间的信任关系。这对于加密通信非常重要，因为双方需要确保他们正在与预期的合法实体通信，而不是恶意攻击者。

(2) 防止身份伪装：身份认证可以防止身份伪装，即防止攻击者冒充合法用户或实体参与通信。通过验证身份，系统可以确定通信双方的真实身份，从而避免被欺骗或误导。

(3) 保护数据隐私：身份认证有助于保护通信中传输数据的隐私。只有经过认证的双方才能访问通信中的敏感信息，这确保了数据的机密性和安全性。

(4) 维护数据完整性：身份认证可以确保通信数据的完整性，即防止数据在传输过程中被篡改或损坏。通过验证通信双方的身份，可以防止中间人攻击和数据篡改，从而维护数据的完整性。

总的来说，身份认证在密码学中的作用是确保通信双方的身份真实和合法，从而防止身份欺骗。它是保障安全通信的基础，对于保护敏感信息和防止恶意攻击至关重要。

3.1.2　访问控制

访问控制是通过设定和管理权限来限制用户或实体对系统资源的访问，确保只有经过授权的用户能够访问、修改或使用特定资源。

1. 访问控制的概念

访问控制(access control)是一种安全机制，旨在管理和限制用户或实体对计算机系统、网络资源或其他受保护资源的访问。它通过定义和实施一系列规则和策略，确保只有经过授权的用户或实体才能够访问系统资源，从而保护系统免受未经授权的访问、数据泄露或破坏的威胁。

访问控制通常包括以下几方面。

(1) 身份认证：确认用户或实体的身份以及其所声称的权限。身份认证是访问控制的前提条件，通常涉及用户提供的凭证(如用户名和密码)或其他身份验证机制(如生物特征识别或多因素认证)。

(2) 授权(authorization)：确定用户或实体被允许访问的资源和其操作权限。授权规则定义了不同用户或实体可以执行的操作，并根据其身份、角色或其他属性分配相应的访问权限。

(3) 访问控制策略(access control policy)：规定了访问控制机制的具体规则和限制。访问控制策略可以基于许多因素来定义，如用户身份、角色、时间、地点等，以确保系统资源得到适当的保护和管理。

(4) 访问控制列表(access control list，ACL)：记录了每个资源的访问权限和允许或拒绝访问的用户或实体列表。ACL 通常与资源关联，用于控制对资源的访问。

(5) 审计(auditing)：记录和监视系统中的访问活动，以便跟踪和分析用户或实体的行为，并检测潜在的安全风险或违规行为。审计可以帮助确保访问控制策略的有效执行，并提供对安全事件的调查和响应功能。

综上所述，访问控制是一种重要的安全机制，负责管控用户或实体对系统资源的使用权限，确保系统安全性和数据保密性。通过适当配置和实施访问控制机制，可以有效防止未经授权的访问和潜在的安全威胁。

2. 访问控制的作用

在密码学中，访问控制的作用主要是确保只有经过授权的用户或实体能够访问受保护的资源，以保护系统的安全性和保密性。具体而言，访问控制主要有以下几个重要作用。

(1) 保护加密数据：密码学中的访问控制确保只有经过授权的用户能够解密和访问加密数据。通过正确配置访问控制策略，可以防止未经授权的用户获取加密数据的解密密钥或访问受保护的密文，从而保护数据的安全性和机密性。

(2) 防止密钥泄露：密码学中的访问控制可以限制对加密密钥的访问和使用，防止密钥泄露或未经授权的密钥使用。只有经过授权的用户才能够访问加密密钥，并且只有在通过正确的身份验证和授权之后才能使用密钥解密数据或执行其他加密操作。

(3) 控制加密操作：密码学中的访问控制可以控制对加密算法和加密操作的访问权限，防止未经授权的用户执行加密操作或访问加密算法的实现细节。通过限制对加密操作的访问，可以防止恶意用户利用加密功能进行攻击或破坏。

(4) 保护密钥管理系统：密码学中的访问控制还可以保护密钥管理系统，防止未经授权的访问和操作。密钥管理系统是管理加密密钥的关键组件，通过限制对密钥管理系统的访问权限，可以确保密钥的安全存储和管理。

综上所述，密码学中的访问控制是确保加密数据和密钥的安全访问的关键机制。通过适当配置和实施访问控制策略，可以保护系统免受未经授权的访问和潜在的安全威胁，提高系统的安全性和可信度。

3.2　基于口令的身份认证

基于口令的身份认证是一种常见的身份验证方式，广泛应用于各种计算机系统和网络服务中。在这种身份验证方式中，用户需要提供预先设定的口令(password)来证明自己的身份。口令是一串字符，通常由数字、字母和特殊字符组合而成，用以保护个人账户和数据安全。

基于口令的身份认证过程通常包括以下几个步骤。

(1) 注册/开户：用户在系统中创建账户时，需要设定一个口令。

(2) 登录：用户访问系统时，系统要求用户输入口令。

(3) 验证：系统将用户输入的口令与存储在系统中的口令进行比对。

(4) 授权：如果比对成功，用户获得访问系统资源的权限；如果失败，则拒绝访问。

为了提高安全性，基于口令的身份认证系统通常还会采取以下措施。

(1) 加密：在存储和传输过程中对口令进行加密。

(2) 复杂性要求：要求口令具有一定的长度，并包含数字、字母和特殊字符。

(3) 定期更换：强制用户定期更改口令。

(4) 防暴力破解：限制连续输入错误口令的次数，若超过限制，则锁定账户或延长下次尝试的时间。

(5) 多因素认证：结合口令以外的其他认证方式，如短信验证码、生物特征识别等，以增加安全性。

尽管基于口令的身份认证方便易用，但也存在一些安全风险，如口令泄露、猜测攻击、字典攻击、暴力破解等。因此，用户应选择强口令，并妥善保管好个人口令，避免在不同系统和服务中使用相同的口令。下面介绍几种常见的基于口令的身份认证方式。

3.2.1　简单口令

1. 简单口令特点

简单口令是指容易猜测或推测的口令，简单口令的特点如下。

(1) 长度短：简单口令往往很短，通常少于 8 个字符。

(2) 常见词汇：使用常见的单词或密码组合，如"password"、"123456"和"admin"等。

(3) 单一字符集：只包含一种类型的字符，如只有小写字母或只有数字。

(4) 个人信息：包含用户的个人信息，如姓名、生日、电话号码等。

(5) 顺序或重复字符：如"12345"、"aaaaaa"和"22222"等。

(6) 键盘模式：简单的键盘模式，如"qwerty"、"asdfg"或"zxcvb"。

(7) 字典单词：直接使用字典中的单词，尤其是常见且短的单词。

2. 简单口令存在的问题

简单口令通常存在以下问题。

(1) 易被猜测：由于简单口令使用常见的单词、数字或个人信息，攻击者可以通过尝试常见的口令组合或使用字典攻击等方法轻易地猜测到口令，从而获取访问权限。

(2) 易受到暴力破解：攻击者可以使用暴力破解技术，通过尝试大量的可能口令组合来破解简单口令。由于简单口令的空间较小，暴力破解攻击可以在相对较短的时间内成功。

(3) 容易被社会工程学攻击利用：简单口令通常与个人信息或常见的关联词相似，攻击者可以通过收集目标的个人信息或进行调查，进行社会工程学攻击。例如，攻击者可能知道目标的生日或家庭成员的名字，并将其作为猜测口令的依据。

(4) 缺乏复杂性和随机性：简单口令往往缺乏复杂性和随机性，没有足够的字符组合、长度和混合规则，这降低了口令的安全性。攻击者可以利用密码破解工具和算法来快速破解这些口令。

(5) 多账户共享相同口令：由于简单口令容易记忆，一些用户可能倾向于在多个账户中使用相同的简单口令。这增加了一旦一个账户的口令泄露，其他账户也会受到威胁的风险。

为了提高口令的安全性，用户应该选择复杂、随机且不易猜测的口令，并遵循密码安全最佳实践，如使用足够长的口令、使口令包含大小写字母、数字和特殊字符，定期更改口令等。此外，使用多因素身份认证(如指纹、令牌或短信验证码)可以提供额外的安全层级。

3.2.2　一次性口令机制

动态口令
系统密钥
管理

一次性口令(one-time password，OTP)机制是一种安全认证方法，它为用户每次登录或进行交易时生成唯一的、不可重复使用的口令。这种机制的主要目的是减少口令被破解的风险，因为即使用户的一次性口令在某次登录时被截获，该口令在下次登录时也不再有效。

一次性口令可以通过不同的方式生成，包括硬件令牌、短信、移动应用程序和电子邮件等。举例来说，当用户在网上银行进行转账操作时，除了输入其用户名和常规口令外，系统可能还会要求输入一个一次性口令。这个一次性口令可能是通过用户手机上的银行应用程序生成的，或者是通过短信发送给用户的。输入正确的一次性口令后，用户才能完成转账操作。

一次性口令机制显著提高了账户安全性，因为它即使在被截获的情况下也不会泄露用户的长期口令。这种机制通常与传统的口令认证结合使用，形成双因素认证(2FA)，从而为用户提供了一个更加安全的认证过程。下面详细介绍两种经典的一次性口令机制。

1. 挑战-应答方式

挑战-应答方式是一种用于身份验证的方法，其中系统向用户发送一个随机的挑战，用户必须正确地回答该挑战以证明其身份。

以下是一次性口令挑战-应答方式的基本流程。

(1) 生成挑战：系统生成一个随机的挑战，通常是一个数字或字符串。挑战的长度和复杂性取决于具体的实现和安全需求。

(2) 发送挑战：系统将生成的挑战发送给用户，通常通过某种通信渠道进行发送，如短信、电子邮件或专用的身份验证设备。

(3) 用户应答：用户接收到挑战后，根据事先约定的算法和共享的密钥，计算出正确的应答。算法通常是基于哈希函数或加密算法的单向运算。

(4) 提交应答：用户将计算得到的应答提交给系统作为身份验证的凭证。

(5) 验证应答：系统使用相同的算法和密钥，对用户提交的应答进行计算，并与预期的应答进行比较。如果两者匹配，则用户被验证为合法用户；否则，身份验证失败。

(6) 完成身份验证：一旦用户成功通过应答验证，系统就可以根据需要授予用户相应的访问权限或提供所需的服务。

一次性口令挑战-应答方式的优势在于每个挑战只能使用一次，因此即使攻击者拦截了挑战和应答的通信，也无法重用它们伪造身份。这提供了更高的安全性，尤其是在与其他身份验证因素(如用户名和密码)结合使用时。需要注意的是，一次性口令挑战-应答方式的安全性也取决于挑战和应答的传输方式的安全性。如果通信渠道不受保护或容易受到中间人攻击，攻击者可能截获挑战和应答，并在短时间内进行恶意重放攻击。因此，在应用一次性口令挑战-应答方式时，确保通信渠道的安全性至关重要。

2. 硬件令牌

硬件令牌是一种专门设计用于生成和显示一次性口令的物理设备。它通常采用便携式设备的形式，用户可以携带它随时进行身份验证。

下面是一次性口令硬件令牌的基本工作原理。

(1) 生成口令：硬件令牌内部包含一个独特的算法和密钥，用于生成一系列一次性口令。这些口令可能是基于时间的(基于时钟的令牌)或基于事件的(基于按键的令牌)。

(2) 显示口令：用户按下硬件令牌上的按钮或触发器后，令牌会根据预设的算法和密钥生成一个新的一次性口令，并将其显示在令牌的屏幕上。每个口令在一段时间后会自动失效，以确保安全性。

(3) 身份验证：用户将硬件令牌生成的口令输入到需要进行身份验证的系统或应用程序中。系统使用相同的算法和密钥验证用户输入的口令是否与预期的口令匹配，以确认用户的身份。

硬件令牌相较于其他形式的一次性口令提供了更高的安全性，因为令牌中的算法和密钥通常是独立的、物理存储的，并且不容易被攻击者获取或篡改。此外，硬件令牌通常具有防伪造和防篡改的特性，以确保生成的口令是可信的。

硬件令牌的使用还具有便携性和易用性的优势。用户可以将硬件令牌携带在身上，无须依赖网络连接或其他外部设备。此外，硬件令牌通常具有简单的用户界面，用户只需按下按钮即可生成口令，无须记忆复杂的密码或进行额外的操作。需要注意的是，硬件令牌的安全性仍然依赖于其物理保护和密钥管理。用户应妥善保管硬件令牌，避免丢失或被盗。同时，组织也需要确保生成和分发硬件令牌的过程安全可靠，并定期更换令牌以防止密钥泄露或设备损坏。

3.2.3　强口令

1. 强口令的特点

强口令是指具有较高安全性的口令，它们通常难以被猜测、破解或通过自动化工具暴力破解。强口令的特点如下。

(1) 足够长：强口令通常至少包含 8 个字符，通常越长越安全。

(2) 混合字符集：结合使用大写字母、小写字母、数字和特殊字符。

(3) 非字典词汇：避免使用字典中的单词或常见的词汇组合。

(4) 非个人信息：不包含用户的姓名、生日、电话号码等个人信息。

(5) 易记难猜：虽然强口令复杂，但用户应该能够记住，避免写在纸上或电子文档中。

以下是一个强口令的例子："$uP3rS3cur3!"。这个口令包含了大写字母、小写字母、数字和特殊字符，也足够长，且没有使用任何常见的单词或个人信息。

2．强口令的使用规则

强口令由一系列复杂、随机和多样化的字符组成。以下是一些常见的强口令使用规则。

(1) 长度要求：强口令应该具有足够的长度，通常建议至少包含 8 个字符。较长的口令更难猜测和破解。

(2) 多样性：强口令应该包含多种字符类型，如大写字母、小写字母、数字和特殊字符(如符号和标点符号)。这样可以增加口令的复杂性和安全性。

(3) 随机性：强口令应该是随机生成的，避免使用常见的单词、日期、个人信息或简单的模式，攻击者可以轻易获取这些信息并尝试使用它们进行猜测。

(4)不重复使用：强口令应该在不同的账户中不重复使用，否则如果一个账户的口令被泄露，其他账户也会受到威胁。每个账户应使用独特的强口令。

(5) 定期更换：强口令应该定期更换，建议每隔一定时间(如三个月)修改口令。这有助于防止口令被长期滥用。

(6) 避免常见模式：不要使用连续的或重复的字符、数字或键盘上相邻的按键作为口令。这样的模式很容易被猜测或破解。

(7) 密码管理：使用密码管理工具来存储和管理强口令，确保口令的安全性和方便性。密码管理工具可用于生成、存储和自动填充强口令，同时提供保护口令库的加密和主密码。

强口令使用规则的目标是创建具有高度安全性的口令，以防止猜测、暴力破解和字典攻击等常见的口令攻击。同时，用户应保持警惕，不要将口令以明文形式存储在电子设备中或共享给他人。

3．针对强口令的攻击

针对强口令的攻击是指攻击者试图破解或绕过使用强口令的账户或系统的安全措施。虽然强口令可以提高安全性，但仍存在一些漏洞，攻击者可能利用这些漏洞来获取口令或绕过身份验证。

以下是一些常见的针对强口令的攻击方式。

(1) 暴力破解：攻击者使用自动化工具，尝试使用大量的可能口令组合进行连续的登录尝试，直到找到正确的口令为止。这种攻击方式利用了弱口令或常见口令的存在。

(2) 字典攻击：攻击者使用预先准备的字典文件，包含常见的单词、短语和字符组合，尝试进行口令猜测。字典攻击通常比暴力破解更高效，因为它基于常见口令的使用习惯。

(3) 社会工程学：攻击者可能通过欺骗、伪装或诱骗的手段，获取用户的口令。他们可以通过发送钓鱼邮件、进行电话诈骗、利用虚假网站等方式，诱使用户提供他们的口令。

(4) 逆向工程：攻击者可能尝试分析、破解或绕过使用强口令的应用程序或系统的内部机制。他们可能使用调试器、反编译器和漏洞利用工具来研究和攻击目标。

(5) 网络监听：攻击者可能通过网络监听、中间人攻击或 Wi-Fi 钓鱼等方式，截获用户的口令。他们可以监视网络流量、窃取传输的口令数据，从而获取登录凭证。

(6) 密码重用：如果用户在多个账户上使用相同的强口令，而其中一个账户的口令被攻击者获取，攻击者可能尝试将该口令应用于其他账户，以获取更多的访问权限。

为了防止针对强口令的攻击，用户和组织可以采取以下措施。

(1) 使用多因素身份认证：除了强口令，使用其他身份验证因素(如指纹、硬件令牌)来增加安全性。

(2) 锁定账户：在一定次数的登录尝试失败后，锁定账户一段时间，以防止暴力破解和字典攻击。

(3) 定期更换口令：定期更换强口令，避免长期的口令滥用。

(4) 教育用户：进行安全意识培训，教育用户选择强口令、警惕社会工程学攻击和保护口令的最佳实践。

(5) 实施安全策略：组织应采用安全策略，包括密码策略、账户锁定机制和入侵检测系统等，以防止和检测口令攻击。

3.2.4　Peyravian-Zunic 口令系统

1. Peyravian-Zunic 口令系统过程

Peyravian-Zunic 口令系统是一种基于哈希函数的口令认证方案，由 Peyravian 和 Zunic 在 2000 年提出。这个方案旨在提高口令认证的安全性，尤其是在不安全的网络通信环境中。其核心是利用哈希函数来保护口令的安全传输和更改。Peyravian-Zunic 口令系统中包含了口令传输和更改协议，下面分别介绍这两种协议的细节。

1) 口令传输协议

(1) 用户→客户端：用户将用户 ID(id)和口令(pw)提交给客户端。

(2) 客户端→服务器：客户端生成一个随机值(rc)，并将 id 和 rc 发送给服务器。

(3) 服务器→客户端：服务器生成一个随机值(rs)，并将其发送回客户端。

(4) 客户端→服务器：客户端通过计算 idpw_digest = Hash(id, pw)生成一个 idpw_digest 值，其中 Hash 函数是一个强碰撞抗性的单向哈希函数，如 SHA-1。接下来，客户端由此生成一个一次性的认证令牌 auth_token，计算方法为 auth_token = Hash(idpw_digest, rc, rs)，令牌的值会因为随机的 rc 和 rs 值的变化而变化。最后，客户端将 id 和 auth_token 发送给服务器。

(5) 服务器→客户端：服务器验证接收到 auth_token 的有效性。如果有效，服务器向客户端发送一条消息，允许用户访问受保护的资源。

2) 口令更改协议

(1) 用户→客户端：用户向客户端提交(id,pw,new_pw)。

(2) 客户端→服务器：客户端生成(rc)并发送(id,rc)给服务器。

(3) 服务器→客户端：服务器生成(rs)并发送给客户端。

(4) 客户端→服务器：客户端计算(id,pw)和(id,new_pw)的摘要(idpw_digest, idpw_digest_new)、一次性认证令牌(auth_token)和认证令牌掩码(auth_token_mask)，最后计算 protected_idpw_digest_new，它是 idpw_digest_new 与 auth_token_mask 的异或。计算完成后，客户端发送(id,auth_token,protected_idpw_digest_new)给服务器。

(5) 服务器自验证：服务器验证 auth_token 的有效性，如果有效则接受口令更改。

2. Peyravian-Zunic 口令系统的优点

Peyravian-Zunic 口令系统的优点是在口令传输过程中不需要额外的密钥，并且使用了强大的哈希函数来保护口令的安全性。它通过使用随机值和一次性认证令牌来确保通信的实时性和安全性。此外，该系统不会将口令以明文传输，只传输口令的哈希值，从而进一步提高安全性。总之，该口令系统提供了一种安全且有效的方法来保护口令在不可信网络上的传输。对该系统所具备优点的详细解释如下。

(1) 高效且安全：该口令系统不使用任何对称密钥或公钥加密系统，如 DES、RC5、RSA 等，仅依赖于强碰撞抗性的单向哈希函数，如 SHA-1，用于计算口令的摘要。这种哈希函数具有良好的安全性和抗碰撞性，可以有效防止口令泄露和破解，且大大提升了算法的效率。

(2) 防止信息泄露：口令系统中使用的认证令牌 (auth_token) 是一次性的，并且不会泄露关于口令或口令摘要的信息。客户端生成的认证令牌包含随机值和摘要信息，确保了口令的机密性和完整性。

(3) 抵御重放攻击：每次口令认证过程中，客户端和服务器都生成随机值(rc 和 rs)，并将其用于计算认证令牌。这样可以防止重放攻击，因为每次生成的认证令牌都是唯一的。

(4) 客户端与服务端交互验证：在口令传输方案中，客户端与服务端通过生成随机值并相互验证，确保了传输的安全性。

(5) 口令更改流程的保护：该系统中构建并应用了口令更改协议，此协议通过使用认证令牌掩码和异或运算，确保了口令更改过程中口令摘要的保护。这样即使信息在传输过程中被截获，也无法被恶意方所利用。

3. Peyravian-Zunic 口令系统的缺点

Peyravian-Zunic 口令系统存在如下缺点。

(1) 口令猜测攻击：口令系统只使用口令作为认证的因素，没有引入其他因素来增强安全性。这使得口令系统容易受到口令猜测攻击的威胁。攻击者可以使用自动化工具或暴力破解技术尝试大量可能的口令组合，直到找到正确的口令。如果口令弱或容易猜测，攻击成功的概率就会增加。

(2) 服务器欺骗攻击：攻击者冒充合法服务器与客户端进行通信。在口令系统中，客户端会向服务器发送用户 ID、认证令牌和受保护的口令摘要等信息。如果攻击者能够成功欺骗客户端，让其连接到一个恶意服务器，攻击者就可以获取客户端发送的敏感信息，如口令摘要，从而可能导致未经授权的访问或信息泄露。

(3) 客户端安全性：口令系统的安全性也依赖于客户端的安全性。如果客户端设备受到恶意软件、恶意用户或物理攻击的影响，口令可能会被泄露或破解。因此，保护客户端设备的安全性是确保口令系统整体安全性的重要方面。

(4) 口令管理和复杂性：对于用户来说，管理多个复杂口令可能是具有挑战性的。强制要求用户定期更改口令和使用复杂的口令策略可能会增加用户的负担，并导致用户选择弱口令或在多个服务中重复使用口令的风险。

这些缺点通常是因为口令系统中的安全措施不足。为了弥补这些缺点，可以采取以下措施。

(1) 使用更强大的认证机制：引入多因素认证，如使用令牌、生物特征识别或单独的身份验证设备，可以增加安全性并防止口令猜测攻击。

(2) 引入防护措施：采用防止口令猜测攻击的策略，如限制登录尝试次数、增加登录延迟、使用验证码等。

(3) 加强服务器身份验证：使用公钥基础设施(PKI)或数字证书来验证服务器的身份，以防止服务器欺骗攻击。客户端可以通过验证服务器的证书来确保其连接到合法的服务器。

(4) 采用加密和安全传输协议：使用加密算法和安全传输协议(如 SSL/TLS)来保护口令和其他敏感信息在传输过程中的安全性，防止中间人攻击和数据篡改。

总的来说，Peyravian-Zunic 口令系统是一个在提高口令认证安全性方面做出了尝试的方案。虽然它存在一些安全漏洞，但它为后续的口令认证方案提供了重要的参考价值和改进措施。

3.3　身份认证协议

3.3.1　挑战握手认证协议

挑战握手认证协议是一种常用的身份认证协议，用于在通信双方之间建立安全连接。该协议的认证过程如下。

(1) 发起方向接收方发送认证请求：通常，发起方是客户端，而接收方是服务器。发起方向接收方发送一个认证请求，表明其希望建立安全连接。

(2) 接收方生成随机挑战：接收方在收到认证请求后，生成一个随机的挑战。这个挑战可以是一个随机数、一个随机字符串或者其他形式的随机数据。

(3) 接收方发送挑战给发起方：接收方将生成的随机挑战发送给发起方。发起方将用它来证明自己的身份。

(4) 发起方对挑战进行签名：发起方收到挑战信息后，使用自己的私钥对挑战进行数字签名。数字签名是对挑战和发起方私钥的加密结果，用于证明发起方的身份和消息的完整性。

(5) 发起方发送签名给接收方：发起方将生成的数字签名发送回接收方。这个签名将用来验证发起方的身份。

(6) 接收方验证签名：接收方使用发起方的公钥来验证数字签名的有效性。如果验证成功，说明发起方确实拥有相应的私钥，并且认证过程可以继续。

(7) 接收方发送认证成功响应：如果数字签名验证成功，接收方将发送一个认证成功的响应给发起方。这个响应表示认证过程成功，双方可以继续建立安全连接。

1. 挑战握手认证协议的优点

(1) 安全性：该协议使用数字签名来验证发起方的身份，确保通信双方的身份真实可信。

(2) 抗重放攻击：通过使用随机挑战和数字签名，该协议可以有效地抵御重放攻击，防止攻击者重复利用已捕获的认证请求。

(3) 抵抗伪造攻击：挑战握手认证协议要求发起方对挑战进行签名，因此攻击者无法伪造有效的签名。

2．挑战握手认证协议的缺点

(1) 计算开销：生成和验证数字签名需要计算资源，特别是在密钥较长的情况下。这可能导致协议的性能下降。

(2) 通信开销：在协议的认证过程中，需要多次传递消息，包括认证请求、挑战、签名等。这增加了通信开销和延迟。

(3) 密钥管理：挑战握手认证协议涉及公钥和私钥的使用，需要进行密钥的生成、存储和分发，这需要进行有效的密钥管理。

(4) 在实际应用中，需要综合考虑挑战握手认证协议的优点和缺点，根据具体需求和安全性要求选择合适的认证方案。

3.3.2　双因素身份认证协议

双因素身份认证协议是一种安全性较高的身份验证方法，它要求用户在登录系统或访问敏感信息时提供两个独立的身份验证因素。本节将讨论双因素身份认证协议的概念以及其在现实应用中的重要性。

双因素身份认证协议基于"Something you know"(你所知道的)和"Something you have"(你所拥有的)两个独立的身份验证因素。"Something you know"通常是用户的密码、个人识别号码(personal identification number，PIN)或答案；而"Something you have"可以是身份证、银行卡、手机设备或安全令牌等。通过结合这两个因素进行身份验证，双因素身份认证协议提供了更高的安全性，减少了单一因素被攻击者窃取或破解的风险。

双因素身份认证协议在现实中也有许多应用，举例如下。

(1) 网络和应用程序登录：许多在线服务和应用程序采用双因素身份认证协议来保护用户账户的安全性。用户在输入用户名和密码之后，还需要提供另一个因素，如短信验证码、移动应用程序生成的一次性口令(OTP)或指纹等，以完成身份验证过程。

(2) 金融交易：银行和金融机构广泛采用双因素身份认证协议来保护用户的交易和账户信息。用户在进行转账、支付或其他敏感操作时，除了使用账户密码外，还需要提供另一个因素，如动态密码令牌、指纹或短信验证码，以确保身份的真实性和安全性。

(3) 远程访问和虚拟专用网：企业和组织通常使用双因素身份认证协议来保护远程访问和虚拟专用网络(virtual private network，VPN)的安全。员工在远程登录到公司网络或访问敏感数据时，除了用户名和密码，还需要提供另一个因素，如硬件令牌、智能卡或手机应用程序生成的一次性口令。

(4) 云服务和身份管理：云服务提供商(cloud service provider，CSP)和身份管理平台也广泛采用双因素身份认证协议来加强用户的身份验证。用户在访问云服务或管理身份和权限时，除了账户密码，还需要提供另一个因素，如手机推送通知、生物特征或硬件安全密钥。

双因素身份认证协议的现实应用在提高安全性的同时也增加了用户体验的复杂性。然而，随着技术的不断进步，生物特征识别技术、智能设备和多因素身份认证的集成等创新技术正逐渐简化和改进双因素身份认证的部署和使用方式。在现代数字化环境中，双因素身份认证协议成为保护用户和组织免受身份盗窃和未授权访问的关键工具。

3.3.3　S/KEY 认证协议

S/KEY 认证协议是一种基于单向散列函数的身份认证协议，它通过一系列的单向散列函数迭代来实现安全身份验证。本节介绍 S/KEY 认证协议的概念、认证过程和优点。

S/KEY 认证协议的核心概念是使用单向散列函数生成一系列密码的链，每个密码通过散列函数计算得到下一个密码。这些密码链中的每个密码都是单次密码，即每次使用后即被丢弃，不再重复使用。

1. S/KEY 认证协议的认证过程

(1) 初始设置：在 S/KEY 认证协议中，用户和服务器事先约定一个初始密码。初始密码是一个随机数或者随机字符串。

(2) 密码链生成：基于初始密码，通过一系列的单向散列函数迭代生成密码链。每次散列运算的结果作为下一次散列运算的输入，生成新的密码。例如，第一个密码是使用初始密码通过散列函数计算得到的，第二个密码是使用第一个密码通过散列函数计算得到的，以此类推。

(3) 身份验证：在每次身份验证过程中，用户从密码链中选择一个密码作为身份验证的凭证。服务器通过计算用户提供的密码是否与预期的密码链中的下一个密码匹配来验证用户的身份。如果匹配成功，则用户被认为是合法用户，并且可以获得访问权限。

2. S/KEY 认证协议的优点

(1) S/KEY 认证协议具有很高的抵抗密码破解的能力。由于协议中的密码只能使用一次并且不可逆，即使攻击者截获了密码，也无法通过反向计算得到其他密码。这使得 S/KEY 协议在密码破解攻击方面具备较强的安全性。

(2) S/KEY 认证协议采用单向散列函数作为核心算法，这些函数具有抗碰撞性和不可逆性的特点，从而提供了较强的安全性保障。这种安全机制确保了用户的密码在传输和存储过程中不容易被攻击者获取和篡改。

(3) S/KEY 认证协议的实现相对简单，不需要复杂的加密算法或密钥管理机制。这使得 S/KEY 认证协议在实际应用中更加便捷且易于部署。

(4) S/KEY 认证协议具有良好的可扩展性。由于密码链是根据初始密码生成的，可以根据需要生成更长的密码链。这使得 S/KEY 认证协议能够适应多次身份验证或长期认证需求，同时保持其安全性和高效性。

总而言之，S/KEY 认证协议是一种基于单向散列函数的强大身份认证协议。它通过生成密码链和使用单次密码来提供安全的身份验证机制。S/KEY 协议具有可抵抗密码破解、安全性高、简单易用且具备良好的可扩展性等众多优点。这使得 S/KEY 认证协议成为保护用户身份和敏感数据安全的理想选择。

(1) 抵抗密码破解：由于 S/KEY 认证协议中的密码只能使用一次并且不可逆，即使攻击者截获了密码，也无法通过反向计算得到其他密码。这使得 S/KEY 认证协议对密码破解攻击具有很高的抵抗力。

(2) 安全性：S/KEY 认证协议采用单向散列函数作为核心算法，这些函数具有抗碰撞性和不可逆性的特性，提供了较强的安全性保障。

(3) 简单易用：S/KEY 认证协议的实现相对简单，不需要复杂的加密算法或密钥管理机制。

(4) 可扩展性：由于 S/KEY 认证协议中的密码链是根据初始密码生成的，可以根据需要生成更长的密码链。这使得 S/KEY 认证协议在支持多次身份验证或长期认证需求时具有良好的可扩展性。

3.3.4 Kerberos 身份认证系统

Kerberos 是一种常用的网络身份认证协议，用于验证用户和服务的身份，并提供安全的通信功能。下面将介绍 Kerberos 身份认证系统的组成、优点和缺点。

1. Kerberos 身份认证系统的组成

Kerberos 身份认证系统由认证服务器、票证授予服务器、客户端和服务组成。

(1) 认证服务器(authentication server，AS)：Kerberos 身份认证系统的一个核心组件，负责验证用户的身份并生成加密的票据(ticket)。

(2) 票证授予服务器(ticket-granting server，TGS)是另一个核心组件，用于为受信任的服务生成临时票据，该票据用于用户与服务之间的相互认证。

(3) 客户端(client)：请求访问受保护资源的用户。

(4) 服务(service)：网络实体提供的特定功能或资源，需要进行身份认证。

2. Kerberos 身份认证系统的优点

(1) 单点登录(single sign-on)：Kerberos 允许用户在通过一次身份验证后，访问多个受保护的服务，而无须为每个服务单独进行身份认证。这提升了用户体验并简化了身份管理。

(2) 安全性：Kerberos 使用强大的加密机制来保护身份验证过程和通信。它使用对称密钥加密技术，通过预先共享的密钥确保数据的机密性和完整性。

(3) 可扩展性：Kerberos 身份认证系统可以支持大规模的网络环境，可以轻松地添加和管理用户和服务，而无须对整个系统进行重大更改。

3. Kerberos 身份认证系统的缺点

(1) 单点故障：Kerberos 身份认证系统的核心组件 AS 和 TGS 是关键的单点故障的起因。如果它们出现故障，整个系统可能无法正常工作。

(2) 依赖于时钟同步：Kerberos 身份认证系统要求客户端和服务器的系统时间高度同步，否则可能会导致票据的失效或认证失败。

(3) 配置复杂性：Kerberos 身份认证系统的部署和配置相对复杂，需要正确设置密钥和服务器参数，这可能需要专业知识和经验。

尽管 Kerberos 身份认证系统存在一些缺点，但由于其提供的安全性和其具备的单点登录等优点，其仍然广泛应用于许多企业和组织的身份认证解决方案中。

3.4　访问控制分类

根据授权方式和控制策略的不同，访问控制可以分为自主访问控制和强制访问控制两类。

3.4.1　自主访问控制

1. 自主访问控制概述

自主访问控制(discretionary access control，DAC)是一种访问控制模型，其中资源的访问权限由资源的所有者自主决定，而不是由系统管理员或其他中央管理实体预先分配。

在自主访问控制模型中，每个资源都有一个拥有者，通常是创建或拥有该资源的用户或实体。资源的拥有者可以根据自己的判断，自由地授予或吊销其他用户对其资源的访问权限。

同时，每个资源都与一个访问控制列表(ACL)相关联，其中定义了可以访问该资源的用户或用户组及其权限。ACL 中列出了被授权用户或用户组以及他们被授予的访问权限。访问权限通常包括读取、写入、执行等。资源的所有者可以根据需要编辑 ACL，并根据实际情况调整对资源的访问权限。

自主访问控制强调了资源的所有者对其资源的控制权，以及用户在访问资源时的自主决定权。自主访问控制具有灵活性和可扩展性，因为它允许资源的所有者根据实际需求和情况动态地调整访问控制策略。然而，自主访问控制也存在一些安全风险，例如，可能存在过度授权访问，导致数据泄露或未经授权的访问。

2. 基于行的自主访问控制

基于行的自主访问控制(row-level discretionary access control，Row-DAC)是一种自主访问控制模型，其中对数据库表中的每一行数据的访问权限由数据所有者决定。在这种模型中，数据所有者拥有对其数据行的完全控制权，并拥有将数据行授予其他用户的权限。

在基于行的自主访问控制模型中，每个数据行都有一个与之相关联的访问控制列表。该列表定义了可以访问该行的用户组及其被授予的具体访问权限。

数据所有者可以针对不同的数据行，为不同的用户或用户组分配不同的访问权限。例如，数据所有者可以选择对于某些数据行授予只读权限，而对于另一些数据行授予读写权限，或者限制某些用户完全禁止访问某些数据行。

基于行的访问控制可以确保不同用户只能访问其被授权的数据行，从而实现数据的有效隔离和保护，但随着数据行数量的增加，管理和维护访问控制列表可能变得复杂和烦琐，尤其是在多用户环境中。在实施时，需要权衡利弊，根据实际情况选择合适的访问控制策略，以确保数据的安全性和机密性得到有效保护。

3. 基于列的自主访问控制

基于列的自主访问控制(column-level discretionary access control，Column-DAC)是另一种自主访问控制模型，其中对数据库表中每一列数据的访问权限由数据所有者决定。在这种模型中，数据所有者拥有对其数据列的完全控制权，并拥有将数据列授予其他用户的权限。

在基于列的自主访问控制模型中，每个数据列都有一个与之相关联的访问控制列表。该访问控制列表包含了对该数据列的访问权限的定义，包括可以访问该列的用户或用户组和他们被授予的具体访问权限。

数据所有者可以针对不同的数据列，为不同的用户或用户组分配不同的访问权限。数据所有者可以选择对于某些数据列授予只读权限，而对于另一些数据列授予读写权限，或者限制某些用户完全禁止访问某些数据列。

与基于行的自主访问控制类似，基于列的自主访问控制同样存在具有灵活性和自主管理的优点，但也面临相同的管理复杂和安全风险的挑战。

3.4.2　强制访问控制

1. 强制访问控制概述

强制访问控制(mandatory access control，MAC)是一种访问控制模型，其中对系统资源的访问权限不是由资源的所有者或用户自主决定的，而是根据预先定义的安全策略和规则来强制执行的。在这种模型中，系统管理员或安全管理员对资源的访问权限进行严格的控制，用户无法自由地授予或修改访问权限。

在强制访问控制模型中，每个用户和资源都被分配了一个安全级别或标签，通常用于表示用户的安全级别和资源的敏感程度。安全级别通常是预先定义的，可以根据安全策略和需求进行调整。用户只能访问与其安全级别相同或比其安全级别更低的资源，而不能访问比其安全级别高的资源。

强制访问控制基于多层次的安全级别和标签，确保系统资源的访问权限符合安全策略和规则的要求，防止数据泄露或未经授权的访问。系统管理员或安全管理员负责维护和管理安全策略，包括定义安全级别、分配安全标签和规定访问规则等。

强制访问控制强调对系统资源的严格管控，以确保系统的安全性和机密性得到充分保障。然而，强制访问控制可能会对用户的自由度和灵活性造成一定程度的限制，因为用户无法自主决定资源的访问权限，而必须遵守系统规定的访问规则和安全策略。

综上所述，强制访问控制是一种严格的访问控制模型，强调了对系统资源的严格管理和控制，以确保系统的安全性和机密性得到有效保护。

2. 强制访问控制的特点

(1) 强制执行安全策略：在强制访问控制模型中，安全策略和规则是强制执行的，用户无法绕过或修改这些规则。这意味着系统会根据事先设定的规则，自动控制用户对资源的访问，不允许用户随意更改或规避这些规则，从而确保一致的安全性。

(2) 严格的访问控制：强制访问控制对系统资源的访问权限实施严格控制，用户的访问权限由系统根据其身份和安全级别自动分配。用户无法自行调整这些权限，必须遵循系统设定的访问规则。这种严格的控制机制有效防止了未经授权的访问，保障了系统的整体安全。

(3) 多层次的安全级别：强制访问控制通常支持多层次的安全级别，将用户和资源分类为不同的安全等级。用户只能访问其安全级别等于或低于其权限的资源，这种分级机制有助于细化安全管理，确保敏感信息仅限于授权用户访问。

(4) 系统管理员的管理权限：在强制访问控制系统中，系统管理员拥有最高的管理权限，负责定义和维护安全策略、配置安全级别以及分配用户权限。他们有权决定系统资源的访问权限，并监督和审查用户的访问行为。

(5) 保证数据保密性：强制访问控制通过严格的访问权限管理和安全级别划分，确保只有授权用户能够访问特定的数据。这种机制有效地保护了系统中的敏感信息，防止数据泄露或被不当访问，从而防止了数据泄露或未经授权的访问。

3.5　访问控制典型描述方式

3.5.1　访问控制矩阵

1. 访问控制矩阵的概念

访问控制矩阵是一种用于管理和控制系统中资源访问权限的技术工具。它通常以矩阵的形式呈现，其中行代表系统中的主体(如用户、程序或进程)，列代表系统中的对象(如文件、目录或设备)，矩阵中的每个单元格表示一个主体对一个对象的访问权限。通过分配适当的权限，访问控制矩阵可以确保只有经过授权的主体能够访问特定的资源，从而提高系统的安全性和数据保护水平。

2. 访问控制矩阵举例

假设有一个简单的文件系统，其中包含三个用户(用户 1、用户 2 和用户 3)和三个文件(文件 1、文件 2 和文件 3)。表 3-1 是一个简单的访问控制矩阵示例。

表 3-1　简单的访问控制矩阵示例

用户	文件 1	文件 2	文件 3
用户 1	读	写	读
用户 2	写	读	写
用户 3	读	读	读

在这个矩阵中，行代表用户，列代表文件。单元格中的权限表示相应用户对相应文件的访问权限。例如，矩阵中的第一行表示用户 1 对三个文件的访问权限，他可以读取文件 1 和文件 3，但只能写入文件 2。这个简单的访问控制矩阵演示了如何根据不同用户和文件分配访问权限。

3.5.2　授权关系表

1. 授权关系表的概念

在信息安全领域，授权关系表通常用于记录系统中的授权信息。它是一种结构化的表格或数据库，用于跟踪用户、角色或实体与资源之间的授权关系。这些资源可能包括文件、数据库、网络服务等。授权关系表记录了谁有权访问哪些资源，以及他们对这些资源拥有的权限。

一般来说，授权关系表包含以下信息。

(1) 用户/实体：具有访问权限的用户、角色或其他实体的标识符。

(2) 资源：受到访问控制的对象，如文件、数据库表、应用程序等。

(3) 权限：授权给用户/实体的特定操作权限，如读取、写入、执行等。

通过维护授权关系表，系统管理员可以轻松管理和审计系统中的访问权限，确保只有授权的用户或实体能够访问特定资源，从而提高系统的安全性。

2. 授权关系表举例

授权关系表的每一行表示了主体和客体的一个授权关系，适合采用关系数据库来实现。表 3-2 是一个简化的授权关系表示例。

表 3-2　简化的授权关系表示例

用户	资源	权限
用户 1	文件 1	读
	文件 2	读
	文件 2	写
用户 2	文件 2	读
	文件 3	写
用户 3	文件 1	读
	文件 3	读

在这个例子中，用户 1 有权限读取文件 1 和文件 2，以及写入文件 2；用户 2 有权限读取文件 2 和写入文件 3；用户 3 只有读取文件 1 和文件 3 的权限。

通过这个授权关系表，系统管理员可以清楚地了解哪些用户有权访问哪些资源，以及他们对这些资源拥有的权限。

3.5.3　访问能力表

1. 访问能力表的概念

访问能力表是另一种表示访问控制信息的方式，它记录了主体(通常是用户或角色)对资源的访问能力。与授权关系表不同，访问能力表更侧重于描述主体对资源的操作能力，而不是简单地列出允许或禁止的权限。

2. 访问能力表举例

在表 3-3 中，用户 1 能读取和写入文件 1 和文件 3；用户 2 可以读取文件 1、文件 2 和文件 4，但只能写入文件 2 和文件 3；用户 3 可以读取文件 1、文件 2 和文件 3，但只能写入文件 1 和文件 3。

表 3-3 访问能力表举例

用户	资源	权限
用户 1	文件 1	拥有，读，写
	文件 3	拥有，读，写
用户 2	文件 1	读
	文件 2	拥有，读，写
	文件 3	写
	文件 4	读
用户 3	文件 1	读，写
	文件 2	读
	文件 3	拥有，读，写

通过访问能力表，可以更清晰地了解每个主体对资源的实际操作权限，而无须直接指定每个权限。

3.5.4 基于角色的访问控制

1. 基于角色的访问控制支持的原则

基于角色的访问控制模型(role-based access control，RBAC)支持公认的安全原则：最小权限原则、责任分离原则和数据抽象原则。

(1) 最小权限原则：角色应该被授予完成其工作所需的最小权限。这可以减少潜在的安全风险，因为权限仅限于必要的操作。最小特权原则之所以得到支持，是因为在 RBAC 模型中可以限制分配给角色的权限的多少和大小，分配给与某用户对应的角色的权限只要不超过该用户完成其任务的需要即可。

(2) 责任分离原则：利用 RBAC 可以实现责任分离，即确保用户只能访问他们需要的资源，而无须访问其他敏感信息或资源。这有助于减少内部威胁和数据泄露的风险。例如，在清查账目时，只需要设置财务管理员和会计两个角色参加。

(3) 数据抽象原则：数据抽象是借助于抽象许可权这样的概念实现的，例如，在账目管理活动中，可以使用信用、借方等抽象许可权，而不是使用操作系统提供的读取、写入、执行等具体的许可权。但 RBAC 并不强迫实现这些原则，安全管理员可以允许配置 RBAC 模型，使它不支持这些原则。因此，RBAC 支持数据抽象的程度与 RBAC 模型的实现细节有关。

2. 基于角色的访问控制的基本模型

基本模型包括以下要素。

(1) 用户(user)：系统中的个体用户，拥有唯一标识符，可以是人员、程序或其他实体。

(2) 角色(role)：一组权限的集合，通常代表了用户在组织或系统中的职责或角色。角色与任务相关联，而不是与个体用户直接相关。

(3) 权限(permission)：操作资源的能力，如读取、写入、执行等。权限决定了用户或角色能够对系统资源执行的操作。

(4) 用户-角色关系(user-role relationship)：指明哪些用户被分配到哪些角色上。一个用户可以分配到多个角色，一个角色也可以分配给多个用户。

(5) 角色-权限关系(role-permission relationship)：确定每个角色拥有的权限。角色与权限之间是多对多的关系，一个角色可以包含多个权限，一个权限也可以分配给多个角色。

基于这些要素，RBAC 将权限的分配从直接分配给个体用户改为分配给角色，用户通过分配给他们的角色获得相应的权限。这种模型简化了权限管理，提高了系统的可维护性和安全性。

3. 基于角色的访问控制的优点

基于角色的访问控制的优点如下。

(1) 简化权限管理：RBAC 将权限分配给角色，而不是直接分配给个体用户，因此可以更轻松地管理大量用户的权限。当角色需要更改时，只需更新角色的权限，而无须更改每个用户的权限。

(2) 增强安全性：RBAC 通过最小权限原则和责任分离原则，确保用户仅能访问他们需要的资源，并且仅有必要的权限。这减少了系统受到内部威胁的风险，降低了数据泄露的可能性。

(3) 提高审计和监控能力：RBAC 简化了审计和监控过程，因为权限的分配和访问活动与角色相关联。管理员可以更轻松地跟踪用户的访问活动，并确保系统的合规性。

(4) 支持责任分离：RBAC 通过将权限分配给角色，使责任分离变得更加容易。例如，可以将敏感操作的权限分配给一个独立的角色,只有在必要时才将该角色分配给特定用户。

(5) 提高灵活性和可扩展性：RBAC 允许管理员根据组织的需要定义角色和权限，因此具有很高的灵活性。系统可以根据变化的需求进行扩展和调整，而不会影响到现有的用户和权限设置。

(6) 降低管理成本：RBAC 简化了权限管理，降低了管理成本。管理员可以更有效地管理系统的访问控制，而无须处理大量的个体权限设置。

综合来看，基于角色的访问控制可以提供一种有效的方式来管理系统中的访问权限，提高系统的安全性、可管理性和合规性。

4. 基于角色的访问控制的缺点

尽管基于角色的访问控制具有许多优点，但它也存在一些缺点。

(1) 复杂性：RBAC 的实施可能会非常复杂，特别是在大型组织或系统中。定义角色、权限和角色-权限关系需要深入了解组织的业务需求，并且需要进行持续的管理和维护。

(2) 角色爆炸：在复杂系统中，可能会出现大量的角色，每个角色都需要管理和维护。这可能导致"角色爆炸"，增加管理的复杂性和成本。

(3) 权限泄露：RBAC 中的权限通常是以角色为单位分配的，这可能导致一些角色拥有不必要的权限。如果未正确管理角色和权限的分配，可能会出现权限泄露的情况，增加系统的安全风险。

(4) 刚性：RBAC 通常是静态的，即角色和权限的分配是在系统设计阶段或部署阶段完成的，并且很少会进行更改。这种刚性可能导致难以适应组织内部变化或新的业务需求。

(5) 难以跨组织管理：RBAC 难以跨组织或系统边界进行管理。当多个组织或系统需要共享资源时，管理角色和权限的一致性可能会变得非常困难。

(6) 缺乏细粒度控制：RBAC 通常以角色为单位分配权限，这可能导致缺乏细粒度的访问控制。有些情况下，需要对个体用户的权限进行更精细的控制，而 RBAC 可能无法满足这种需求。

虽然基于角色的访问控制具有诸多优点，但在实施和管理过程中需要注意这些缺点，并根据组织的具体需求进行权衡和调整。

第 4 章　密钥管理技术

密钥在密码学中起着至关重要的作用，是用来加密和解密信息的核心要素。不同类型的密钥可以确保数据的机密性、完整性和真实性。根据不同的标准，密钥可以进行分类和层次划分，以适应各种应用场景和安全需求。

4.1　密钥种类与层次结构

4.1.1　密钥的种类

密钥在密码学中具有多种分类方式，根据其用途、生命周期、生成方式、密钥对之间的关系等因素可以划分出不同的种类。以下是密钥常见的一些分类。

1. 按对称与否划分

按对称与否，密钥可以分为对称密钥和非对称密钥。

(1) 对称密钥：在同一密码系统中，加密和解密使用相同的密钥。对称密钥加密算法包括 DES、3DES、AES 等。对称密钥速度快、效率高，但密钥分发和管理复杂。

(2) 非对称密钥(公钥/私钥对)：由一对相关的密钥组成，包括一个公钥(公开给任何人)和一个私钥(仅由密钥持有者保密)。加密时使用公钥，解密时使用私钥。非对称密钥加密算法包括 RSA、ECC 等。非对称密钥提供了身份验证和无须预先安全共享密钥的能力，但计算成本较高。

2. 按生命周期划分

密钥按生命周期可划分为基本密钥、会话密钥和临时密钥。

(1) 基本密钥(或初始密钥、主密钥)：长期有效的密钥，通常由用户选定或系统分配，用于生成其他密钥。基本密钥的安全性至关重要，因为它保护了基于它的所有派生密钥的安全。

(2) 会话密钥：用于一次特定通信会话或短暂数据交换的密钥，会话结束后即废弃。会话密钥具有较短的生命周期，旨在降低密钥重复使用带来的安全风险。

(3) 临时密钥：类似于会话密钥，但可能只在更短的时间窗口内有效，例如，用于一次性消息的加密。

3. 按用途划分

密钥按用途可划分为数据加密密钥、密钥加密密钥和主机密钥。

(1) 数据加密密钥(data encryption keys，DEK)：直接用于加密敏感数据的密钥，可以是对称或非对称密钥，具体取决于加密算法。

(2) 密钥加密密钥(key encryption keys, KEK)：用于加密其他密钥(如 DEK 或会话密钥)的密钥，以保护密钥在存储或传输过程中的安全。KEK 通常为对称密钥，且其管理比 DEK 更为严格。

(3) 主机密钥：在某些系统中，用于加密存储在主机处理器中的密钥，如 KEK 或其他敏感密钥。

4. 其他分类

其他分类如下。

(1) 文件密钥：专门用于加密单个文件或文档的密钥。

(2) 设备密钥：嵌入在硬件设备(如智能卡、加密芯片)中的密钥，用于保护设备的访问控制或数据加密。

(3) 根密钥：在密钥层级结构中处于顶层的密钥，用于派生其他密钥，通常受到严格的物理和逻辑保护。

密钥的种类繁多，涵盖了对称与非对称、长期与短期、基础与派生、特定用途等多种分类方式。这些密钥在不同的应用场景中各司其职，共同构成密码系统中复杂的密钥管理体系，以确保信息安全。

4.1.2　密钥管理层次结构

密钥管理的层次结构是一种组织和保护密钥的方法，旨在增强密码系统的安全性、简化密钥管理，并允许在不同安全级别和使用场景下高效地使用和保护密钥。这种结构通常包括多个层级，每个层级的密钥具有不同的安全属性、生命周期和用途。以下是典型的密钥管理的层次结构。

(1) 主密钥：处于层次结构的最顶层，是最关键的安全资产，用于加密保护下一层级的密钥，即密钥加密密钥。主密钥的泄露将威胁到整个密钥管理体系的安全。

(2) 密钥加密密钥：位于主密钥之下，构成中间层级。KEK 用于加密保护下一层级的密钥，尤其是用于直接加密数据的密钥，如会话密钥或数据加密密钥。密钥加密密钥减轻了主密钥的使用压力，因为不是每次需要加密数据密钥时都直接使用主密钥，而是使用密钥加密密钥作为中介。

(3) 会话密钥：处于层次结构的较低层级，是临时生成的，用于加密和解密特定会话或交易中的数据。每个新的通信会话或数据交换过程都会生成一个新的会话密钥，以保证即使一个会话密钥被破解，也不会影响其他会话或历史数据的安全。

(4) 数据加密密钥：与会话密钥同属较低层级，有时与会话密钥重叠或作为其子集。数据加密密钥直接用于加密实际业务数据，如数据库记录、文件、消息等。每个数据加密密钥仅与特定的数据块关联，有助于实现细粒度的数据加密和解密。

密钥管理的层次结构的优点如下。

(1) 安全性强：在层次结构中，越低层的密钥更换越早，最底层密钥能实现每加密一份报文就更换一次，且下层的密钥遭受破译不影响上层密钥安全。

(2) 可实现密钥管理的自动化：除主密钥需人工装进外，其他各层的密钥都能设计为

密码机
密钥体系

由密钥管理系统按某种协议自动地分发更换、销毁等。

通过主密钥、密钥加密密钥、会话密钥和数据加密密钥层层递进，构建了一个既安全又易于管理的密钥生态系统，有效地保护了敏感信息在存储和传输过程中的安全。

4.1.3　密钥管理的生命周期

密钥管理的生命周期是指对于加密系统中所使用的密钥，从生成到销毁整个过程涵盖的各个阶段和相关的管理活动。以下是密钥管理的典型生命周期阶段。

(1) 密钥生成：在密钥管理生命周期的开始阶段，密钥需要通过随机性的生成算法来创建。要确保生成过程是安全的，以避免预测和猜测攻击。要满足恰当的密钥长度和复杂度要求。

(2) 密钥分发：生成后，密钥需要安全地分发给相关的使用方。分发阶段应考虑使用安全通道传输密钥，防止密钥泄露或篡改。安全协议、密钥交换协议和物理控制都可以用于加强密钥分发的安全性。

(3) 密钥存储：对于未使用的密钥，需要安全地存储起来，以防止未经授权的访问。安全的存储措施可以采用加密存储、访问控制和密钥分离等策略，确保密钥在存储期间的保密性和完整性。

(4) 密钥使用：密钥在使用过程中需要被合法的用户或系统调用。要确保密钥使用符合相关的安全策略、协议和标准要求。密钥使用期间还需要进行监控和审计，以便及时检测和响应任何异常行为。

(5) 密钥更新：由于密钥的保密性可能会受到威胁，因此定期更新密钥是必要的。可以根据安全要求，制定合理的密钥更新策略，包括周期、方法和过程等。在更新期间，要确保密钥的连续可用性和兼容性。

(6) 密钥吊销：在某些情况下，密钥可能需要被吊销，如密钥泄露或丢失。要建立有效的吊销机制，及时吊销不再安全的密钥，避免可能带来的风险。

(7) 密钥销毁：对于不再使用或不再需要的密钥，应采取恰当的方式进行销毁。要确保所有副本和备份都被完全销毁，无法恢复。可以使用物理销毁、加密擦除等方法来彻底销毁密钥。

(8) 密钥记录和审计：密钥管理生命周期中的每个阶段都应该有详细的记录和审计，包括密钥生成、分发、使用等活动。这样可以帮助追溯和调查任何跟密钥相关的问题，并确保密钥管理符合法规和标准要求。

密钥管理的生命周期是一个连续循环的过程，其中每个阶段都需要严格的控制和管理。通过遵循这些生命周期阶段和相关管理活动，可以提高密钥管理的安全性和可靠性，从而保护敏感信息和数据的机密性。

下面详细介绍密钥生成、派生、分配、更新的方法。

1. 密钥生成

在密码学中，为了生成密钥，一般采用以下两种方法。

1) 基于伪随机生成器生成密钥

使用伪随机数生成器(pseudo-random number generator, PRNG)生成的密钥足够随机，对

于人类来说很难记住，同时由于其不具备可预测性，攻击者很难对密钥本身进行攻击，除非该密钥泄露了。

2) 基于口令的加密算法生成密钥

基于口令的加密(password-based encryption，PBE)算法生成的密钥一般情况下无须存储，因为使用同样的口令就能生成同样的密钥，这是其优点之一。PBE算法生成密钥有时候并不是为了使用该密钥，而是有其他用途，这是非常重要的一个概念。

口令也可以认为是一种密钥，需要保密，不能泄露。口令和密钥最大的区别在于口令更容易生成、更容易记忆，一般情况下口令记录在人脑中，可以认为是一种弱密钥，由固定的字母、数字、符号组成，长度也有一定的限制。

在密码学中很少直接用口令进行加密(如密码口令)，因为直接用口令进行加密容易受到暴力攻击和字典攻击，暴力攻击的原理在于口令都是由固定的字母、数字、符号组成的，攻击者可以生成所有可能的口令，然后使用口令迭代去解密，一旦成功解密，就表示口令被暴力破解了。

在密码学中，存在一种密钥派生函数(key derivation function，KDF)，该算法可以简单理解为通过某些值可以生成任意长度的一个(多个)密钥，常见的 KDF 算法有很多，如PBKDF2、bcrypt、scrypt 等。如下是 PBKDF2 算法生成密钥的方法：

DK=PBKDF2(PRF, Password, Salt, c, dklen)

Salt 是使用随机数生成器生成的一个数值，通过 Salt 能够避免字典攻击，结合口令和Salt，攻击者就很难创建出所有的字典组合，增大了密钥的搜索空间。Salt 是明文保存的，一般不和最终生成的密钥保存在一起。

2. 密钥派生

密钥派生是使用伪随机函数从主密钥或者密钥的秘密值派生出更多密钥，它可以用于将密钥扩展为更长的密钥或者获取所需格式的密钥。用于密钥派生的伪随机函数通常为散列函数，如 SHA-256。

根据派生源的不同，密钥派生算法可以分为如下两种。

(1) 由一个密钥派生出一个或者多个密钥，如 HKDF(HMAC-based key derivation function，基于 HMAC 的密钥派生函数)，其计算速度快，适用于输入熵比较高的场景。

(2) 由一个密码派生出一个或者多个密钥，如 PBKDF2、bcrypt、ccrpty、Argon2 等。

密钥派生协议主要由以下几个部分组成。

(1) 密钥拉伸：使用一种单向函数逐次处理密钥，使用每次迭代的输出作为下一次迭代的输入。具体来说，这是一个计算速度快并且难以反向推倒的数学函数，这种技术可以增加计算的难度，并且防范暴力破解攻击。

(2) 密钥漂白：在使用 KDF 之前向输入密钥添加一个固定的、秘密的值，这个值就称为漂白密钥。其只在参与密钥交换的各方之间共享，目标是增加输入密钥的不可预测性。

(3) 加盐：向输入密钥附加一个随机值，该随机值对于每个密码或者用户是特定的，将其与 KDF 输出密钥一同存储，以在认证或解密阶段使用，其目标是抵抗利用用户具有相同密码的情况的攻击。

(4) 密钥分离：将单个主密钥生成多个密钥的方法。首先，将输入密钥分成子密钥，并使用它们生成一系列输出密钥。这种技术有助于确保生成的密钥之间没有关联，因为对每个输入使用不同的参数和 KDF。这种技术在密钥管理中提供了更高级别的安全性和灵活性。即使攻击者破坏了一个密钥，也不会影响其他密钥的安全性，这使得密钥分离在许多安全应用中成为一种有价值的技术。

密钥派生在密码学中有各种应用，其中一种应用是磁盘加密，它涉及将存储在计算机硬盘上的数据转换为未经授权的攻击者难以解密的代码。KDF 使用用户的密码或其他秘密值来生成加密密钥。此外，KDF 还可用于安全存储密码。由于低熵，用户密码通常是数字系统中最脆弱的元素。在这里，KDF 将密码转换为更有效且更安全的密码学密钥，以防范攻击。

KDF 通过其他输入创建强大的密钥，无论是通过增加输入大小、增大其熵值，还是生成一组子密钥，都在安全性方面发挥着重要作用。在选择 KDF 时，应考虑几个因素，如所需的安全级别、可用内存存储和性能水平。

3. 密钥分配

在通信的过程中，数据大多以加密的方式进行传输，加密过程中需要密钥的参与，即加密的安全性不在于算法，而是在于密钥。一旦密钥泄露，则加密毫无意义，因此需要保护密钥的安全，即需要安全的协议来实现密钥的分配。

密钥分配的常见方式有以下几种。

(1) 物理分配：通常由密钥分配方指定的可信信使携带密钥，在线下完成密钥的分配。

(2) 对称密钥的分配：目前常用的对称密钥分配方式是设立密钥分配中心(key distribution center，KDC)，KDC 是一个可信任的第三方。所有需要通过对称密钥进行通信的用户都需要在 KDC 上注册一个只有自己和 KDC 知道的对称密钥，称为主密钥，主密钥需要一段时间更换一次。

假设用户 A 和用户 B 需要通信，用户 A 向 KDC 发送明文，表示需要与 B 进行通信，并在明文中给出 A 和 B 在 KDC 中的注册信息。

KDC 用随机数产生一个会话密钥供 A 和 B 使用，并使用 A 的主密钥向 A 发送回应报文。该报文中含有 A 和 B 需要通话的会话密钥和一个需要从 A 转发给 B 的票据，票据使用 B 的主密钥加密了包含 A、B 的身份以及会话密钥的信息。

A 将票据发送给 B，B 使用主密钥解密后验证信息，便得知是 A 向其发起通信，同时也得到了需要进行会话的密钥。

(3) 非对称密钥的分配：在公钥密码体制内，每个用户可根据对方的公钥发送信息，但由于公私钥可以任意伪造，因此需要一个可信第三方来将公钥与实体进行绑定。这个可信第三方就是认证中心(certification authority，CA)，每个实体拥有通过 CA 颁发的证书，里面含有公钥和拥有者的标识信息，且由于证书使用了 CA 的私钥进行签名，因此任意实体均可对证书进行验证，判断该证书是否是由 CA 颁发的。

总的来说，密钥分配有多种实现的方式。对于对称密钥和非对称密钥的分配，通常有可信第三方参与，通过可信第三方的协商将需要进行加密通信的实体双方连接起来，以实现会话密钥的分配。

4. 密钥更新

密钥更新是密钥管理的重要内容之一，即用新密钥代替旧密钥的过程。在使用共享密钥进行通信的过程中，定期进行密钥更新是一种提供通信机密性的技术。

在更新密钥时，发送方和接收方使用单向散列函数计算当前密钥的散列值，并将这个散列值用作新的密钥。简单说，就是用当前密钥的散列值作为下一个密钥，并且要求发送方和接收方必须同时用同样的方法改变密钥。

通常在下列情况下需要更新密钥。

(1) 密钥有效生命期结束。

(2) 密钥的安全受到威胁。

(3) 通信成员中提出更新密钥。

现用密钥和新密钥同时存在时应处于同等的安全保护水平下。更换的密钥一般情况下应避免再次使用，除对用于归档的密钥及时采取有效的保护措施以外，其他密钥应及时进行销毁处理。

在实际应用中，密钥更新的流程可能会根据具体的系统和安全策略有所不同，但一般会包括以下几个关键步骤。

(1) 生成新密钥：系统生成新的密钥并进行加密存储，确保新密钥的安全性。

(2) 传输新密钥：将新密钥安全地传输至相应的系统节点，可能涉及加密传输、认证和授权等机制。

(3) 更新密钥版本信息：更新系统中的密钥版本信息，确保新密钥被正确标识和应用。

以上三个步骤构成了密钥更新的基本流程，保障了密钥更新操作的安全性和有效性。

在实际应用中，密钥更新操作往往需要频繁地进行，为了减少人工干预和提高效率，自动化密钥更新成为一种重要的方式。通过编写自动化脚本或使用密钥管理工具，可以实现密钥更新的自动化操作。自动化密钥更新的优势主要体现在以下几方面。

(1) 提高效率：自动化密钥更新可以减少人工操作，加快密钥更新的速度。

(2) 减少错误：人工操作存在失误的可能性，自动化密钥更新可以减少由人为因素引起的错误。

(3) 加强安全性：通过自动化流程，可以规范密钥更新的操作，提高系统的安全性。

密钥的更新是密钥管理中比较烦琐的一个环节，必须周密计划、谨慎实施，密钥更新是密码技术的一个基本原则，是密钥管理过程中重要的一环，对于提高系统的安全性并确保信息的保密性和完整性发挥着重要作用。

4.2　密　钥　协　商

4.2.1　Diffie-Hellman 密钥交换协议

在基于对称加密进行安全通信的过程中，通信双方需要持有一个共享的密钥。只有这样，由任何一方加密的信息才能由另一方使用相同的密钥解密。Diffie-Hellman(DH)密钥交换协议以 Whitfield Diffie 和 Martin Hellman 的名字命名，该协议在双方之间建立了一个共享的密钥，这个共享的密钥可以用来在一个公开的网络中交换数据，是一种通过公共通道安全地交换加密密钥的数学方法。

Diffie-Hellman 密钥交换协议的具体流程如下。

(1) 初始化：Alice 选取一个生成元 g 和一个大素数 p，发送给 Bob。

(2) Alice 随机选取 $0 < a < p-1$，计算 $A = g^a \bmod p$，将 A 发送给 Bob。

(3) Bob 随机选取 $0 < b < p-1$，计算 $B = g^b \bmod p$，将 B 发送给 Alice。

(4) Alice 计算 $K_1 = B^a \bmod p$，得到会话密钥 K_1。

(5) Bob 计算 $K_2 = A^b \bmod p$，得到会话密钥 K_2。

算法的正确性：$K_1 = B^a \bmod p = (g^b)^a \bmod p = (g^a)^b \bmod p = A^b \bmod p = K_2$。

算法的结果是通信双方拥有了一样的密钥，双方往往会利用这个密钥进行对称加密通信。

Diffie-Hellman 算法的有效性是建立在计算离散对数很困难这一基础上的，即已知 g、a，计算 $A = g^a$ 是容易的，反之，已知 A 和 g，求解 a 是困难的。这样，攻击者即便截获得到 A 和 B，也无法计算得到 a 和 b，因而也无法计算获得会话密钥。

但是，Diffie-Hellman 密钥交换协议不能抵御中间人攻击，这是因为计算双方 Alice 和 Bob 在相互传递公钥的过程中无法认证对方的身份，假设 Darth 是攻击者，具体的攻击方法如下。

(1) Darth 随机选取 $0 < c < p-1$。

(2) Darth 假扮 Bob 和 Alice 进行一次 DH 密钥交换，双方协商得到共享密钥 $K_{c0} = (g^c)^a \bmod p$。

(3) Darth 假扮 Alice 和 Bob 进行一次 DH 密钥交换，双方协商得到共享密钥 $K_{c1} = (g^c)^b \bmod p$。

(4) Alice 使用 K_{c0} 加密自己的信息并发送给 Bob，Darth 截获该密文后使用 K_{c0} 进行解密得到 Alice 的信息，再使用 K_{c1} 对其进行加密并发送给 Bob。

(5) Bob 使用 K_{c1} 加密自己的信息并发送给 Alice，Darth 通过步骤(3)进行类似的操作。

对于中间人攻击，这种密钥交换协议比较脆弱，因为它不能认证参与者。这种弱点可以通过使用数字签名和公钥证书来克服。

4.2.2 RSA 密钥交换协议

RSA(Rivest-Shamir-Adleman)密钥交换协议基于非对称加密算法，通常用于在网络通信中安全地交换密钥。RSA 算法是由三位密码学家 Rivest、Shamir 和 Adleman 于 1977 年提出的，它基于大数分解的困难性来保证安全性。在 RSA 密钥交换协议中，每个通信方都拥有一对公钥和私钥。公钥可以自由发布，而私钥则需严格保密。该协议的基本流程如下。

(1) 密钥生成：通信双方各自生成一对非对称密钥，包括公钥和私钥。公钥用于加密数据，私钥用于解密数据。

(2) 密钥交换：发送方使用接收方的公钥对一个随机生成的对称密钥(如 AES 密钥)进行加密。发送方将加密后的对称密钥发送给接收方。

(3) 密钥解密：接收方使用自己的私钥对收到的加密对称密钥进行解密，得到原始的对称密钥。

(4) 安全通信：双方现在都拥有相同的对称密钥，可以用这个对称密钥来加密和解密通信中的数据。这样，由于只有接收方才能解密加密的对称密钥，即使其被窃听者截获，也能保证密钥的安全性。

RSA 密钥交换协议优点在于安全性高、可靠性强，支持非对称加密和数字签名，广泛应用于网络通信、电子商务和安全传输等领域。然而，它也存在一些缺点，如计算复杂度较高、密钥长度选择困难，以及存在中间人攻击的风险，需要额外保证通信的完整性和真实性。

4.2.3　MQV 密钥协商协议

MQV(Menezes-Qu-Vanstone)协议是一种基于椭圆曲线密码学的密钥协商协议。它允许两个实体在不共享任何密钥材料的情况下协商出一个共享的对称密钥，用于后续的加密通信。

1. 协议流程

(1) 初始化：参与协商的实体 A 和实体 B 分别生成自己的椭圆曲线公私钥对，并将公钥发送给对方。

(2) 协商会话密钥：实体 A 使用自己的私钥、实体 B 的公钥以及实体 B 发送的临时随机数计算出会话密钥，并将其发送给实体 B。

(3) 验证：实体 B 使用自己的私钥、实体 A 的公钥以及实体 A 发送的临时随机数重复上述计算，得到相同的会话密钥。

(4) 会话密钥确认：实体 A 和实体 B 互相确认已经生成了相同的会话密钥，用于后续的加密通信。

通过以上流程，实体 A 和实体 B 在不共享任何密钥材料的情况下成功协商出一个共享的会话密钥，用于安全地进行加密通信。这个过程利用了椭圆曲线离散对数问题的难解性，确保了密钥协商的安全性和保密性。

2. 安全性

(1) 前向安全性：MQV 协议具有前向安全性，即使将来某个会话密钥泄露，过去的通信内容也不会因此受到威胁。

(2) 离散对数问题：MQV 协议利用椭圆曲线离散对数问题作为其安全基础，这是一种公认的计算量极大的数学难题，确保了密钥协商过程的安全性。

(3) 双线性映射：MQV 协议中使用了双线性映射，能够提供更高级别的安全性保证，防止各种攻击手段，如中间人攻击等。

3. 差错容忍性

MQV 协议设计时考虑到了一定的抗差错能力，即使在通信时发生数据丢失或错误，也能够保证密钥协商的正确性。

虽然 MQV 协议在理论上具备较高的安全性，但在实际应用中仍需注意一些细节以确保安全性，如密钥长度的选择、参数配置的安全性等。总的来说，MQV 协议在正确使用的情况下能够提供可靠的密钥协商功能，确保通信的安全性和保密性。

4. 应用

MQV 协议在安全通信协议、无线传感网络、物联网设备、移动设备安全通信和数字版权保护等领域有广泛应用，通过提供高效且安全的密钥协商机制，确保通信双方能够在不安全环境下安全地协商出共享密钥，从而保障通信和数据传输的安全性。

总的来说，MQV 协议利用了椭圆曲线离散对数问题的难解性来保障密钥协商的安全性，同时具有前向安全性和会话密钥保护等特点，适用于需要高强度安全保护的通信场景。MQV 协议的关键优势在于其高度的安全性和灵活性，为安全通信提供了可靠的解决方案。

4.2.4 SPEKE 密钥协商协议

SPEKE(simple password exponential key exchange，简单密码指数密钥交换)是一种用于密钥协商的协议，旨在允许两个参与方安全地在不安全的通信通道上协商共享密钥，而无须在网络上传输明文密码。它主要用于解决双方之间安全地共享密钥的问题，而不需要依赖传统的公钥基础设施或证书颁发机构。

SPEKE 协议的基本流程如下。

(1) 双方共享密码生成公共值：参与方 A 和 B 在安全地通信的情况下，共享一个密码(通常是用户的密码)。这个密码可以通过安全的手段事先共享，或者在一个安全的通信通道上输入。

(2) 生成公共值：参与方 A 和 B 使用他们各自的密码作为种子，通过一定的算法生成一对公共值。这些公共值是用来协商密钥的一部分，它们是在不安全的通信通道上传输的，但不会泄露密码本身。

(3) 计算共享密钥：参与方 A 和 B 使用对方的公共值以及自己的密码，通过一系列数学运算(通常是指数运算)来生成一个共享的密钥。这个密钥可以用来加密后续的通信内容。

SPEKE 协议的安全性基于离散对数问题或类似的数学难题。即使在通过通信通道传输的信息可能被窃听的情况下，也不会泄露密码或生成的密钥，因为这些信息不足以推断出密码或密钥的值。

SPEKE 协议的优点是简单易用、不依赖复杂的公钥基础设施、可以在不安全的通信通道上协商密钥。然而，它也存在一些限制和缺点，如依赖于共享的密码、对密码的安全性有较高要求、无法进行身份验证等。因此，在选择密钥协商协议时，需要根据具体的安全需求和场景综合考虑。

4.2.5 基于挑战响应机制的 SRP 协议

基于挑战响应机制的安全远程密码(secure remote password，SRP)协议是一种用于安全进行身份验证和密钥协商的协议。它允许两个通信方在没有事先共享密钥的情况下，通过相互认证来协商一个密钥。SRP 协议通过将用户的密码与挑战响应机制相结合，提供了一种安全且抗攻击的身份验证和密钥交换方法。

1. 协议概述

(1) SRP 协议基于加密算法和数学原理,用于在客户端和服务器之间进行安全的身份验证和密钥协商。

(2) SRP 协议的目标是在通信双方(客户端和服务器)之间建立一个共享密钥,同时确保在传输过程中不泄露用户的密码或明文密钥。

2. 协议流程

(1) 注册:用户在服务器上注册,服务器存储用户的用户名和经过哈希处理的密码。

(2) 身份验证和密钥协商:客户端向服务器发送身份验证请求,提供用户名。服务器生成一个随机的挑战数和一个公共值,然后将这些信息发送给客户端。客户端使用用户的密码和服务器提供的挑战数来计算一个客户端公共值,并发送给服务器。服务器和客户端各自利用对方提供的公共值、用户名、密码等信息,通过一系列计算生成一个共享的会话密钥。双方在协商出的密钥上进行握手确认,验证密钥是否匹配。

3. 安全性

SRP 协议的安全性建立在数学难题的基础上,主要是离散对数问题和哈希函数的安全性。即使在网络上传输的信息被窃听,攻击者也难以推断出用户的密码或会话密钥,因为协议中涉及的计算过程基于数学原理而非明文密码。SRP 协议还包括一些防止中间人攻击和重放攻击的机制,如挑战响应机制和会话密钥的随机化等。

4. 应用

SRP 协议通常用于提供安全的身份验证和密钥交换机制,特别适用于需要在客户端和服务器之间进行安全通信的场景,如 Web 应用程序、远程访问和 VPN 等。

总的来说,基于挑战响应机制的 SRP 协议提供了一种安全、抗攻击的身份验证和密钥协商方式,能够有效地防止密码泄露和中间人攻击,是一种较为可靠的协议选择。

4.3　密钥的存储及保护

4.3.1　硬件安全模块

硬件安全模块(hardware security module,HSM)是一种用于保障和管理强认证系统所使用的数字密钥,并同时提供相关密码学操作功能的计算机硬件设备。硬件安全模块一般通过扩展卡或外部设备的形式直接连接到计算机或网络服务器。HSM 是一个可防篡改和入侵的硬件,用来保护存储密钥,同时允许授权用户使用,在系统中充当信任锚(trust anchor)的角色。

HSM 提供篡改留证、篡改抵抗两种方式的防篡改功能,前者的设计使得篡改行为会留下痕迹,后者的设计使得篡改行为会令 HSM 销毁密钥一类的受保护信息。每种 HSM 都会包括一个或多个安全协处理器,用于阻止篡改或总线探测。许多 HSM 系统提供安全备份外部密钥的机制。密钥以数据包形式备份并存储在计算机磁盘等本地介质上,或存储于安全的便携式设备(如智能卡或其他安全令牌)。

　　由于 HSM 通常作为公钥基础设施或网上银行一类关键基础设施的一部分，一般会同时使用多个 HSM 以实现高可用性。HSM 拥有以安全为中心的操作系统，有受保护的内存、程序代码、数据闪存区、加速器及真随机数生成器(true random number generator，TRNG)，具备受限制的访问权限，并实现了用于操作系统和管理的角色分离机制。在其运行时实现系统安全、认证启动或主机检测，主机无法随意访问其密钥。

　　硬件安全模块可在任何涉及密钥的场景下使用。通常来说，这些密钥具有较高的价值，一旦泄露会导致严重的后果。硬件安全模块的功能如下。

　　(1) 密钥的存储及管理。

　　(2) 生成真随机数、对称及非对称密钥。

　　(3) 密码计算加速。

　　(4) 生成签名及签名认证。

　　(5) 针对多用户权限的完整认证和日志跟踪。

　　保护密钥对于维护安全系统至关重要，HSM 对于密钥生命周期管理主要有六个步骤。

　　(1) 创建：密钥由 HSM 或第三方进行创建。

　　(2) 备份和存储：制作密钥副本并安全存储，防止丢失泄露。副本可以存储在 HSM 中或其外部，存储私钥必须进行加密。

　　(3) 部署：将密钥安置在加密设备中。

　　(4) 管理：根据相应标准进行控制监视等。密钥可轮换，在现有密钥过期时，可部署新的密钥。

　　(5) 归档：将过期密钥进行存储，以便后期使用。

　　(6) 处理：密钥可在确定不适用的情况下，进行永久销毁。

　　在 PKI 场景下，证书颁发机构及注册机构可能使用 HSM 生成、储存、使用密钥对。此时，设备必须具备以下的基本特性：高等级的逻辑及物理安全保护、多用户同时参与授权方案、日志记录及审计、密钥安全备份、SSL(secure sockets layer，安全套接层)链接建立。

　　需要使用超文本传输安全协议(hypertext transfer protocol secure，HTTPS)(SSL/TLS)的性能敏感应用，通过使用带 SSL 加速功能的 HSM，可以获得一定的性能提升。SSL 的 RSA 操作需要进行大整数乘法等操作，不同于通用 CPU(central processing unit，中央处理器)，HSM 通过针对这些操作的设计，能以更高的效率完成这些操作。一般 HSM 每秒可完成 1～10000 次的 1024 位 RSA 操作。为了解决 RSA 密钥长度不断增加而导致巨大的计算开销问题，有些 HSM 采用同等安全程度但仅需更短密钥的椭圆曲线密码学作为加密方案。

4.3.2　密钥管理服务

　　密钥管理服务(key management service，KMS)是一种提供安全存储、生成、管理和保护加密密钥功能的服务。在计算机安全领域中，密钥是加密和解密数据的关键。密钥管理服务的主要目的是确保密钥的安全性，以防止未经授权的访问和使用。密钥管理就是在授权各方之间实现密钥关系的建立和维护的一整套技术和程序，涉及密钥包括密钥的生成、存储、分发与协商、使用、备份与恢复、更新、吊销和销毁等。

1. 密钥生成

密钥生成设备主要是密钥生成器，一般使用性能良好的发生器装置产生伪随机序列，以确保所产生密钥的随机性。

2. 密钥交换和协商

典型的密钥交换主要有两种形式：集中式和分布式。前者主要是依靠网络中的"密钥管理中心"根据用户要求来分配密钥，后者则是根据网络中各主机相互间协商来生成共同密钥。生成的密钥通过手工方式或安全信道秘密传送。

3. 密钥保护和存储

对所有的密钥必须有强力有效的保护措施，提供密码服务的密钥装置要求绝对安全，密钥存储要保证密钥的机密性、认证性和完整性，而且要尽可能减少系统中驻留的密钥量。密钥在存储、交换、装入和传送过程中的核心是保密，密钥信息应以密文形式流动。

4. 密钥更换和装入

任何密钥的使用都应遵循密钥的生命周期，绝不能超期使用，因为密钥使用时间越长，重复概率越大，外泄可能性越大，被破译的危险性就越大。此外，密钥一旦外泄，必须更换与吊销。密钥装入可通过键盘、密钥注入器、磁卡等介质，以及智能卡、系统安全模块(具备密钥交换功能)等设备实现。密钥装入可分为主机主密钥装入、终端机主密钥装入，二者均可由保密员或专用设备完成，密钥一旦装入就不可再读取。密钥管理的原则如下。

(1) 明确密钥管理的策略和机制：策略是密钥管理系统的高级指导，而机制是实现和执行策略的具体技术与方法。

(2) 全面安全原则：必须在密钥的产生、存储、分发、装入、使用、备份、更换和销毁等全过程中对密钥进行妥善的安全管理。

(3) 最小权利原则：只分配给用户进行某一事务处理所需的最小密钥集合。

(4) 责任分离原则：一个密钥应当只有一种功能，不要让一个密钥有多种功能。

(5) 密钥分级原则：对于一个大的系统，所需要的密钥的种类和数量都很多，根据密钥的职责和重要性，把密钥划分为多个级别。

(6) 密钥更换原则：密钥必须按时更换，否则，即使采用很强的密码算法，只要攻击者截获足够多的密文，密钥被破译的可能性就非常大。

(7) 密钥应有足够的长度：密码安全的一个必要条件密钥有足够的长度。

(8) 密码体制不同，密钥管理也不相同：传统密码体制与公开密钥(简称公钥)密码体制是性质不同的两种密码体制，因此在密钥管理方面有很大的不同。

4.3.3　密钥访问控制及权限管理

密钥访问控制是指对密钥进行管理和控制以确保只有经过授权的用户或系统可以访问和使用密钥的过程。有效的密钥访问控制是保障系统安全性的重要环节，以下是一些关键概念和最佳实践。

　　(1) 身份验证：在访问密钥之前，用户或系统需要进行身份验证，以确保其身份的合法性。身份验证可以通过密码、生物特征识别、多因素身份认证等方式来实现。

　　(2) 授权：一旦用户或系统通过身份验证，系统就需要根据其身份和权限级别来授予相应的访问权限。授权应基于最小权限原则，即用户只能访问其工作所需的密钥。

　　(3) 基于角色的访问控制：一种常见的访问控制模型，通过将用户分配到不同的角色，并为每个角色分配适当的权限，来管理用户对资源(包括密钥)的访问。

　　(4) 访问策略：定义了谁可以访问哪些资源以及以何种方式访问这些资源。在密钥管理中，访问策略用于控制对密钥的访问权限，可以基于用户、角色、时间等因素。

　　(5) 审计日志：记录了对密钥的访问活动，包括谁、何时以及如何访问了密钥。审计日志对于监控和审计密钥访问行为、发现异常活动以及满足合规性要求至关重要。

　　(6) 细粒度访问控制：允许管理员精确地控制每个用户或系统对密钥的访问权限，以最大限度地减少潜在的安全风险。

　　(7) 密钥轮换和访问控制：定期对密钥进行轮换可以提高系统的安全性，同时需要确保在密钥轮换过程中不会影响系统的正常运行。访问控制机制需要与密钥轮换流程结合，确保密钥的安全管理。

　　通过合理实施密钥访问控制，组织可以有效地管理和保护密钥，降低未经授权访问的风险，提高系统的安全性，并确保符合安全要求。

4.3.4　密钥备份与恢复

　　密钥的安全存储是密钥管理中的一个十分重要的环节，而且也是比较困难的一个环节。密钥的安全存储就是要确保密钥在存储状态下的保密性、真实性和完整性。安全可靠的存储介质是密钥安全存储的物质条件，安全严密的访问控制机制是密钥安全存储的管理条件。只有当这两个条件同时满足时，才能确保密钥的安全存储。

　　密钥安全存储的原则是不允许密钥以明文形式出现在密钥管理设备之外。

　　为了进一步确保密钥和加密数据的安全，对密钥进行备份是必要的。一旦用户的密钥丢失(如用户遗忘了密钥或用户意外死亡)，按照一定的规章制度，可利用备份的密钥恢复原来的密钥或被加密的数据，避免造成数据丢失。

　　具体地，密钥备份是指密钥处于使用状态时的短期存储，为密钥的恢复提供密钥源。备份需保证密钥的机密性、完整性，并且记录拥有者身份以及其他相关信息，要求以安全方式存储密钥，并且有不低于正在使用的密钥的安全控制水平。密钥可能会因为人为的操作错误或设备发生故障而丢失或损坏，因此任何一种密码设备都应当具有能够恢复密钥的措施。从备份或存档中获取密钥的过程称为密钥恢复。密钥备份的主要目的是保护密钥的可用性，作为密钥存储的补充以防止密钥的意外损坏。密钥丢失或损毁将导致密文数据无法解密，这样便造成了数据的丢失，为了防止因为密钥遭到毁坏而造成数据的丢失，进一步确保密钥和加密数据的安全，可利用备份的密钥恢复出原来的密钥或被加密的数据。但是密钥恢复应依据具体场景来评估是否需要对密钥提供备份与恢复机制。若密钥丧失但其安全未受威胁，就可以用安全方式从密钥备份中恢复。密钥恢复措施需要考虑恢复密钥的效率问题，以在故障发生后及时恢复密钥。

密钥备份本质上也是一种密钥的存储，只是备份的密钥处于非激活状态(不能直接用于密码计算)，只有完成恢复后才可以激活。密钥备份时一般将备份的密钥存储在外部存储介质中，需要有安全机制保证仅有密钥拥有者才能恢复出密钥明文。值得注意的是，如果密钥过了使用有效期，密钥将进入存档阶段或销毁阶段，密钥备份也就被清除了。

密钥备份和恢复算法是一种用于保护和管理加密密钥的算法，以便在密钥丢失或损坏时恢复密钥。以下是密钥备份和恢复算法的基本过程。

(1) 密钥生成：生成一个随机的加密密钥。这个密钥将用于加密敏感数据或执行其他加密操作。

(2) 密钥备份：将生成的密钥备份到安全的存储介质上，如硬盘、磁带或云。在备份过程中，应该使用安全的加密算法对密钥进行加密，以确保密钥的安全性。同时，应该对备份的密钥进行定期更新和轮换，以确保密钥的安全性和有效性。

(3) 密钥恢复：当需要使用密钥时，可以通过密钥恢复算法从安全的存储介质中恢复密钥。在恢复过程中，应该使用与备份时相同的加密算法对密钥进行解密，以确保密钥的安全性。

(4) 密钥使用：一旦恢复密钥，就可以使用该密钥进行解密操作，以获取敏感数据或执行其他加密操作。

总之，密钥备份和恢复算法是保护敏感数据和执行加密操作的重要环节。在实际应用中，应该根据具体的需求和场景选择适合的算法和工具，以确保密钥的安全性和有效性。同时，应该加强对算法和工具的研究和创新，以提高密钥备份和恢复的效率和安全性。

密钥的备份是确保密钥和数据安全一种有备无患的方式。不同的密钥，其备份的手段和方式差别较大。除了用户自己备份以外，也可以交由第三方进行备份，还可以以密钥分量形态委托密钥托管机构备份。有了备份，在需要时可以恢复密钥，从而避免损失。但是不管以什么方式进行备份，密钥的备份应该遵循以下原则。

(1) 密钥的备份应当是异设备备份，甚至是异地备份。如果是同设备备份，当密钥存储设备出现故障时，备份的密钥也将毁坏，因此不能起到备份的作用。异地备份可以避免因场地被攻击而使密钥和备份密钥同时受损。

(2) 备份的密钥应当受到与存储密钥一样的保护，包括物理的安全保护和逻辑的安全保护。

(3) 为了减少明文形态的密钥数量，一般采用高级密钥保护低级密钥的方式来进行备份。

(4) 对于高级密钥，不能以密文形态备份。为了进一步增强安全性，可采用多个密钥分量的形态进行备份。每一个密钥分量应分别备份到不同的设备或不同的地点，并且分别指定专人负责。

(5) 密钥的备份应当方便恢复，密钥的恢复应当经过授权而且要遵循安全的规章制度。

(6) 密钥的备份和恢复都要记录日志，并进行审计。审计信息包括备份和恢复的主体、时间等。

4.3.5　密钥审计与监控

在当今不断变化的监管环境下，对密钥进行管理已成为企业运营的重要环节。随着相关法规要求的增加和执法机构对违规行为的严厉打击，对密钥进行有效的审计和监控显得尤为重要。

审计是检查和验证企业运营合规性的一种方法，包括财务审计、合规性审计和信息安全审计等。财务审计用于确保企业的财务状况真实合法，合规性审计检查企业的运营是否符合相关法规要求，信息安全审计则评估企业的信息安全措施是否有效，防止数据泄露和黑客攻击。在不断变化的监管环境下，定期进行审计成为企业必须进行的日常工作，以便及时发现并纠正可能存在的违规行为。

密钥管理中的密钥监控是指对系统中的密钥使用情况进行实时或定期的监视和分析的过程，目的是实时检测和防范安全威胁，减少攻击者对系统进行未经授权的访问、数据泄露或被破坏的风险。监控关注于收集和分析系统日志、网络流量、用户行为等的信息，以及应用程序和设备的性能指标，以便及时发现和响应安全事件。密钥监控通常包括以下方面。

(1) 密钥生成和分发：监控密钥的生成过程，确保只有授权的用户或系统能够生成密钥，并且密钥分发的过程安全可靠。

(2) 密钥使用：监控密钥的使用情况，包括密钥何时何地被使用、被谁使用等信息。这有助于及时发现异常或可疑的密钥活动。

(3) 密钥轮换和更新：监控密钥轮换和更新的情况，确保密钥定期更换，并且更新密钥时不会影响系统的正常运行。

(4) 密钥存储：监控密钥的存储方式和位置，确保密钥存储在安全的位置，并且只有授权的用户或系统能够访问。

(5) 异常行为检测：监控系统中的异常密钥活动，如密钥被未经授权的用户使用、密钥过期或失效等情况，及时发现并采取措施应对。

密钥的监控可以通过日志记录、实时警报、审计工具等方式实现。通过监控并记录密钥的使用情况，可以帮助系统管理员及时发现潜在的安全威胁，并采取措施以保护系统的安全。

密钥安全审计是对在密钥的生命周期中对密钥进行的各种操作及相关事件进行记录，旨在评估系统中使用的所有安全密钥的合法性、安全性和合规性。密钥审计关注于对密钥的管理、存储、使用和轮换策略进行全面评估，以确保密钥不会被未经授权的人员访问、泄露或滥用，目的是识别和规避潜在的密钥安全风险，保护敏感数据和系统资源免受未经授权的访问和攻击。密钥审计通常包括以下步骤。

(1) 密钥识别和收集：需要确定在系统中使用的所有密钥类型，包括对称密钥、非对称密钥、数字证书、应用程序接口(application program interface，API)密钥等。

(2) 密钥合法性验证：对于收集到的每一个密钥，需要验证其是否合法、有效，并且由授权的实体生成和管理。

(3) 密钥安全性评估：评估每个密钥的安全性，包括密钥的长度、复杂性、生成方式、存储方式等方面。

(4) 密钥轮换和更新：审查密钥轮换和更新策略，确保密钥定期更换，以减少密钥泄露或滥用的风险。

(5) 审查访问控制和权限：审查密钥的访问控制和权限设置，确保只有授权的用户或系统能够使用和管理密钥。

(6) 密钥备份和恢复：审查密钥的备份和恢复策略，确保密钥丢失或损坏时能够及时恢复。

密钥审计是确保系统和网络安全的重要步骤之一，它有助于发现潜在的安全风险并及时采取措施加以修复，从而保护敏感数据和资源不受未经授权的访问和攻击。

密钥在系统中扮演着重要的角色，用于加密数据、进行身份验证、签署数字证书等安全操作。虽然密钥审计和监控有不同的焦点和方法，但它们都是维护系统安全的重要组成部分。密钥审计帮助确保密钥管理的规范和安全性，而密钥监控则有助于及时发现和应对潜在的安全威胁。在实践中，这两者通常会结合起来，以提高系统对抗安全风险的能力。因此，监控密钥的使用情况并审计密钥生命周期内对其进行的操作对于确保系统安全至关重要。

面对不断变化的密钥监管挑战，企业应采取以下措施。

(1) 制定完善的审计计划：企业应根据相关法规要求和自身情况，制定详细的审计计划，包括审计范围、审计周期、审计流程等。同时，应设立专门的审计部门，配备专业人员，确保审计工作的顺利进行。

(2) 强化密钥管理：密钥管理应采取严格的安全措施，包括物理安全、访问控制、加密算法等。密钥的生成、存储和使用过程应进行详细的记录和监控，确保密钥的安全性和可靠性。同时，应定期进行密钥的更新和销毁，防止因密钥泄露而导致的安全风险。

(3) 建立自动化审计和密钥管理系统：随着技术的发展，自动化审计和密钥管理系统已成为企业提高运营效率的重要工具。这类系统可实现实时监控、预警、记录等功能，帮助企业及时发现并处理可能存在的违规行为和安全风险。

(4) 加强培训和教育：企业应定期对员工进行合规意识和信息安全意识的培训，提高员工对法规遵守和信息安全的认识。同时，应加强与执法机构的合作，了解最新的法规要求和执法动态，以便及时调整企业的合规策略。

在不断变化的监管挑战下，有效的审计和密钥管理是企业必须面对的重要任务。只有通过制定完善的审计计划、强化密钥管理、建立自动化审计和密钥管理系统以及加强培训和教育等措施，企业才能保持合规运营，并有效保护自身的信息安全。

4.4　分布式密钥技术

4.4.1　Shamir 门限方案

Shamir 秘密共享是一种基于拉格朗日插值和矢量法的秘密分发算法，通过秘密多项式，将解密秘密 S 所需的密钥分为 n 个子密钥，分别分发给 n 个秘密持有者，但是，在恢

复秘密 S 时，不需要 n 个持有者同时提供子密钥，只需要提供任意不少于 t 个子密钥就能恢复秘密 S，因此也称作 Shamir(t,n) 方案。

假设有大素数 p 和秘密 S，任取 $t-1$ 个随机数 $a_1,a_2,\cdots,a_{t-1}$，具体加密过程如下。

(1) 构造多项式：$f(x)=a_0+a_1x+a_2x^2+\cdots+a_{t-1}x^{t-1}$，其中 a_0 为秘密 S，即 $a_0=S$，所有的运算均在有限域 p 内进行。

(2) 任取 n 个数 $x_1,x_2,\cdots,x_n$ 分别代入到上述多项式，得到 $f(x_1),f(x_2),\cdots,f(x_n)$。

(3) 将 $(x_1,f(x_1)),(x_2,f(x_2)),\cdots,(x_n,f(x_n))$ 分发给 n 个用户。

(4) 这 n 个用户中，任意 t 个用户一起利用接收到的数据 $(x_1,y_1),(x_2,y_2),\cdots,(x_t,y_t)$ 均可以解密秘密 S，具体解密过程如下。

① 将这 t 个用户接收到的 $(x_1,y_1),(x_2,y_2),\cdots,(x_t,y_t)$ 代入多项式可得

$$a_0+a_1x_1+\cdots+a_{t-1}x_1^{t-1}=y_1$$
$$a_0+a_1x_2+\cdots+a_{t-1}x_2^{t-1}=y_2$$
$$\vdots$$
$$a_0+a_1x_t+\cdots+a_{t-1}x_t^{t-1}=y_t$$

② 利用上述多项式组，可求解出 $a_0,a_2,\cdots,a_{t-1}$，并重新构造出多项式：$f(x)=a_0+a_1x+a_2x^2+\cdots+a_{t-1}x^{t-1}$。

③ 将 $x=0$ 代入至多项式中，即可求得原秘密 $S=a_0$。

上述流程是在所有用户均可信的条件下进行的，当用户中有恶意的攻击者提交错误的共享数据时，将无法正确恢复所求秘密。为了解决此问题，需要在秘密共享的基础上，实现秘密共享的可验证，下面介绍 Feldman 可验证密钥分割方案。

4.4.2　Feldman 可验证密钥分割方案

Feldman 可验证密钥分割方案在 Shamir 门限方案的基础上，基于离散对数问题和幂指运算的同态性，增加了校验的过程，使得每个参与者都可以独立验证自己接收到的秘密份额是否正确，而无须揭示任何秘密份额的内容。

Feldman 可验证密钥分割方案的具体步骤如下。

(1) 选取一个大素数 p 和一个生成元 g 作为公共参数，之后随机选取一组系数 $a_1,a_2,\cdots,a_{t-1}$，构建一个 $t-1$ 阶多项式：$f(x)=a_0+a_1x+a_2x^2+\cdots+a_{t-1}x^{t-1}$，其中，$a_0$ 为秘密 S。

(2) 计算用于验证的公开信息：对于多项式中的每一个系数 a_i，计算 $c_i=g^{a_i}\bmod p$，并公开 $c_0,c_1,\cdots,c_{t-1}$，用于后续验证秘密共享的正确性。

(3) 计算每个用户的秘密共享份额 $y_i=f(i)\bmod p$，分发给 n 个用户。

(4) n 个用户中的任意 t 个用户一起利用接收到的数据 $(x_1,y_1),(x_2,y_2),\cdots,(x_t,y_t)$ 恢复出秘密 S，并通过公开参数 $c_0,c_1,\cdots,c_{t-1}$，验证他们收到的秘密共享份额，由于 c_i 满足 $c_i=g^{a_i}=g^{a_0+a_1i+a_2i^2+\cdots+a_{t-1}i^{t-1}}=c_0c_1^ic_2^{i^2}\cdots c_{t-1}^{i^{t-1}}$，所以每个用户可以通过下式验证接收到的份额是否正确：

$$g^{y_i}=c_0c_1^ic_2^{i^2}\cdots c_{t-1}^{i^{t-1}}=\prod_{j=0}^{t-1}(c_j)^{i^j}=\prod_{j=0}^{t-1}(g^{a_j})^{i^j}=g^{\sum_{j=0}^{t-1}a_ji^j}=g^{f(x_i)}$$

4.4.3　Benaloh 可验证密钥分割方案

Benaloh 可验证密钥分割方案是 Goldwasser-Micali 密钥系统的扩展方案。与许多公钥密码系统一样，该方案在群 $(\mathbb{Z}/n\mathbb{Z})^*$ 上工作，其中 n 是两个大素数的乘积。Benaloh 是同态方案，因此具有可扩展性。

Benaloh 可验证密钥分割方案具体步骤如下。

(1) 密钥生成：给定块大小 r，选取大素数 p 和 q，计算乘积 $n = pq$，$\phi = (p-1)(q-1)$。选择 $y \in \mathbb{Z}_n^*$ 使得 $y^{\phi/r} \not\equiv 1(\mathrm{mod}\, n)$，选择 $x = y^{\phi/r}$。

(2) 加密：对于任意信息 $m \in \mathbb{Z}_r$，选择随机的 $u \in \mathbb{Z}_n^*$，密文为 $E_r(m) = y^m u^r$。

(3) 解密：对于密文 $c \in \mathbb{Z}_n^*$，计算 $a = c^{\phi/r}(\mathrm{mod}\, n)$，解密出信息 $m = \log_x(a)$。

该方案的安全性依赖于 Higher residuosity problem，即给定 z、r、n，其中 n 的因式分解未知，无法确定是否存在 x 满足 $z \equiv x^r (\mathrm{mod}\, n)$。

4.5　Internet 密钥交换协议

4.5.1　IKE 协议描述

Internet 密钥交换(internet key exchange，IKE)协议是用于互联网络层安全协议(internet protocol security，IPSec)套件中设置安全关联(security association，SA)的协议。IKE 使用 X.509 证书进行身份验证，并使用互联网安全关联和密钥管理协议 Diffie-Hellman 密钥交换来设置共享会话密钥。IKE 使用互联网安全关联和密钥管理协议(internet security association and key management protocol，ISAKMP)的语言来定义密钥交换和协商安全服务的方法。IKE 实际上定义了许多交换模式和选项，可以应用于不同的服务场景。IKE 交换的最终结果是一个经过认证的密钥和经过协商的安全服务，换句话说，是一个 IPSec 安全关联。但是 IKE 不仅适用于 IPSec，还足够通用，可以为任何需要安全服务的其他协议协商安全服务，如需要认证密钥的路由协议(如 RIP 或 OSPF)。

IKE 是一个两阶段的交换：第一阶段建立 IKE 安全关联；第二阶段利用该安全关联协商用于 IPSec 的安全关联。与 ISAKMP 不同，IKE 定义了其安全关联的属性。但是，它并没有定义任何其他安全关联的属性。这留给了一个解释域(domain of interpretation，DOI)。对于 IPSec，存在 Internet IP 安全领域的解释。其他协议可以为 IKE 编写自己的 DOI。DOI 定义了在第二阶段交换中 IKE 将协商的可选和必需属性。IKE 本身并没有定义自己的 DOI，但是它确实定义了其安全关联使用的条件和规定。以下是详细步骤。

第一阶段：双方协商建立一个安全的通信通道，包括对称密钥、非对称密钥以及用于保护后续通信的 SA 参数。

(1) 初始化：发起通信的一方向对方发送 IKE 初始化请求。

(2) 协商策略：双方协商安全策略，包括加密算法、哈希算法、Diffie-Hellman 组等。

(3) 交换密钥：使用 Diffie-Hellman 密钥交换协议协商一个共享的对称密钥。

(4) 交换证书：如果使用证书进行身份验证，双方会交换证书并验证对方的身份。

(5) 建立安全通道：用于第二阶段的通信。

第二阶段：在第一阶段完成后,双方已经建立了安全通道,第二阶段主要用来协商 IPSec SA，确保数据传输的安全。

(1) 协商 IPSec SA：双方协商建立 IPSec SA，包括加密算法、认证算法等参数。

(2) 建立通信：建立安全通信，确保数据的机密性和完整性。

4.5.2　IKE 的缺陷分析

一些迹象表明 IKE 被利用以某种未知的方式来解密 IPSec 流量。NSA 或其他类似组织发现了 IKE 和 ISAKMP 协议中的漏洞,并利用这些漏洞来破解 IPSec 加密通信。利用该漏洞对 IKE 和 ISAKMP 协议进行特定攻击,并获取加密通信的密钥和其他敏感信息,这给对使用 IPSec 进行加密通信的组织和个人造成严重的安全威胁。

IKE 容易受到以下攻击手段的攻击。

(1) MITM 攻击：允许协商多个配置的 IPSec VPN 容易受到中间人攻击(man-in-the-middleattack，MITM)的降级攻击，无论是 IKEv1 还是 IKEv2。这种攻击可以通过将客户系统分隔到多个服务接入点，并使用更严格的配置来避免。

(2) 离线字典攻击：在 IKE 协议中，如果使用低熵密码，攻击者可以通过获取 IKE 协商过程中传输的信息(如哈希值等)，在离线环境中尝试破解密码。具体来说，对于 IKEv1 协议，无论是在主模式(main mode)还是侵入模式(aggressive mode)中，如果使用的密码易于猜测，攻击者可以利用已知的哈希算法和密码本进行破解尝试。

(3) Bleichenbacher 攻击：在 IKEv1 中，可以根据设备对接收的修改后的密文的响应来获取设备的密文信息。

第 5 章　公钥基础设施

公钥基础设施(PKI)是一套通过公钥密码算法原理与技术提供安全服务的具有通用性的安全基础设施，是能够为电子商务提供一套安全基础平台的技术规范。它通过数字证书管理公钥，通过 CA 把用户的公钥与其他标识信息捆绑在一起，实现互联网上的用户身份验证。

5.1　数　字　证　书

数字证
书格式

5.1.1　数字证书概念

数字证书是目前国际上最成熟并得到广泛应用的信息安全技术。通俗地讲，数字证书就是个人或单位在网络上的身份证。数字证书以密码学为基础，采用数字签名、数字信封、时间戳服务等技术，在 Internet 上建立起有效的信任机制。它主要包含证书所有者的信息和公开密钥、证书颁发机构的签名、证书有效期以及扩展信息等内容。

在使用数字证书的过程中应用加密技术，能够实现如下功能。

(1) 身份认证：在网络中传递信息的双方互相不能见面，利用数字证书可确认双方不是他人冒充的。

(2) 保密性：使用数字证书对信息加密后，只有接收方才能阅读加密的信息，从而保证信息不会被他人窃取。

(3) 完整性：利用数字证书可以校验传送的信息在传递的过程中是否被篡改或丢失。

(4) 不可否认性：利用数字证书进行数字签名，其作用与手写的签名具有同样的法律效力。

CA 证书指颁发给数字证书认证机构的证书，分为根 CA 证书和中间 CA 证书。

对证书的使用者来说，证书主要指的是终端实体证书。终端实体证书也称为用户证书，按类别可分为个人证书、机构证书、设备证书；按用途可分为签名证书和加密证书(双证书体系)；按应用场景可分为服务器证书(SSL 证书)、电子邮件证书、客户端个人证书等。

数字证书解决了可信公钥分发的问题。由于公共可信 CA 的存在，在分发公钥时，通过数字证书验证，接收方既能确定收到的公钥是可信的，又能确定发送方的身份信息是可信的。

数字证书主要的文件类型和协议有 PEM、DER、PFX、JKS、KDB、CSR、OCSP、CER、CRT、KEY、CRL、SCEP 等。

OpenSSL 使用 PEM(privacy enhanced mail，保密增强邮件)格式来存放各种信息，它是OpenSSL 默认采用的信息存放方式。OpenSSL 中的 PEM 文件一般包含如下信息。

(1) 内容类型：表明文件存放的是什么信息内容，它的形式如图 5-1 所示。

图 5-1　PEM 信息内容形式

(2) 头信息：表明数据是如何被处理及存储的，OpenSSL 中用得最多的是加密信息，如加密算法以及初始向量(IV)。

(3) 信息体：Base64 编码的数据，可以包括所有私钥(RSA 和 DSA)、公钥(RSA 和 DSA)和 X.509 证书。它存储用 Base64 编码的 DER 格式数据，用 ASCII 报头包围，因此适合系统之间的文本模式传输。

使用 PEM 格式存储的私钥如图 5-2 所示。

图 5-2　使用 PEM 格式存储的私钥

使用 PEM 格式存储的证书请求文件如图 5-3 所示。

图 5-3　使用 PEM 格式存储的证书请求文件

　　DER(distinguished encoding rules，可分辨编码规则)可包含所有私钥、公钥和证书。它是大多数浏览器的缺省格式，并按 ASN 1 DER 格式存储。它是无报头的，PEM 是用文本报头包围的 DER。

　　PFX(Personal Information Exchange，个人信息交换)或 P12 公钥加密标准#12(PKCS#12)可包含所有私钥、公钥和证书。以二进制格式存储，也称为 PFX 文件。通常可以将 Apache/OpenSSL 使用的“KEY 文件+CRT 文件”格式合并转换为标准的 PFX 文件，可以将 PFX 文件格式导入到微软 IIS5/6、微软 ISA、微软 Exchange Server 等软件。转换时需要输入 PFX 文件的加密密码。

　　通常也可以将 Apache/OpenSSL 使用的“KEY 文件+CRT 文件”格式转换为标准的 JavaKeyStore(JKS)文件。JKS 文件格式广泛应用在基于 Java 的 Web 服务器、应用服务器、中间件。可以将 JKS 文件导入到 Tomcat、Weblogic 等软件。

　　通常还可以将 Apache/OpenSSL 使用的“KEY 文件+CRT 文件”格式转换为标准的 KDB 文件。KDB(key database，密钥数据库)文件格式广泛应用在 IBM 的 Web 服务器、应用服务器、中间件。可以将 KDB 文件导入到 IBM HTTPServer、IBM Websphere 等软件。

　　生成 X.509 数字证书前，一般先由用户提交 CSR(certificate signing request，证书签名请求)，然后由 CA 来签发证书，大致过程如下(X.509 证书申请的格式标准为 PKCS#10 和 RFC 2314)：用户生成自己的公私钥对；用户构造自己的 CSR，应符合 PKCS#10 标准，该文件主要包括用户信息、公钥以及一些可选的属性信息，用户用自己的私钥给该内容签名；用户将 CSR 提交给 CA；CA 验证签名，提取用户信息，并加上其他信息(如颁发者等信息)，用自己的私钥签发数字证书。数字证书(如 X.509)是将用户(或其他实体)身份与公钥绑定的信息载体，一个合法的数字证书不仅要符合 X.509 格式规范，还必须有 CA 的签名。用户不仅有自己的数字证书，还必须有对应的私钥。X.509v3 数字证书主要包含的内容有证书版本、证书序列号、签名算法、颁发者信息、证书有效期、持有者信息、公钥信息、颁发者 ID、持有者 ID 和扩展项。图 5-4 所示是一个 CSR 文件示例。

```
-----BEGIN CERTIFICATE REQUEST-----
MIIBqDCCARECAQAwajESMBAGA1UEAxMJbG9jYWxob3NOMREwDwYDVQQLEwhHZXJvbmltbz
EPMAOGA1UEChMGQXBhY2hlMRAwDgYDVQQHDAdNeV9DaXR5MREwDwYDVQQIDAhNeV9TdGFO
ZTELMAkGA1UEBhMCQOMwgZ8wDQYJKoZIhvcNAQEBBQADgYOAMIGJAoGBANTOM2jO5ACU4N
49B4l5loxFSQX1SaX2+MBCWEpMILWriYxpBYRukMjyOOLBqreyUj6nv64jOqmlHgnOeYER
2fRtk6ERBGGRG//HprVBZzXFV5T/kwB4Ocg8NKQFWibLtT9MSjQyYByONGRgGL8krn+LDL
/YucueG+NbPfDzKD4xAgMBAAEwDQYJKoZIhvcNAQEBQADgYEApOg6oJ2WLllBmXpCnbcd
iyHtWAtFCODRKJaTzCO9N+/Os+BugiGOxTGLB65COxbIeumSog8Yxy26LFTtcvIPllC7wg
VlelKaJBTuuop7jOYFo4Tpx3oCL7ZJ6BtHrxOvSNlOdnkY6y+ZUPmQcWJq6lLP85NWu9N5
B94KI7U/QpM=
-----END CERTIFICATE REQUEST-----
```

图 5-4 CSR 文件

　　OCSP(online certificate status protocol，在线证书状态协议，RFC 2560)用于实时表明证书状态。

　　CER 一般指使用 DER 格式的证书。

　　CRT 证书文件可以是 PEM 格式。

　　KEY 一般指 PEM 格式的私钥文件。

CRL(certification revocation list，证书吊销列表)是一种包含吊销的证书列表的数据结构。

基于文件的证书登记方式需要从本地计算机将文本文件复制和粘贴到证书发布中心，以及从证书发布中心复制和粘贴文本文件到本地计算机。SCEP(simple certificate enrollment protocol，简单证书注册协议)可以自动处理这个过程，但是 CRL 仍然需要在本地计算机和证书发布中心之间进行复制和粘贴。

PKCS 7 加密消息语法是各种消息存放的格式标准。这些消息包括数据、签名数据、数字信封、签名数字信封、摘要数据和加密数据。PKCS 12(个人数字证书标准)用于存放用户证书、CRL、用户私钥以及证书链。PKCS 12 中的私钥是加密存放的。

在中华人民共和国密码行业标准《数字证书格式》(GM/T 0015—2023)中规定了我国的数字证书用途。

(1) digitalSignature：验证 nonRepudiation、keyCertSign 或 CRLSign 所标识的用途之外的数字签名。

(2) nonRepudiation：验证用来提供抗抵赖服务的数字签名，这种服务防止签名实体不实地拒绝某种行为(不包括如 keyCertSign 或 CRLSign 中的证书或 CRL 签名)。

(3) keyEncipherment：加密密钥或其他安全信息。例如用于密钥传输。

(4) dataEncipherment：加密用户数据，但不包括 keyEncipherment 中的密钥或其他安全信息。

(5) keyAgreement：用作公开密钥协商密钥。

(6) keyCertSign：验证证书的 CA 签名。

(7) CRLSign：验证 CRL 的 CA 签名。

(8) EncipherOnly：当本位与已设置的 keyAgreement 位一起使用时，公开密钥协商密钥仅用于加密数据(本位与已设置的其他密钥用法位一起使用的含义未定义)。

(9) DecipherOnly：当本位与已设置的 keyAgreement 位一起使用时，公开密钥协商密钥仅用于解密数据(本位与已设置的其他密钥用法位一起使用的含义未定义)。

5.1.2　数字证书验证

证书验证

数字证书验证是一种用于确认公共钥所属身份的过程。数字证书验证的基本步骤如下。

(1) 获取数字证书：用户或组织首先需要获得数字证书。数字证书是由可信的第三方机构(称为证书颁发机构或 CA)签发的电子文件，其中包含了公共密钥和与该密钥相关的身份信息。

(2) 验证证书的完整性：在验证数字证书之前，接收方需要确保证书的完整性。这通常通过检查证书的数字签名来实现。数字签名是由证书颁发机构使用其私钥对证书进行加密生成的，接收方可以使用相应的公钥来解密和验证签名，以确保证书在传输过程中没有被篡改。

(3) 验证证书的合法性：接收方验证证书的合法性，即确认证书颁发机构的可信度。这可以通过检查证书颁发机构的根 CA 证书或中间证书来实现。如果证书颁发机构是一个公认的、可信的实体，那么证书就被视为合法。

(4) 验证证书的有效期：接收方还需要验证证书的有效期以及其是否在证书吊销列表

当中。证书中包含了证书的起始日期和截止日期，接收方需要确保当前日期在有效期范围内；并且要查询颁发机构的证书吊销列表，确保证书不在其中。

(5) 身份验证：接收方使用数字证书中的公共密钥来验证证书所属的身份。这可以通过比较证书中的身份信息(如名称、电子邮件等)与实际通信中的身份信息来实现。

完成以上验证步骤后，接收方可以确信公共密钥的合法性和所属身份的真实性，从而建立安全的通信连接。

5.2 证 书 认 证

5.2.1 证书认证机构

证书认证机构(CA)是对数字证书进行全生命周期管理的实体，也称为电子认证服务机构。CA 必须经过一个可信第三方机构(如国家密码管理局)的批准授权才能够对外提供安全服务。

证书认证机构的功能包括生成密钥对(也可以由用户生成)、在注册公钥时进行身份认证、生成并颁发证书、作废证书。

认证机构的工作中，公钥注册和身份认证这一部分可以由注册机构(registration authority，RA)来分担。这样一来，认证机构就可以将精力集中到颁发证书上，从而减轻了认证机构的负担。不过，引入注册机构也有弊端，比如，认证机构需要对注册机构本身进行认证，而且随着组成要素的增加，沟通过程也会变得复杂，容易遭受攻击的点也会增加。

5.2.2 证书认证系统

证书认证系统(certificate authentication system)是对数字证书的签发、发布、更新、吊销等全生命周期进行管理的系统。

证书认证系统的功能主要包括用户注册管理、密钥的生成与管理、证书/CRL 生成与签发、证书/CRL 存储与发布、证书状态的查询、安全管理。

证书认证机构与证书认证系统的关系：证书认证机构作为一个实体，需要通过部署一套证书认证系统来完成安全服务。也就是说，证书认证系统才是实现安全服务的主体，可作为产品出售；证书认证机构完成功能依赖于证书认证系统。

在国标文件《基于 SM2 密码算法的证书认证系统密码及其相关安全技术规范》(GM/T 0034—2014)中规定了证书认证系统必须采用双证书(用于数字签名的证书和用于数据加密的证书)机制，并建设双中心(证书认证中心和密钥管理中心)。

证书认证系统的结构主要包括核心层、管理层和服务层。

(1) 核心层：密钥管理中心(KMC)、证书/CRL 生成与签发系统、证书/CRL 存储发布系统。

(2) 管理层：证书管理系统、安全管理系统。

(3) 服务层：证书用户注册管理系统(本地注册及远程注册)、证书 CRL 查询系统。

证书认证系统的逻辑结构如图 5-5 所示。

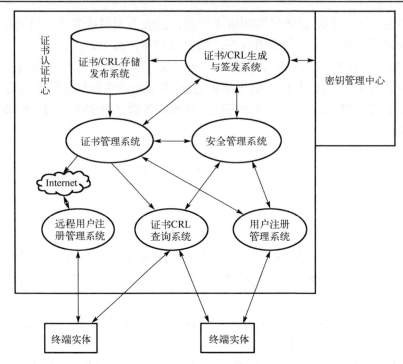

图 5-5 证书认证系统逻辑结构

这种证书结构使得密钥管理中心能够提供一对多个 CA 的服务,并将对每个 CA 的服务隔离开。

用户注册管理系统可分为本地注册管理系统和远程注册管理系统。

用户注册管理系统负责用户证书/证书吊销列表的申请、审核以及证书的制作。具体来讲,其主要功能如下。

(1) 用户信息的录入:录入用户的申请信息,用户申请信息包括签发证书所需要的信息,还包括用于验证用户身份的信息,这些信息存放在用户注册管理系统的数据库中。用户注册管理系统应能够批量接收从外部系统生成的、以电子文档方式存储的用户信息。

(2) 用户信息的审核:提取用户的申请信息,审核用户的真实身份,当审核通过后,将证书签发所需要的信息提交给签发系统。

(3) 用户证书下载:用户注册管理系统提供证书下载功能,当签发系统为用户签发证书后,用户注册管理系统能够下载用户证书,并将用户证书写入指定的用户证书载体中,然后分发给用户。

(4) 安全审计:负责对用户注册管理系统的管理人员、操作人员的操作日志进行查询、统计以及报表打印等。

(5) 安全管理:对用户注册管理系统的登录进行安全访问控制,并对用户信息数据库进行管理和备份。

(6) 多级审核:用户注册管理系统可根据需要采用分级部署的模式,对不同种类和等级的证书,可由不同级别的用户注册管理系统进行审核。用户注册管理系统应能够根据需求支持多级注册管理系统的建立和多级审核模式。

用户注册管理系统应具有并行处理的能力。

1. 证书认证中心

CA 提供的服务功能主要有：

(1) 提供各种证书在其生命周期中的管理服务；

(2) 提供 RA 的多种建设方式，RA 可以全部托管在 CA 系统，也可以一部分托管在 CA，另一部分建在远端；

(3) 提供人工审核或自动审核两种审核模式；

(4) 支持多级 CA 认证；

(5) 提供证书查询、证书状态查询、证书吊销列表下载、目录服务等功能。

CA 系统安全中的一个重要部分便是密钥安全。密钥安全的主要目标是保障 CA 系统中所使用的密钥在其生成、存储、使用、更新、废除、归档、销毁、备份和恢复整个生命周期中的安全。应采取硬件密码设备、密钥管理安全协议、密钥存取访问控制、密钥管理操作审计等多种安全措施。

密钥安全的基本要求是：

(1) 密钥的生成和使用必须在硬件密码设备中完成；

(2) 密钥的生成和使用必须有安全可靠的管理机制；

(3) 存在于硬件密码设备之外的所有密钥必须加密；

(4) 密钥必须有安全可靠的备份恢复机制；

(5) 对密码设备的操作必须由多个操作员实施。

另一个重要部分是证书管理安全。证书的管理安全应满足下列要求：

(1) 验证证书申请者的身份；

(2) 防止非法签发和越权签发证书，通过审批的证书申请必须提交给 CA，由 CA 签发与申请者身份相符的证书；

(3) 保证证书管理的可审计性，对于证书的任何处理都应进行日志记录。通过对日志文件的分析，可以对证书事件进行审计和跟踪。

2. 密钥管理中心

密钥管理中心应提供下列服务功能。

(1) 为 CA 提供密钥生成服务。

(2) 为司法机关提供密钥恢复服务。

(3) 为用户提供密钥更新、密钥恢复、密钥吊销服务。

3. 双证书体系

证书认证系统所采用的双证书机制中，用于数字签名的密钥对可以由用户利用具有密码运算功能的证书载体产生；用于数据加密的密钥对由密钥管理中心产生并负责安全管理。签名证书和加密证书一起保存在用户的证书载体中。

区分这两种证书可以通过查看证书的扩展项-密钥用法字段(KeyUsage)。若是 digitalSignature 则为签名证书，若是 keyEncipherment 则为加密证书。

签名证书公私钥由用户产生及保管，加密证书公私钥由 CA 产生及保管。签发双证书的流程一般如下。

(1) 用户产生签名密钥对，发送证书请求给 CA(请求中包含 1 个公钥)。

(2) CA 向密钥管理中心请求加密密钥对。

(3) 签发两张证书，连同加密密钥一起发送给用户(采用签名证书加密)。

(4) 用户使用自己的签名私钥解密，获得两张证书以及加密私钥。

5.3　吊　销　管　理

在公钥基础设施中，吊销管理是确保被认证实体的证书在其有效期内被吊销时能够有效地通知和处理的重要组成部分，如图 5-6 所示。本节将介绍两种常见的吊销管理机制：证书吊销列表(CRL)和在线证书状态协议(OCSP)。

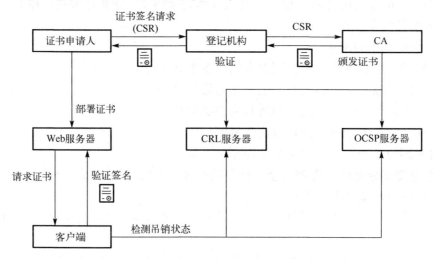

图 5-6　吊销管理机制

5.3.1　CRL

CRL(证书吊销列表)是 PKI 系统中的一个结构化数据文件，由 CA 签发，包含已被吊销的证书的序列号和相关信息。数字证书可能在过期前因为密钥丢失或用户身份变更等变得无效，CA 需要及时对此类证书做出吊销的处理，并将吊销证书放入 CRL 中予以公布，以便用户查询证书的有效性。当用户接收到一个数字证书时，必须先检查这个数字证书是否已被吊销或者挂起。CRL 充当黑名单的作用，告知其他实体某些证书已经不再可信，不应再被使用。

基本的 CRL 由以下部分组成，如图 5-7 所示。吊销的证书及吊销项如图 5-8 所示。

(1) version：表示 CRL 的版本号。常见的版本号有 V1、V2、V3。

(2) ignature：证书签名算法标识。

(3) sissuer：表示 CRL 的颁发者，即 CA 的名称。

(4) thisUpdate：表示 CRL 的发布日期。

(5) nextUpdate：表示下一次 CRL 的更新日期。

(6) revokedCertificate：包含一个序列，每个序列元素表示一个已被吊销的证书的信息，包括 userCertificate、revocationDate、crlEntryExtensions。

(7) crlExtension：CRL 的扩展信息，包含了一系列的 CRL 扩展项。

(8) signatureAlgorithm：证书签名算法标识。

(9) signatureValue：证书签名算法值，使用 CA 的私钥对 CRL 的内容进行数字签名生成。

图 5-7　证书吊销列表信息

图 5-8　吊销的证书及吊销项

CRL 定期被发布到轻量目录访问协议(lightweight directory access protocol，LDAP)目录服务器上，以便用户可以获悉证书的当前状态，用户根据 CRL(图 5-9)来判断证书的有效性，这一过程分为以下步骤。

(1) 获得 CRL：通过目录服务器或 Web 服务器获取到相应的 CRL。

(2) 检验 CRL 上的 CA 的数字签名是否有效：使用 CA 的公钥来验证 CRL 上的数字签名，确保 CRL 的完整性和真实性。

(3) 检查待校验的证书是否在 CRL 中：如果在，则证书被认为是无效的，否则有效。

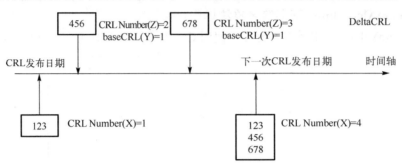

图 5-9　CRL 流程图

在网络规模不大且证书吊销率较低的情况下，CRL 是一个相对简单而有效的解决方案。然而，CRL 方法也存在一些缺点。

(1) 由于证书吊销信息必须在证书的整个生命周期中存在，随着证书吊销信息的增加，CRL 的规模会变得非常庞大。依赖方在校验证书时需要下载整个 CRL，这将导致网络资源的大量消耗，增加服务器的负担，并可能引起网络拥塞，影响客户端对 CRL 信息的获取。

(2) CRL 是由 CA 定期发布的，吊销延迟不可避免地会给用户带来损失。由于减少吊销延迟和减少占用带宽之间存在矛盾，CRL 的及时性和可靠性可能会受到影响。每次验证证书链上的一个证书都必须下载相应的 CRL，这可能会导致服务器的性能瓶颈。

(3) 由于 CRL 可能会变得非常庞大，依赖方在 CRL 中查找证书吊销信息的效率会降低。在实际应用中，依赖方可能需要耗费大量时间来定位和解析 CRL 中的吊销信息，这可能会影响验证的效率和用户体验。

DeltaCRL(增量证书吊销列表)是一种改进的 CRL，旨在解决传统 CRL 方法中 CRL 过大和下载频率过高的问题。Delta 不需要每吊销一个证书就产生一个完整的、潜在会变得越来越大的 CRL，而是用一个 baseCRL 包含某时期所有已经吊销的证书信息，并以较短的时间间隔发布一个 DeltaCRL，其中仅包括自 baseCRL 发布以来所增加的吊销证书信息。因此，DeltaCRL 的大小比 baseCRL 小得多，使得 DeltaCRL 的发布频率可以比 baseCRL 高得多，增加了证书吊销信息发布的及时性，同时也可以减少网络流量和服务器负担。

但是当用户要验证某数字证书时，必须检查最近时期的 baseCRL 以及自 baseCRL 发布以来所有的 DeltaCRL。一旦丢失一个 DeltaCRL，用户就需要和服务器重新同步。DeltaCRL 的大小也是随着时间间隔内吊销的数字证书数目而变化的，DeltaCRL 并不能减少峰值带宽。

5.3.2　OCSP

　　OCSP 是一种在线检查数字证书状态的协议。OCSP 允许用户直接向 CA 服务器发送查询以获取特定证书的状态信息，可以代替传统的 CRL 方法。

　　OCSP 的工作流程：假设有两个实体 A 和 B 需要通过 PKI 进行通信。A 向 B 发送了自己的公钥，B 在收到 A 的公钥后，无法确定该公钥是否真实有效，以及是否被篡改过。为了解决这个问题，B 采取了以下步骤。

　　(1) B 从 A 的公钥中提取出其序列号(serial number)，然后将这个序列号封装到一个 OCSP request 的数据包中，将其发送给 CA 服务器。

　　(2) CA 服务器中的 OCSP responder 收到了 B 发送的数据包，从中提取出 A 公钥的序列号，并在 CA 服务器的数据库中查询该序列号是否存在于证书吊销列表中。

　　(3) 如果在 CA 服务器的数据库中未发现该序列号，那么意味着 A 的公钥有效，OCSP responder 将生成一个包含签名的 OCSP response 发送给 B。

　　(4) B 使用 CA 服务器的公钥来验证收到的 OCSP response 的有效性。如果验证成功，那么 B 就可以确定 A 的公钥是有效的且未被吊销。然后 B 就可以使用 A 的公钥与 A 进行安全通信。

　　OCSP 协议可以分为请求、响应、验证三部分。

　　1) OCSP 请求

　　一个 OCSP 请求需要包含协议版本号、请求服务、要校验的证书和可选的扩展部分。OCSP responder 在接收到 OCSP 请求之后，会校验 OCSP 消息的有效性，如果消息有问题，则会返回异常，否则会根据请求的服务进行处理。

　　OCSP 请求用 ASN.1 抽象语法标记可以表示如下：

```
OCSPRequest              ::= SEQUENCE {
    tbsRequest               TBSRequest,            --待签名请求
    optionalSignature [0] EXPLICIT Signature OPTIONAL} --可选的签名项

TBSRequest               ::= SEQUENCE {
    version           [0] EXPLICIT Version DEFAULT v1,  --版本号
    requestorName     [1] EXPLICIT GeneralName OPTIONAL, --请求者名
    requestList           SEQUENCE OF Request,        --请求查询证书列表
    requestExtensions [2] EXPLICIT Extensions OPTIONAL} --请求可扩展项

    Signature            ::= SEQUENCE {
      SignatureAlgorithm   AlgorithmIdentifier,       --签名算法标识
      signature            BIT STRING,                --签名值
      certs           [0] EXPLICIT SEQUENCE OF Certificate OPTIONAL}
                                                      --证书

    Version              ::= INTEGER {  v1(0) }

    Request              ::= SEQUENCE {
```

```
        reqCert                        CertID,       --请求查询的证书
        singleRequestExtensions   [0] EXPLICIT Extensions OPTIONAL }
                                                --单个证书查询请求

    CertID                    ::= SEQUENCE {
        hashAlgorithm          AlgorithmIdentifier, --摘要算法标识
        issuerNameHash         OCTET STRING,       --证书颁发者 DN 的 Hash
        issuerKeyHash          OCTET STRING,       --证书颁发者公钥的 Hash
        serialNumber           CertificateSerialNumber }  --证书序列号
```

2) OCSP 响应

对于 OCSP 的响应来说，根据传输协议的不同，它的结构也是不同的。但是所有的响应都应该包含 responseStatus 字段，表示请求的处理状态。

OCSP 响应用 ASN.1 格式表示如下：

```
    OCSPResponse ::= SEQUENCE {
        responseStatus     OCSPResponseStatus,          --OCSP 响应状态
        responseBytes     [0] EXPLICIT ResponseBytes OPTIONAL }
                                                    --可选的响应结果


    OCSPResponseStatus ::= ENUMERATED {
        successful          (0),                       -- 证书有效
        malformedRequest    (1),                       -- 非法请求
        internalError       (2),                       -- 颁发者内部错误
        tryLater            (3),                       -- 稍后再试
                                                       -- (4) 保留
        sigRequired         (5),                       -- 需要请求的签名值
        unauthorized        (6)                        -- 请求未经授权
    }


    ResponseBytes ::=        SEQUENCE {
        responseType        OBJECT IDENTIFIER,          --响应类型
        response            OCTET STRING }              --响应内容
```

此处的 response 是一个 BasicOCSPResponse 对象的 DER 编码：

```
    BasicOCSPResponse              ::= SEQUENCE {
        tbsResponseData            ResponseData,            --待签名响应数据
        signatureAlgorithm         AlgorithmIdentifier,     --签名算法标识
        signature                  BIT STRING,              --签名值
        certs                      [0] EXPLICIT SEQUENCE OF Certificate OPTIONAL }
                                                            --证书
```

3) OCSP 验证响应

OCSP 验证应答是客户端对 OCSP 服务器返回的状态信息进行验证，以确定待验证证书的真实状态。验证过程通常包括以下步骤。

(1) 解析 OCSP 响应：客户端解析 OCSP 服务器返回的 OCSP 应答，提取出待验证证

书的状态信息和其他相关信息。

(2) 验证签名：客户端使用 CA 的公钥验证 OCSP 响应的签名，以确保 OCSP 响应的完整性和真实性。

(3) 验证响应时间：客户端检查 OCSP 响应的生成时间，确保其在合理范围内，避免过期或被篡改的情况。

(4) 解释状态信息：客户端解释 OCSP 响应中的待验证证书状态信息，确定证书的真实状态。

(5) 应用验证结果：根据 OCSP 响应中的状态信息，客户端决定是否信任待验证证书，以及是否允许与该证书相关的操作。

OCSP 提供了即时的证书状态查询服务。相比之下，CRL 需要定期更新和重新发布，而且吊销的证书的信息只能在下次更新前才能被客户端获取到。因此，OCSP 可以更快速地提供最新的证书状态信息，减少了吊销信息传播的延迟。此外，由于 OCSP 只在需要时查询证书的状态，而不是下载整个 CRL，因此它产生的网络负载更小。特别是在大型 PKI 环境中，CRL 可能会非常庞大，而 OCSP 只需要查询特定证书的状态信息，大大减少了网络流量。

5.3.3　OCSP Stapling

OCSP 可以检查 SSL 证书的吊销状态，在 TLS(transport layer security，传输层安全)握手过程中，客户端会向 Web 服务器请求 SSL 证书的验证，而 OCSP 协议就是用来提供验证服务的。但是由于 OCSP 访问需要向证书颁发机构发起请求，会引发以下问题。

(1) 浏览器收到一个新的证书后，需要联系 responder 来确认证书的状态，增加了超文本传送协议(hypertext transfer protocol，HTTP)的连接数，特别是当站点通过 CDN(content delivery network，内容分发网络)节点加速时，CDN 的域名有非常多个，验证证书的负担会加重。

(2) responder 的稳定性并不是 100%的，即使服务器可以非常稳定地运行，线路延迟等因素也会直接导致证书验证的失败。

(3) 因为 responder 的低可靠性，现在的浏览器和 Web 客户端对于 OCSP 检测，工作在 soft-fail 模式。它们容忍检测失败，在失败的情况下客户端也会认为证书有效，这就引入了安全问题；攻击者可以阻止浏览器对 responder 的 Web 访问，这样即使证书已经被吊销，浏览器还是会认为证书有效。

(4) 还有隐私性的问题，浏览器会将使用者的浏览记录泄露给 responder。

OCSP Stapling 是一种安全机制，正式名称为 TLS 证书状态查询扩展，可代替 OCSP 解决以上问题。它通过在 TLS 握手过程中获取服务器的证书吊销列表(CRL)，并将 OCSP 响应与 TLS 会话关联，确保客户端在后续通信过程中使用的证书是有效的。

OCSP Stapling 将检查 SSL 证书吊销状态的过程转移到了 Web 服务器，而不是客户端，首先通过 Web 服务器定期从 CA 获取 SSL 证书的 OCSP 响应并存储在内存中，然后在与客户端建立 SSL 连接过程中，Web 服务器会一并返回已缓存的 OCSP 响应给客户端。这种方式既能提高 SSL 连接的速度，又能避免客户端向 CA 发起请求的安全问题，如图 5-10 所示。

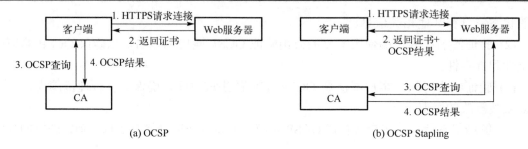

(a) OCSP　　　　　　　　　　　　　(b) OCSP Stapling

图 5-10　OCSP 和 OCSP Stapling

　　这样，浏览器就无须再自行查询 OCSP 服务器，保护了用户的浏览隐私。同时，当客户端发起 SSL 握手请求时，Web 服务器会将证书的 OCSP 信息连同证书链一同发送给客户端。这种主动传输避免了客户端验证可能带来的延迟，提升了 HTTPS 性能。由于 OCSP 响应无法被篡改，因此这一过程也不会引入额外的安全问题。

5.4　信　任　模　型

　　信任：在 PKI 体系中，一个实体 A 信任另一个实体 B 是指 A 认为 B 的行为是恰如 A 所预期的。信任传递指实体 A 因为信任 B，进而会信任 B 信任的其他的实体 C。

　　信任锚：在信任传递过程中，信任的起点成为信任锚，例如，在证书验证过程中，根 CA 就是信任锚。对信任锚实体的信任不是由信任传递得到的，而是以其他引入方式得到的，如软件预装(Windows 系统)或用户自主决定引入。

　　如图 5-11 所示，证书验证过程就是一个信任传递的过程，用户本来只信任根 CA，经过了根 CA 的信任传递，进而可以信任其他通信实体。

图 5-11　证书验证示例

信任模型是指建立信任关系和验证证书时寻找和遍历信任路径的模型。在密码学领域中,信任模型是确保安全通信和数据交换的基础。通过建立认证层次结构、构建证书链和实施交叉认证等措施,能够建立起可靠的信任框架,保障数字通信的安全和可信。

5.4.1 认证层次结构

最基本的信任模型仅由根 CA 和终端实体组成,如图 5-12 所示。根 CA 是整个认证层次结构的根基,使用自签名证书并颁发其他实体的证书;终端实体是最终使用数字证书进行通信的实体,如个人用户、服务器等。在这样的系统中只有一个根 CA,也就是只有一个信任锚,只有信任锚有自签名证书,也只有信任锚有颁发证书的权利。

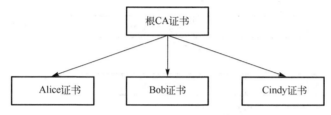

图 5-12　最基本的信任模型

因为所有的用户都信任根 CA,没有信任传递的过程,所以证书验证非常简单。但该系统缺少扩展能力,无法做到不同的证书由不同的单位负责签发,且信任锚的密钥频繁使用,安全威胁较大。

为了更好地保护信任锚,产生了认证层次模型。与基本模型相比,根 CA 用于颁发中间 CA 的证书。中间 CA 承担着向终端实体颁发数字证书的责任,构成了从根 CA 到终端实体的信任链。认证层次结构通过逐级建立信任链,形成了一个层级化的信任框架。

如图 5-13 所示,认证层次模型中,只有信任锚有自签名证书,信任锚以外的 CA 由其上级 CA 向其签发证书,每个 CA 只有一个上级 CA。

如图 5-14 所示,要验证 Ellen 证书,即要验证 Ellen—SubCA2—SubCA1—根 CA 证书链,如果所有的证书都合法且签名验证通过,可以追溯到根 CA,那么 Ellen 证书通过验证。

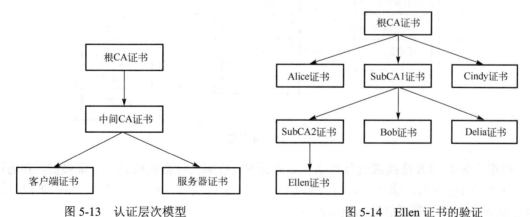

图 5-13　认证层次模型　　　　　　图 5-14　Ellen 证书的验证

5.4.2 证书链

证书链是建立在认证层次结构之上的一种验证机制,用于验证数字证书的有效性,如图 5-15 所示。证书链由一系列数字证书组成,其中包括了终端实体的证书、中间 CA 的证书,直至根 CA 的自签名证书。证书列表以服务器的证书开始,以根 CA 证书结束。要使证书可信,其签名必须可追溯到其根 CA 或信任根。这意味着,在信任的证书链中,每个证书都应该由链上的下一个证书颁发者标识的实体签名,从最终实体到中间服务器再到根。如图 5-16 所示,证书链有以下特征。

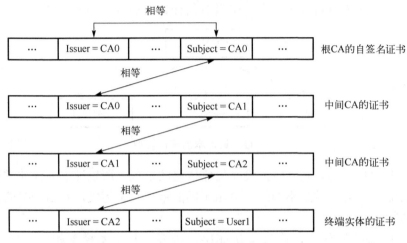

图 5-15 证书层次关系

(1) 链中每个证书的颁发者 Issuer(最后一个证书除外)对应于后续证书的主题 Subject。

(2) 每个证书(除了最后一个证书)都要通过与链中的下一个证书相关联的密钥进行身份验证,从而允许使用下一个中的公钥来验证一个证书的签名。

(3) 链中的最后一个证书称为信任锚。

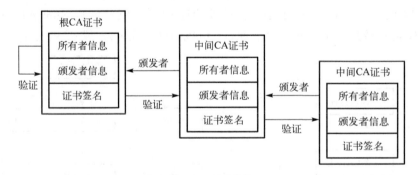

图 5-16 证书链

在建立 SSL/TLS 连接或进行数字签名验证时,终端实体会获取到一个证书链,并通过验证每个证书的签名,建立起对服务端的信任。证书链的建立使得终端实体可以追溯到根 CA,从而建立了一条可信任的通信路径。

5.4.3　交叉认证

交叉认证是一种增强型的安全验证机制，用于加强对通信双方身份的验证。在交叉认证中，通信双方不仅验证对方的数字证书，还相互交换数字证书进行验证，从而确保了通信双方的身份可信。

通过交叉认证，通信双方可以彼此验证对方的身份，防止中间人攻击和伪造身份的问题。交叉认证是一种有效的安全措施，常用于 SSL/TLS 连接和 VPN 等安全通信场景中，提高了通信的安全性和可靠性。

交叉认证信任模型下，根 CA 之间互相签发交叉认证证书，该交叉认证证书等同于子 CA 证书。在不增加信任锚的前提下，即可将信任关系传递到其他 CA 管理域。一般情况下，只有根 CA 之间签发交叉认证证书，子 CA 之间不签发交叉认证证书。

如图 5-17 所示，根 CA1 给根 CA2 签发交叉认证证书 1，根 CA2 给根 CA1 签发交叉认证证书 2。

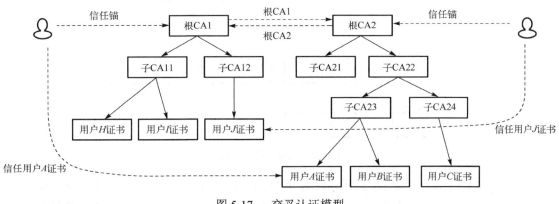

图 5-17　交叉认证模型

从用户 X 的角度，用户 A 证书的信任链为根 CA1→根 CA2→子 CA22→子 CA23→用户 A。

从用户 Y 的角度，用户 J 证书的信任链为根 CA2→根 CA1→子 CA12→用户 J 证书。

交叉认证信任模型中，当有 N 个根 CA 时，最多需要签发 N(N–1) 个交叉认证证书。

本域的 CA 给其他域的 CA 签发证书，使得信任传递的范围扩大。如图 5-18 所示，信任传递可以到达右侧区域。

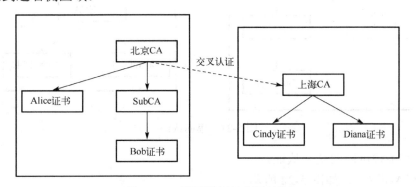

图 5-18　不同域间的交叉认证

验证时，相当于将对方 CA 视为我方的 SubCA。如图 5-19 所示，Alice 验证 Cindy 证书，信任锚没有变化。

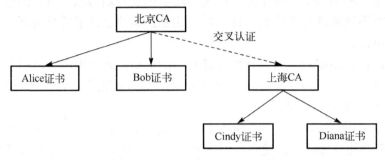

图 5-19　Alice 验证 Cindy 证书

当 Cindy 验证 Alice 证书时，Cindy 的信任锚也没有变化，如图 5-20 所示。

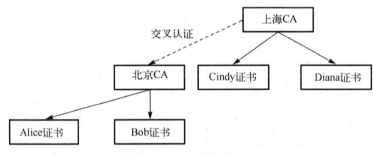

图 5-20　Cindy 验证 Alice

如图 5-21 所示，交叉认证也可以是单向的，北京 CA 可以认证上海 CA，但上海 CA 不认证北京 CA，以上海 CA 作为信任锚的用户，其信任传递的范围仍然只有右侧区域。

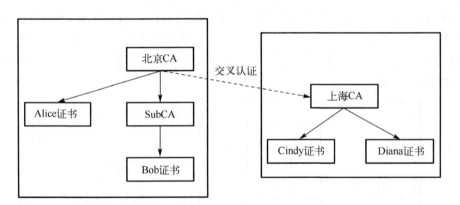

图 5-21　单向认证

此外还有各种可能的交叉认证。

(1) SubCA-根 CA，如图 5-22 所示。

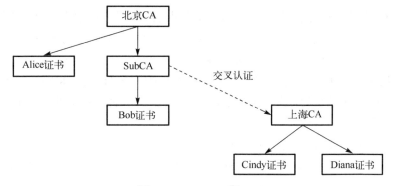

图 5-22　SubCA-根 CA

(2) 根 CA-SubCA，如图 5-23 所示。

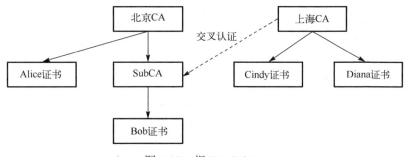

图 5-23　根 CA-SubCA

(3) SubCA-SubCA，如图 5-24 所示。

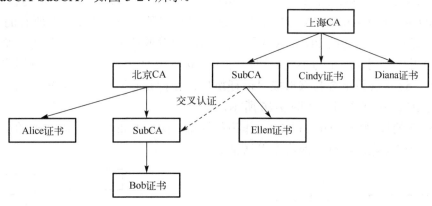

图 5-24　SubCA-SubCA

通过交叉认证，各种操作可以由 CA 统一完成，不需要每个用户独立配置。交叉认证可以动态扩大信任范围，同时在证书验证过程中没有改变信任锚。

5.4.4　网状信任模型

网状信任模型并不是一种专门的模型，其中有许多个 CA，任意一个 CA 都有权对其他的 CA 进行认证，任意两个 CA 可以相互认证。网状信任模型适用于没有层级关系或动态变化的通信机构之间，但是对于特定的 CA，其不一定适合认证某一个 CA，且两个 CA

之间的信任路径可能会有许多条，所以构建信任路径要比层次模型复杂，在构建信任路径时要应用优化措施。网状信任模型中的 CA 都是独立的，没有级别之分，没有根 CA，当信任传递的需求量增大时，可以随时新增多个 CA，通过交叉认证关系来增加信任路径的个数。其优点是每个根 CA 都是独立的，某个根 CA 的安全性被破坏不会影响到其他根 CA 的相互信任，相互认证的路径是灵活可变的。其缺点是从客户端到根 CA 的认证路径是不确定的，有多种可选择的路径，因此寻址相对困难些。选择一个正确的路径后，放弃其他可选择的路径，有时可能陷入无止境的循环寻址路径里。

图 5-25 中的认证结构可能陷入死循环：CA2—CA6—CA5—CA2—CA6—CA5。

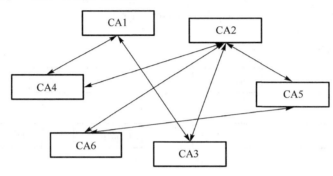

图 5-25　网状信任模型

5.4.5　桥接信任模型

类似于对称密钥系统中的 KDC，PKI 引入了专门处理交叉认证的机构，称为 BCA(bridge CA，桥 CA)。BCA 与每个 CA 进行双向交叉认证，从而连通所有的 CA。

不同于交叉认证结构的 PKI，BCA 不直接向用户发放证书。BCA 不作为一个可信任点供 PKI 中的用户使用，而是与不同的用户群体建立对等的可信任关系，允许用户保持原有的可信任点。这些关系结合起来形成"信任桥"，使得来自不同用户群体的用户通过指定信任级别的 BCA 相互作用，如图 5-26 所示。

在图 5-27 的模型中，Alice 以 CA4 作为信任锚，认证 Bob 的过程与普通的交叉认证类似，信任锚没有变化，经过了两次交叉认证。

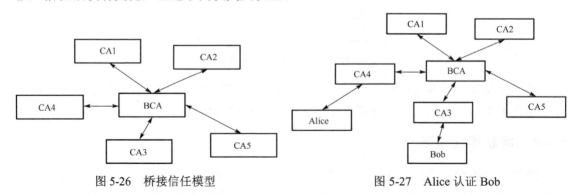

图 5-26　桥接信任模型　　　　　　　　图 5-27　Alice 认证 Bob

第6章 密码应用与实践

6.1 传输层安全协议

本节将讲述传输层安全协议以及相关技术应用，介绍 TLS 协议的基本概念和作用，着重探讨 TLS 1.2 和 TLS 1.3 两个主要版本的特性和演变，并详细介绍了国密 TLCP(transport layer cryptography protocol，传输层密码协议)，分析其在国内网络安全领域的重要性和应用前景。此外，还对两个主要的开源 TLS 实现——OpenSSL 和 OpenHiTLS 进行简单讲解。通过学习本节，读者将对传输层安全协议有一定了解，同时本节也可以为相关的实践提供参考。

6.1.1 TLS 协议

SSL/TLS 是一种密码通信框架，用于建立安全的通信连接，为上层的应用层协议提供服务，确保网络通信的安全性和隐私性。

SSL 是 1994 年由网景公司(Netscape)设计的一套协议，主要用于 Web 的安全传输，并于 1996 年发布了 3.0 版本。TLS 是 IETF(Internet Engineering Task Force，因特网工程任务组)于 1999 年将 SSL 进行标准化，在 SSL 3.0 基础上设计的协议，实际上相当于 SSL 的升级版本，其中 TLS 1.2 是目前应用最广泛的版本。SSL、TLS 发展历程如图 6-1 所示。

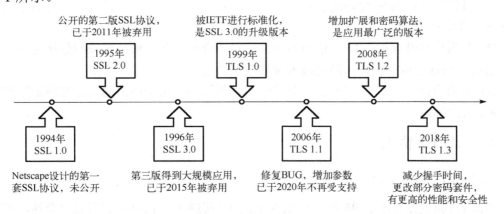

图 6-1 SSL、TLS 发展历程

TLS 协议工作在应用层和传输层之间，通过在两个应用程序间创建安全的通信连接，防止交换数据时遭到窃听或篡改，它在网络安全协议中的位置如图 6-2 所示。TLS 协议工作时会进行必要的协商和认证，并创建加密通道，应用层传送的数据通过 TLS 协议被加密，从而保证通信的私密性与安全性，并且其与上层协议间无耦合，应用层协议能透明地运行在 TLS 协议之上，如 HTTP、FTP(file transfer protocol，文件传输协议)、Telnet 等。

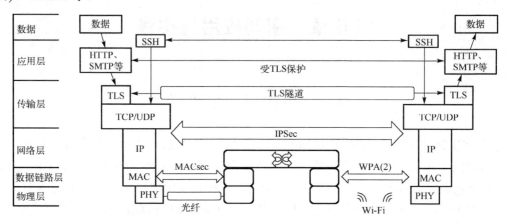

图 6-2 网络安全协议层次

TLS 协议是可选的，但已经广泛应用在浏览器、邮箱、即时通信、VoIP(voice over Internet protocol，基于 IP 的语音传输协议)、网络传真等应用程序中。使用 TLS 协议前必须配置相应的客户端和服务器，常见配置方式有两种：一是使用统一定义的 TLS 协议端口，如 HTTPS 的端口 443；二是客户端请求服务器连接到 TLS 时，使用特定的协议机制，如电子邮件使用的 STARTTLS 命令。当客户端和服务器都同意使用 TLS 协议时，双方通过握手过程协商建立一个有状态的连接来传输数据。

TLS 协议功能如下。

(1) 数据加密：TLS 使用加密算法对传输的数据进行加密，确保数据在网络传输过程中不被窃听和篡改，保证数据机密性。

(2) 身份验证：TLS 允许通信双方进行身份验证，确保身份合法可信，有助于防止中间人攻击和数据泄露。

(3) 数据完整性保护：TLS 使用消息认证码或数字签名来验证传输的数据是否完整和未被篡改，确保数据完整性，防止数据被篡改或伪造。

(4) 密钥交换：TLS 协议提供安全的密钥交换机制，用于协商通信双方的加密密钥，确保密钥的安全性。

6.1.2 TLS 1.2 协议

1. TLS 1.2 基础知识

TLS 1.2 协议发布于 2008 年，是 TLS 1.1 的升级版本，提供了更高的安全性、可靠性以及更强的性能。协议仍建立在传输层 TCP(transmission control protocol，传输控制协议)协议之上，并服务于应用层，用于在两个通信应用程序之间提供安全的数据传输服务，以保护通信的安全性、隐私性和完整性，如图 6-3 所示。截至 2020 年，TLS 1.0 和 1.1 便不再受支持，即不支持 TLS 1.2 或更高版本的网站将无法创建安全连接，因此 TLS 1.2 已经成为目前使用最广泛的 TLS 版本。

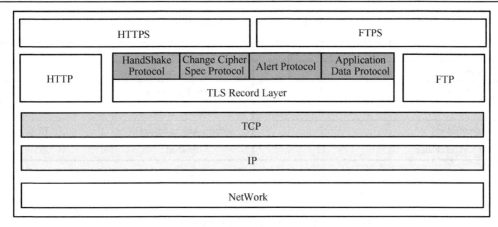

图 6-3　TLS 1.2 协议层次

TLS 1.2 协议分为上下两层，如图 6-4 所示。

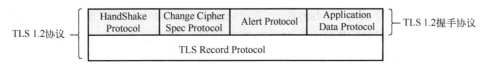

图 6-4　TLS 协议内容

下层是 TLS 记录协议(TLS record protocol)，用于封装上层协议的数据，添加消息头，并为数据提供加密、分段和压缩等服务。

上层是 TLS 握手协议，主要负责在通信开始时协商参数并建立安全连接，其具体又可分为握手协议、密码规格变更协议、警告协议和应用数据协议四部分。

(1) 握手协议(HandShake Protocol)：负责服务端和客户端之间的身份认证，以及未来通信过程中使用的密码套件与密钥的协商，是四个协议中最复杂的部分。握手协议包的结构如图 6-5 所示，协议头中内容类型固定为 22，TLS 1.2 版本号(Version)为 0303，最后用 2字节表示协议包总长度。

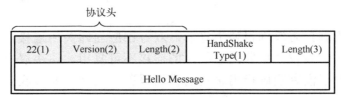

图 6-5　握手协议内容

表 6-1 展示了，握手协议过程中的 HandShake Type 包含的类别。

Hello Message 是具体的握手协议内容，不同协议的内容有所不同，并用 3 字节表示内容长度。

(2) 密码规格变更协议(Change Cipher Spec Protocol)：用于通知密码规格的改变，即通知对方开始使用刚协商好的安全参数来保护接下来的数据。ChangeCipherSpec 协议的结构如图 6-6，协议头中内容类型固定为 20。

表 6-1　HandShake Type 类型

类别	值	类别	值
hello_request	0	certificate_request	13
client_hello	1	server_hello_done	14
server_hello	2	certificate_verify	15
certificate	3	client_key_exchange	16
server_key_exchange	12	finished	20

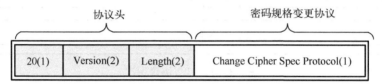

图 6-6　ChangeCipherSpec 协议内容

该协议内容部分(Change Cipher Spec Protocol)是长度为 1 字节、值为 1 的密码规格变更消息，客户端和服务端均需在安全参数协商完毕后、握手结束前发送此消息。

(3) 警告协议(Alert Protocol)：负责在发生错误时将错误传达给对方，也用于传达关闭连接的通知。Alert 协议的结构如图 6-7，协议头中内容类型固定为 21，报警消息中包含报警级别和报警内容。

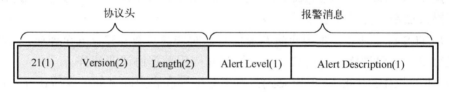

图 6-7　Alert 协议内容

该消息通知对方不再发送任何数据，发送方可等待接收方回应关闭通知后关闭连接，也可立即关闭连接。接收方收到该消息后会回应一个关闭通知，然后关闭连接，不再接收和发送数据。

当发送或接收到致命级别报警消息后，双方都应立即关闭连接，并废弃出错连接的会话 ID 和密钥，被致命报警消息关闭的连接不可复用。该协议中定义的错误报警如表 6-2 所示，对于没有明确指出级别的错误报警，发送方和接收方可以自行决定是否致命。

(4) 应用数据协议(Application Data Protocol)：负责将 TLS 承载的应用数据传达给通信对象使用的协议，即 TLS 记录层的上层协议，包括 HTTP、FTP、SMTP(simple mail transfer protocol，简单邮件传送协议)等应用层协议。应用数据协议内容结构如图 6-8 所示。

表 6-2　错误报警表

错误报警名称	值	级别	描述
unexpected_message	10	致命	接收到一个不符合上下文关系的消息

续表

错误报警名称	值	级别	描述
bad record mac	20	致命	MAC 校验错误或解密错误
decryption_failed	21	致命	解密失败
record_overflow	22	致命	报文过长
decompression_failure	30	致命	解压缩失败
handshake_failure	40	致命	协商失败
bad_certificate	42		证书被破坏
unsupported_certificate	43		不支持证书类型
certificate_revoked	44		证书被吊销
certificate_expired	45		证书过期或未生效
certificate_unknown	46		未知证书错误
illegal_parameter	47	致命	非法参数
unknown_ca	48	致命	根证书不可信
access denied	49	致命	拒绝访问
decode error	50	致命	消息解码失败
decrypt_error	51		消息解密失败
protocol yersion	70	致命	版本不匹配
insufficient_security	71	致命	安全性不足
internal error	80	致命	内部错误
user_canceled	90	警告	用户取消操作
unsupported_site2site	200	致命	不支持 site2site
no_area	201	致命	没有保护域
unsupported_areatype	202		不支持的保护域类型
bad ibeparam	203	致命	接收到一个无效的 IBC 公共参数
unsupported_ibeparam	204	致命	不支持 IBE 公共参数中定义的信息
identity need	205	致命	缺少对方的 IBC 标识

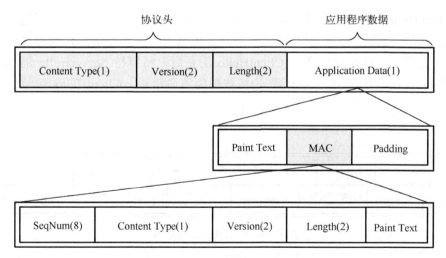

图 6-8 应用数据协议内容结构

　　TLS 协议一般使用 MAC-then-Encrypt 模式,即首先计算"序列号、内容类型、版本号、数据长度、原始数据"的摘要,将摘要拼接到数据后,并按照 PKCS 7 格式对"原始数据、摘要数据"进行填充,使其和加密块大小一致,最后对填充后的数据块进行加密。

　　应用程序数据消息的最大长度限制为 2^{14} 字节 + 2048 字节,当超过长度后,数据需要分段传输,每段都单独进行摘要计算与加密。

　　TLS 1.2 协议的工作过程分为握手和记录。

1) TLS 握手

　　客户端和服务器开始通信时,执行 TLS 握手来协商参数并建立安全连接,包括身份验证、密钥协商和加密参数协商等工作,完整的握手过程也称为 2-RTT(round-trip time,往返时延)过程,即完整的握手过程需要客户端(TLS Client)和服务端(TLS Server)交互 2 次才能完成,详细步骤如图 6-9 所示。

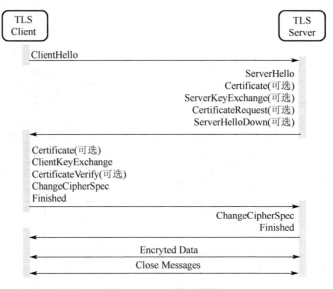

图 6-9　TLS 握手过程

　　(1) ClientHello:客户端发送可用版本号、客户端随机数、会话 ID、可用的密码套件清单、可用的压缩方式清单和扩展字段等信息给服务器。其中客户端随机数由客户端生成,用来生成对称密钥。客户端发送完 ClientHello 消息后,将等待 ServerHello 消息,服务端返回的任何其他消息(HelloRequest 除外)将被视为致命错误。ClientHello 包结构如图 6-10 所示。

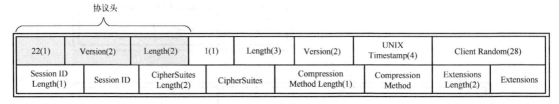

图 6-10　ClientHello 包结构

① 客户端版本号：客户端支持的最新 TLS 版本号，服务端会根据该协议版本号进行协议协商。

② 32 位随机数：由客户端生成，前 4 位是 UNIX Timestamp(时间戳)，为自 1970 年 1 月 1 日 00:00 以来的秒数，后 28 位为一个随机数。

③ 会话 ID：表示客户端在连接时使用的会话标识，一般由服务端定义，新的连接中服务端返回的会话 ID 可能与客户端不一致。

④ 密码套件：客户端支持的各种密码算法组合，服务端会根据支持的算法在 ServerHello 中返回一个最合适的算法组合。注意，密码套件的格式为"TLS_密钥交换算法_身份认证算法_WITH_对称加密算法_消息摘要算法"，例如，TLS_DHE_RSA_WITH_AES_256_CBC_SHA256 表示密钥交换算法是 DHE，身份认证算法是 RSA，对称加密算法是 AES_256_CBC，消息摘要算法是 SHA-256。

⑤ 压缩方式：客户端支持的各种压缩算法，但 TLS 1.2 的压缩存在安全漏洞，因此在 TLS 1.3 中已经将压缩功能去除，且在 TLS 1.2 中也不建议启用压缩功能。

⑥ 扩展字段：在不改变底层协议的情况下，可添加附加功能，客户端使用扩展字段请求其他功能，若服务端不提供这些功能，客户端可能会中止握手。

(2) ServerHello：服务端收到客户端信息后，会根据客户端提供的密码套件选定双方都能够支持的版本号、服务端随机数、会话 ID、密码套件清单、压缩方式清单和扩展字段等信息返回给客户端。其中服务端随机数由服务端生成，用来生成对称密钥。若服务端不能找到一个合适的密码套件匹配项，则会响应握手失败的报警消息。ServerHello 包结构如图 6-11 所示。

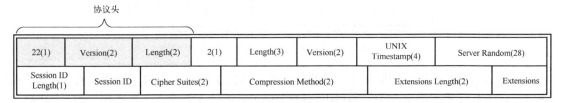

图 6-11　ServerHello 包结构

① 版本号：根据客户端发送的版本号返回一个服务端支持的最高版本号。若客户端不支持服务端选择的版本号，则客户端会发送 protocol_version 警报并关闭连接。

② 32 位随机数：由服务端生成，方式和客户端一致。服务端生成的随机数可以有效地防范中间人攻击，如重放攻击。

③ 会话 ID：表示服务端在连接时使用的会话标识，若客户端提供了会话 ID，则可以校验是否与历史会话匹配，若不匹配，则服务端可以选择直接使用客户端的会话 ID 或根据自定义规则生成一个新的的会话 ID；若匹配，则本次会话为重用会话。

④ 密码套件：服务端根据客户端提供的密码套件列表和自己当前支持加密算法进行匹配，选择一个最合适的组合；若没有匹配项，则使用默认的 TLS_RSA_WITH_AES_128_CBC_SHA。

⑤ 压缩方式：服务端支持的各种压缩算法。

⑥ 扩展字段：服务端需要支持接收具有扩展和没有扩展的 ClientHello。服务端响应的扩展类型必须是 ClientHello 中出现过的，否则客户端必须响应 unsupported_extension 严重警告并中断握手。

(3) Certificate(可选)：服务器端发送自己的证书清单(X.509v3 格式且服务端的证书必须排列在第一位)，因为证书可能是层级结构的，所以除服务器自己的证书外，还需要发送为服务器签名的证书。Certificate 包结构如图 6-12 所示。

图 6-12　Certificate 包结构

(4) ServerKeyExchange(可选)：如果 Certificate 提供的证书信息不足，则用该消息来构建加密通道。其内容可能包含两种形式：RSA 协议构建公钥密码的参数或 Diff-Hellman 密钥交换协议换的参数。

(5) CertificateRequest(可选)：如果选择双向验证，服务器端向客户端请求客户端证书清单以及证书机构名称清单。

(6) ServerHelloDone：服务器端通知客户端初始协商结束，然后等待接收客户端握手消息。ServerHelloDone 包结构如图 6-13 所示。

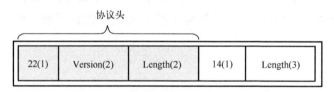

图 6-13　ServerHelloDone 包结构

(7) Certificate(可选)：如果选择双向验证，客户端向服务器端发送客户端证书。若客户端无法提供证书，也要发送此消息，消息内容可以不包含证书。Certificate 包结构如图 6-14 所示。

图 6-14　Certificate 包结构

(8) ClientKeyExchange：在 RSA 模式情况下，客户端将根据客户端生成的 32 位随机数和服务端生成的 32 位随机数生成 48 位预主密码，通过公钥进行加密，返送给服务端；在 Diff-Hellman 密钥交换协议模式下，客户端发送自己生成 DH 密钥所使用的公开参数，服务端可以根据这个值计算出预主密码。预主密码用来产生主密钥，主密钥则用来生成对称密码密钥、消息认证码密钥和对称密码 CBC(ciphey block chaining，密码块链接)模式所使用的初始化向量。ClientKeyExchange 包结构如图 6-15 所示。

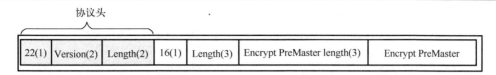

图 6-15 ClientKeyExchange 包结构

(9) CertificateVerify(可选)：如果选择双向验证，客户端用本地私钥生成数字签名，并发送给服务器端，让其通过客户端公钥进行身份验证。CertificateVerify 包结构如图 6-16 所示。

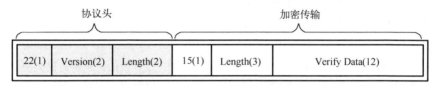

图 6-16 CertificateVerify 包结构

(10) ChangeCipherSpec：密码规格变更协议的消息，表示后面的消息将会用前面协商好的密钥进行加密。

(11) Finished：握手结束，客户端做好加密通信的准备。

(12) ChangeCipherSpec：服务器端通知客户端已将通信方式切换到加密模式。

(13) Finished：握手结束，服务器做好加密通信的准备。

(14) Encrypted/Data：双方使用会话密钥，对通信内容进行加密。

(15) CloseMessages：通话结束后，任一方发出断开 TLS 连接的消息。

2) TLS 记录

当客户端和服务端握手成功后，待传输的应用数据将通过记录层协议封装，并得到保密性和完整性保护。如图 6-17 所示，此过程中，消息数据将会被分段、压缩，计算其消息验证码并添加在数据尾部(图中 M)，使用对称密码进行加密，得到密文后附加类型、版本和长度等其他信息，作为 SSL 记录报头添加在头部(图中 H)，组成最后的报文数据。

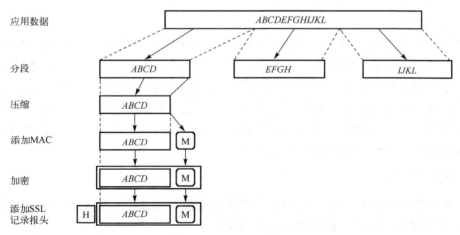

图 6-17 TLS 记录协议

(1) 分段：记录层将数据分成 2^{14} 字节或者更小的片段，每个片段结构如下：

```
struct {
ContentType type;                          //片段的记录层协议类型
ProtocolVersion version;                    //所用协议的版本号
uint16 length;                              //以字节为单位的片段长度,小于或等于 2^14
opaque fragment[TLSPlaintext.length];      //将传输的数据,不关心具体数据内容
} TLSPlaintext;
```

(2) 压缩：所有的记录都使用当前会话状态指定的压缩算法进行压缩。压缩算法将 TLSPlaintext 结构的数据转换成 TLSCompressed 结构的数据，压缩后的数据长度最多只能增加 1024 字节。压缩后的数据结构如下：

```
struct {
    ContentType type;                          //片段的记录层协议类型
    ProtocolVersion version;                    //所用协议的版本号
    uint16 length;   //TLSCompressed.fragment 长度,小于或等于 2^14+1024
    opaque fragment[TLSCompressed.length];   //TLSPlaintext.fragment 的压缩形式
} TLSCompressed;
```

(3) 加密：加密运算和校验运算把一个 TLSCompressed 结构的数据转化为一个 TLSCiphertext 结构的数据。加密后数据结构如下：

```
struct {
    ContentType type;                          //片段的记录层协议类型
    ProtocolVersion version;                    //所用协议的版本号
    uint16 length;   //TLSCiphertext.fragment 长度,小于或等于 2^14+2048
    select (SecurityParameters.cipher_type) {
        case stream: GenericStreamCipher;
        case block:  GenericBlockCipher;
        case aead:   GenericAEADCipher;
    } fragment;         //带有校验码的 TLSCompressed.fragment 加密形式
} TLSCiphertext;
```

3) 会话重用

如果客户端和服务端决定重用之前的会话，可不必重新协商安全参数，客户端发送 ClientHello 消息，并带上要重用的会话 ID。如果服务端有匹配的会话，则服务端使用相应的会话状态接受连接，发送一个具有相同会话 ID 的 ServerHello 消息，然后客户端和服务端各自发送密码规格变更消息和握手结束消息，至此握手过程结束，服务端和客户端可以开始数据安全传输；如果服务端没有匹配的会话 ID，服务端会生成一个新的会话 ID 执行一个完整的握手过程。此过程如图 6-18 所示。

2. TLS 1.2 的主要特性

(1) 更强的加密算法支持：TLS 1.2 支持更安全的加密算法，如 AES-GCM 加密算法和 SHA-256 散列算法，提供了更高级别的数据保护。

(2) 抵抗已知的安全漏洞：TLS 1.2 对已知的安全漏洞和攻击进行了修复和改进，如 BEAST 攻击和 CRIME 攻击，增强了协议的安全性。

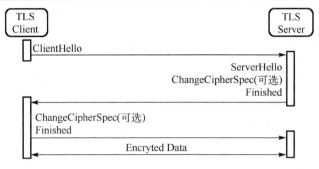

图 6-18 会话重用过程

(3) 更灵活的密钥协商算法：TLS 1.2 引入了更安全的密钥交换算法，如 ECDHE (elliptic curve Diffie-Hellman ephemeral，椭圆曲线迪菲-赫尔曼临时密钥交换)和 DHE (Diffie-Hellman ephemeral，迪菲-赫尔曼临时密钥交换)，提供了更强的密钥保护能力。

(4) 增加新特性支持：TLS 1.2 引入了一些新的特性和扩展机制，如 Session Ticket 扩展和 Heartbeat 扩展等，提供了更丰富和灵活的功能。

6.1.3 TLS 1.3 协议

针对目前已知的安全威胁，IETF 于 2018 年制定了 TLS 1.3 新标准，其主要的改进如下：

(1) 引入了新的密钥协商机制 PSK(pre-shared key，预共享密钥)；

(2) 支持 1-RTT 握手，并初步支持 0-RTT，在建立连接时节省了往返时间；

(3) 放弃许多不安全或过时特性，包括非 AEAD(authenticated encryption with associated data，关联数据的认证加密)密码本、静态 RSA 和静态 DH 密钥交换、自定义 DHE 分组、EC 点格式协商、更改密码规范协议、Hello 消息的 UNIX 时间戳，以及将长度字段 AD 输入到 AEAD 密码本；

(4) 废弃了 3DES、RC4、AES-CBC 等加密组件，废弃了 SHA-1、MD5 等哈希算法，禁止用于向后兼容的 SSL 和 RC4 协商；

(5) 添加 Ed25519 和 Ed448 数字签名算法，添加 X25519 和 X448 密钥交换协议，添加带有 Poly1305 消息验证码的 ChaCha20 流加密；

(6) 通过在执行(EC)DH 密钥协议期间使用临时密钥来保证完善的前向安全性；

(7) 对 ServerHello 后的所有握手消息采取加密操作，减少可见明文量；

(8) 不再允许对加密报文进行压缩，不再允许双方发起重协商。

TLS 1.3 的结构较 TLS 1.2 有所更改，如图 6-19 所示，删除了之前的密码规格变更协议(Change Cipher Spec Protocol)和应用数据协议(Application Data Protocol)。

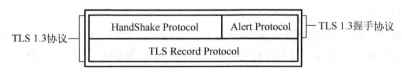

图 6-19 TLS 1.3 结构

新的结构有两层，上层是握手协议(HandShake Protocol)和警告协议(Alert Protocol)，负责协商使用的 TLS 版本、加密算法、哈希算法、密钥材料和其他与通信过程有关的信息，对服务器进行身份认证，对客户端进行可选的身份认证，最后对整个握手阶段信息进行完整性校验以防范中间人攻击，是整个 TLS 协议的核心。

下层是 TLS 记录协议(TLS Record Protocol)，负责对接收到的报文进行加/解密，将其分片为合适的长度后转发给其他协议层。

TLS 1.3 与以前的版本相比具有两个优势，分别是更快的访问速度和更强的安全性。

(1) TLS 1.3 中的 TLS 握手只需要一次往返，相比 TLS 1.2 的两次往返握手时间减半，如图 6-20 所示，其工作过程如下。

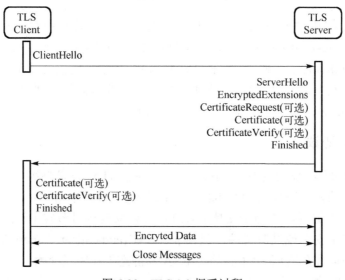

图 6-20　　TLS 1.3 握手过程

ClientHello：包含有关密钥协商以及其他与 TLS 连接建立有关的扩展数据，如支持的 TLS 版本、支持的密码套件、支持的椭圆曲线类型以及对应的公共参数等，且对每个支持的椭圆曲线类型计算公钥(即 POINT)，公钥会放在 extension 的 keyshare 字段中。如果使用预共享密钥模式，则还要包含预共享密钥(PSK)。

ServerHello：将包含有关密钥协商的扩展返还给客户端，如选中的 TLS 版本号、选中的椭圆曲线以及自己计算出的公钥等。提取 ClientHello 的 keyshare 字段中对应的客户端公钥，计算出主密钥，此后握手阶段的信息受该密钥保护。

EncyptedExtensions(已加密)：包含给客户端的其他与密钥协商无关的扩展数据，且自此后的消息全都是加密的。

CertificateRequest(可选)：若需对客户端身份进行认证，服务端需要发送证书请求报文来请求客户端的证书。

Certificate(可选)：如果使用公钥证书进行身份认证，则服务端发送自己的证书信息。

CertificateVerify(可选)：使用自己的证书私钥对之前的报文进行 HMAC(Hash-based message authentication code，基于哈希的消息认证码)签名，证明自己持有该证书。

Finished：表明服务端到客户端信道的握手阶段结束，理论上不得再由该信道发送任何握手报文。

　　Certificate(可选)：如果客户端收到了服务端的 CertificateRequest 报文，则需返回自己的证书。

　　CertificateVerify(可选)：客户端使用自己的证书私钥对之前的报文进行 HMAC 签名，证明自己持有该证书。

　　Finished：表明握手阶段结束，可以正式开始会话通信。

　　Encrypted Data：双方使用会话密钥，对通话内容进行加密。

　　CloseMessages：通话结束后，任一方发出断开 TLS 连接的消息。

　　所有握手阶段的报文都由记录协议加解密、分片、填充、转发。在此过程中如果发生错误，则其会发送一个警告报文，转交给警告协议层进行错误处理。

　　(2) TLS 1.3 在执行(EC)DH 密钥协议期间使用临时密钥，保证了完善的前向安全性，并删除了之前版本不安全的加密算法，部分删除的算法如表 6-3 所示。

表 6-3　部分删除的算法

删除的算法	原因
RSA 密钥传输	不支持前向安全性
CBC 模式密码	易受 BEAST 和 Lucky 13 攻击
RC4 流密码	在 HTTPS 中使用不安全
SHA-1 哈希函数	使用 SHA-2 替换
任意 Diffie-Hellman 组	CVE-2016-0701 漏洞
输出密码	易受 FREAK 和 LogJam 攻击

　　(3) TLS 1.3 的新会话重用机制。

　　PSK 是一种需要一定满足条件的身份认证机制，主要作用有三点：①提高身份认证的速度；②取代会话 ID 进行会话重用；③实现 0-RTT 握手。

　　PSK 和(EC)DHE 密钥交换是 TLS 1.3 的主要密钥交换算法，两者可以一起使用，提供更强的安全性。PSK 也可以单独使用，实现 TLS 1.3 的会话重用以及 0-RTT 握手。

　　TLS 1.3 实现了 1-RTT，并初步实现 0-RTT，初次交互时由于双方没有 PSK，所以仍需一次往返的握手操作，但当双方都持有 PSK 时，复用连接操作缩短至 0-RTT。

　　TLS 握手结束后，服务端可以发送一个 NST(new_session_ticket，新会话票据)报文给客户端，该报文中记录 PSK 值、名字和有效期等信息，双方下一次建立连接可以使用该 PSK 值作为初始密钥材料。

　　如果服务端通过 PSK 方式进行认证，就不再发送证书或证书验证消息，当客户端通过 PSK 复用连接时，应该向服务端提供一个 key_share 扩展放在扩展字段，同时允许服务端拒绝连接复用，且在需要时回退到完整握手。

　　在 RFC(request for comments，征求意见稿)的标准中，pre_shared_key(PSK)的主要使用流程如图 6-21 所示。

　　目前 TLS 1.2 仍是主流，但随着各个厂商的更新与适配，TLS 1.3 的支持度正在快速上涨，如图 6-22 所示。

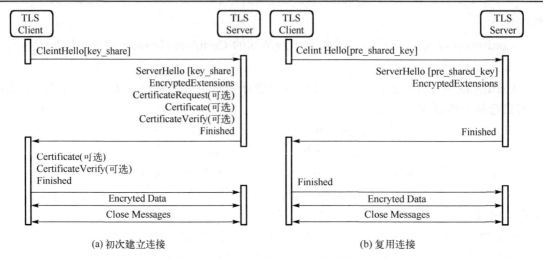

(a) 初次建立连接　　　　　　　　　　　　　(b) 复用连接

图 6-21　使用 PSK 机制实现会话重用

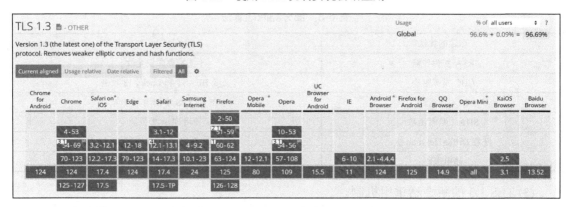

图 6-22　TLS 1.3 支持状况

6.1.4　国密 TLCP

1. 国密 TLCP 发展历程

TLCP 采用 SM 国密算法和数字证书等密码技术保障传输层的机密性、完整性、身份认证和抗攻击。该协议前身是定义在《SSL VPN 技术规范》(GM/T 0024—2014)中的国密 SSL(GMSSL)协议，经过修订部分规则后形成新国标《信息安全技术　传输层密码协议(TLCP)》(GB/T 38636—2020)，于 2020 年 4 月发布，2020 年 11 月实施。新国标规定了传输层密码协议，包括记录协议、握手协议族和密钥计算，同时也适用于传输层密码协议相关产品的研制。

国密浏览器(如 360 安全浏览器)在 2020 年支持了 TLCP，奇安信可信浏览器在 2021 年也支持了 TLCP。国密服务器和网关端也积极跟进了对 TLCP 的支持，比如，GMSSL 项目实现了 Nginx、Apache、Tomcat、Netty、SpringBoot 的 TLCP 支持。国密 SSL 上升为国标，意义重大，为等级保护和密码评测提供了更好的标准支撑，同时也为产品网络和行业普及指明了目标和方向。

国际规范方面,IETF 制定了 RFC 8998 标准,增加了基于 SM2 单证书实现的国密算法套 TLS_SM4_GCM_SM3 和 TLS_SM4_CCM_SM3。但 RFC 8998 仅是一个信息类文档,并非 Standards Track,因此国际主流浏览器不支持国密 SSL,国际主流 Web 服务器不支持国密 SSL,国际主流的 CA 和证书体系也不支持国密算法。

2. 国密 TLCP 的特点

密码算法是安全协议的核心和基础,为确保国家信息安全,国内的 HTTPS 和 SSL VPN 等相关协议和产品不能直接采用国际 TLS 标准及其密码算法,因此需要一个国密版的类 SSL 协议,简称国密 SSL。最早国密 SSL 作为密码行业标准存在,并非独立的协议标准,定义在 SSL VPN 产品的技术规范里,即 GM/T 0024—2014。国密 SSL 协议内容参照 TLS 1.1 协议,整个协议握手和加密过程基本一致,但和 TLS 1.1 并不兼容,主要区别在于以下方面。

(1) 协议版本号:TLS 协议版本号为 0x0301、0x0302、0x0303,分别表示 TLS 1.0、1.1 和 1.2,而国密 SSL 协议版本号为 0x0101。

国密 SSL 前向安全密码套件

(2) 支持的密码套件:其采用的主要是 SM1/SM2/SM3/SM4/SM9 算法,不同于 TLS 采用的国际密码算法。国密 SSL 定义了很多使用国产商用密码算法的密码套件,如表 6-4 所示。

表 6-4 国密 SSL 定义的多个密码套件

名称	密钥交换	加密	效验	值
ECDHE_SM4_CBC_SM3	ECDHE	SM4_CBC	SM3	{0xe0,0x11}
ECDHE_SM4_GCM_SM3	ECDHE	SM4_GCM	SM3	{0xe0,0x51}
ECC_SM4_CBC_SM3	ECC	SM4_CBC	SM3	{0xe0,0x13}
ECC_SM4_GCM_SM3	ECC	SM4_GCM	SM3	{0xe0.0x53]
IBSDH_SM4_CBC_SM3	IBSDH	SM4_CBC	SM3	{0xe0,0x15}
IBSDH_SM4_GCM_SM3	IBSDH	SM4_GCM	SM3	{0xe0,0x55}
IBC_SM4_CBC_SM3	IBC	SM4_CBC	SM3	{0xe0,0x17}
IBC_SM4_GCM_SM3	IBC	SM4_GCM	SM3	{0xe0,0x57}
RSA_SM4_CBC_SM3	RSA	SM4_CBC	SM3	{0xe0,0x19}
RSA_SM4_GCM_SM3	RSA	SM4_GCM	SM3	{0xe0,0x59}
RSA_SM4_CBC_SHA256	RSA	SM4_CBC	SHA256	{0xe0,0x1c}
RSA_SM4_GCM_SHA256	RSA	SM4_GCM	SHA256	{0xe0,0x5a}

(3) 双证书体系:其引入了 SM2 双证书体系,包一个签名证书和一个加密证书。

(4) 握手协议算法不同:国密规范下 PRF(pseudo-random function,伪随机函数)算法由 SHA 256 等更改为 SM3,Finished 报文中的 Hash 运算由 SHA 256 等更改为 SM3,Certificate 报文发送证书时需要发送签名证书和加密证书两种证书。

(5) 记录协议不同:国密规范下计算 MAC 时采用 SM3 算法,加密时用 SM4 算法。

此外,国密 SSL 还支持网关到网关协议,它们的主要区别如表 6-5 所示。

表 6-5　国密 SSL 和国际 TLS 区别

对比项	国密 SSL 协议	国际 TLS 协议
算法套件	国密 SM 系列算法	国际通用密码算法
协议版本号	0x0101	0x0303
Certificate 报文	双证书	单证书
网关到网关协议	支持	不支持

国密 TLCP 在国密 SSL 基础上进行部分修订，并基本兼容 GM/T 0024—2014 SSL，其区别如表 6-6 所示。

表 6-6　国密 TLCP 和国密 SSL 区别

对比项	GM/T 0024—2014(GMSSL)	GB/T 38636—2020(TLCP)
用途	主要用于 SSL 虚拟私有网络产品的研制，也可以指导 SSL 虚拟私有网络产品的监测、管理和使用	适用于传输层密码协议相关产品(如 SSL 虚拟私有网络网关、浏览器等)的研制，也可以用于指导传输层密码协议相关产品的监测、管理和使用
算法	支持国密 SM1、SM2、SM3、SM4、SM9，对称加密加密模式仅支持 CBC 模式	支持国密 SM2、SM3、SM4、SM9，对称加密加密模式仅支持 GCM、CBC 模式
协议	记录层协议、握手协议族、密钥计算、网关-网关协议	记录层协议、握手协议族、密钥计算
修订		去掉了涉及 SM1 和 RSA 的密码套件，删除了 SHA1 密码套件，增加了 GCM 的密码套件 ECC_SM4_GCM _SM3 和 ECDHE_SM4_GCM_SM3

国密 SSL
握手协议
工作流程

3. TLCP 协议工作原理

1) 握手协议工作过程

TLCP 握手过程如图 6-23 所示。

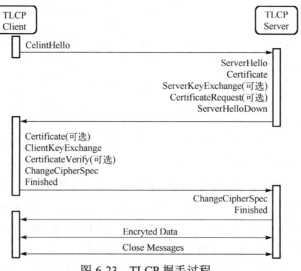

图 6-23　TLCP 握手过程

客户端发送 ClientHello 消息给服务端，服务端应回应 ServerHello 消息，否则产生一个致命错误并且断开连接。ClientHello 和 ServerHello 用于客户端和服务端基于 SM2、RSA

或 IBC(identity-based cryptography，基于身份的密码体制)协商密码算法，以及确定安全传输能力，包括协议版本、会话标识、密码套件等属性，并产生和交换随机数。

在 ClientHello 和 ServerHello 之后是身份验证和密钥交换过程，包括服务端证书、服务端密钥交换，客户端证书、客户端密钥交换。

服务端发送完 ServerHello 消息后，发送自己的证书消息(Certificate)，以及服务端密钥交换消息(ServerKeyExchange)。如果需要验证客户端的身份，则向客户端发送证书请求消息(CertificateRequest)。最后服务端发送 Hello 消息阶段完成消息(ServerHelloDown)，表示 Hello 消息阶段已经结束，并等待客户端的返回消息。

如果客户端收到证书请求消息，则应返回自己的证书消息，以及一个带数字签名的证书验证消息(CertificateVerify)供服务端验证客户端的身份。然后客户端发送密钥交换消息(ClientKeyExchange)，消息内容取决于 ClientHello 和 ServerHello 协商出的密钥交换算法。

接着客户端发送密码规格变更消息(ChangeCipherSpec)，之后使用刚协商的算法和密钥，加密并发送握手结束消息。服务端则回应密码规格变更消息，也使用刚协商的算法和密钥，加密并发送握手结束消息。至此握手过程结束，服务端和客户端可以开始数据安全传输。

2) 协议包详解

(1) ClientHello：握手协议的第一条消息。客户端在发送 ClientHello 消息之后，等待服务端回应 ServerHello 消息。其中包含以下字段。

① client_version：客户端在这个会话中使用的协议版本。

② random：客户端产生的随机信息，其内容包括时钟和随机数，gmt_unix_time 为标准 UNIX 32 位格式表示的发送方时钟，其值为从格林尼治时间的 1970 年 1 月 1 日 00:00 到当前时间的秒数。

③ session_id：通信中使用的会话标识，是一个可变长字段，其值由服务端决定。如果没有可重用的会话标识或希望协商安全参数，该字段应为空，否则表示客户端希望重用该会话。

④ cipher_suites：客户端所支持的密码套件列表，客户端应按照密码套件使用的优先级顺序排列。如果会话标识字段不为空，本字段应至少包含希望重用的会话之前所使用的密码套件。一个密码套件包括密钥交换算法、加密算法和密钥长度，以及校验算法。服务端将在密码套件列表中选择一个与之匹配的密码套件，如果没有可匹配的密码套件，应返回握手失败报警消息 handshake_failure 并且关闭连接。

⑤ compression_methods：客户端所支持的压缩算法列表，客户端应按照压缩算法使用的优先级顺序排列，服务端将在压缩算法列表中选择一个与之匹配的压缩算法。

(2) ServerHello：服务端从 ClientHello 消息中找到匹配的密码套件，并发送此消息作为对回复。如果找不到匹配的密码套件，服务端将回应 handshake_failure 报警消息。该消息包含以下字段。

① server_version：表示服务端支持的协议版本。

② random：服务端产生的随机数。

③ session_id：服务端使用的会话标识，如果 ClientHello 消息中的会话标识不为空，

且服务端存在匹配的会话标识，则服务端重用该会话，并在回应的 ServerHello 消息中带上与客户端一致的会话标识，否则服务端产生一个新的会话标识，用来建立一个新的会话。

④ cipher_suite：服务端从 ClientHello 消息中选取的一个密码套件。对于重用的会话，本字段存放重用会话使用的密码套件。

⑤ compression_method：服务端从 ClientHello 消息中选取的一个压缩算法，对于重用的会话，本字段存放重用会话使用的压缩算法。

(3) Certificate：服务端应发送一个服务端证书消息(签名证书和加密证书)给客户端，该消息总是紧跟在 ServerHello 消息之后。当选中的密码套件使用 RSA 或 ECC 或 ECDHE 算法时，本消息的内容为服务端的签名证书和加密证书(证书格式为 X.509 v3 且证书类型应适用于已经确定的密钥交换算法)；当选中的密码套件使用 IBC 或 IBSDH(identity-based signature Diffie-Hellman，基于身份标识签名的 Diffie-Hellman)算法时，本消息的内容为服务端标识和 IBC 公共参数,用于客户端与服务端协商 IBC 公共参数。详细对应关系如表6-7所示。

表 6-7　密钥交换算法与证书密钥类型关系表

密钥交换算法	证书密钥类型
RSA	RSA 公钥，应使用加密证书中的公钥
IBC	服务端标识和 IBC 公共参数
IBSDH	服务端标识和 IBC 公共参数
ECC	ECC 公钥，应使用加密证书中的公钥
ECDHE	ECC 公钥，应使用加密证书中的公钥

(4) ServerKeyExchange(可选)：服务端密钥交换消息。本消息传送的信息用于客户端计算产生 48 字节的预主密钥，服务密钥交换算法为 ECDHE、ECC、IBSDH、IBC、RSA 之一。其中包含以下字段。

① ServerECDHEParams：服务端的密钥交换参数，当使用 SM2 算法时，交换的参数见《信息安全技术 SM2 密码算法使用规范》(GB T 35276—2017)，其中服务端的公钥不需要交换，客户端直接从服务端的加密证书中获取。

② ServerlBSDHParams：使用 IBSDH 算法时，服务端的密钥交换参数，密钥交换参数格式参见 SM9 算法。

③ ServerlBCParams：使用 IBC 算法时，服务器的密钥交换参数，密钥交换参数格式参见 SM9 算法。

④ IBCEncryptionKey：使用 IBC 算法时，服务端的加密公钥，长度为 1024 字节。

⑤ signed_params：当密钥交换方式为 ECDHE、IBSDH 和 IBC 时，signed_params 是服务端对双方随机数和服务端密钥交换参数的签名；当密钥交换方式为 ECC 和 RSA 时，singed_params 是服务端对双方随机数和服务端加密证书的签名。

(5) CertificateRequest(可选)：证书请求消息，如果服务端要求认证客户端，则应发送此消息，要求客户端发送自己的证书。该消息紧跟在服务端密钥交换消息之后。

(6) ServerHelloDone：表示握手过程的 Hello 消息阶段完成，发送完该消息后服务端会等待客户端的响应消息。客户端接收到服务端的 Hello 消息阶段完成消息之后，应验证服务端证书是否有效，并检验服务端的 Hello 消息参数是否可以接收，如果可以接收，客户端继续握手过程，否则发送一个 Handshake failure 致命级别报警消息。

(7) ClientCertificate(可选)：客户端证书消息，如果服务端请求客户端证书，客户端要随后发送本消息。如果协商的密码套件使用 IBC 或 IBSDH 算法，此消息的内容为客户端标识和 IBC 公共参数，用于客户端与服务端协商 IBC 公开参数。

(8) ClientKeyExchange：客户端密钥交换消息，如果服务端请求客户端证书，本消息紧跟于客户端证书消息之后，否则本消息是客户端接收到 ServerHello 消息阶段完成消息后所发送的第一条消息。如果密钥交换算法使用 IBC 算法、RSA 算法、ECC 算法，则本消息中包含预主密钥，该预主密钥由客户端产生，采用服务端的加密公钥进行加密。当服务端收到加密后的预主密钥后，利用相应的私钥进行解密，获取所述预主密钥的明文。如果是 IBC 算法，客户端利用获取的服务端标识和 IBC 公开参数，产生服务端公钥；如果是 RSA 算法，建议使用 PKCS#1 版本 1.5 对 RSA 加密后的密文进行编码；如果密钥交换算法使用 ECDHE 算法或 IBSDH 算法，本消息中包含计算预主密钥的客户端密钥交换参数。具体参数消息包含以下几项。

① ClientECDHEParams：使用 ECDHE 算法时，客户端的密钥交换参数，且要求客户端发送证书。

② ClientIBSDHParams：使用 IBSDH 算法时，客户端的密钥交换参数。

③ ECCEncryptedPreMasterSecret：使用 ECC 加密算法时，用服务端加密公钥加密的预主密钥。

④ IBCEncryptedPreMasterSecret：使用 IBC 加密算法时，用服务端公钥加密的预主密钥。

⑤ RSAEncryptedPreMasterSecret：使用 RSA 加密算法时，用服务端加密公钥加密的预主密钥。

(9) CertificateVerify(可选)：证书校验消息，用于鉴别客户端是否为证书的合法持有者，服务端只有在接收到 Client Certificate 消息时才发送此消息，紧跟于客户端密钥交换消息之后。

(10) ChangeCipherSpec：密码规格变更协议的消息，表示后面的消息将会用前面协商好的密钥进行加密。

(11) Finished：握手结束，客户端做好加密通信的准备。

(12) ChangeCipherSpec：服务端通知客户端已将通信方式切换到加密模式。

(13) Finished：握手结束，服务端做好加密通信的准备。

(14) Encrypted Data：双方使用会话密钥，对通话内容进行加密。

(15) CloseMessages：通话结束后，任一方发出断开 TLCP 连接的消息。

3) 密钥计算

(1) 预主密钥：其数据结构如下。

```
struct {
ProtocolVersion client_version;    //客户端所支持的版本号，服务端要检查这个值是
                                     否跟 ClientHello 消息中所发送的值相匹配
opaque random[46];                 //46 字节的随机数
} PreMasterSecret;
```

(2) 主密钥：由 48 字节组成，由预主密钥、客户端随机数、服务端随机数、常量字符串经 PRF 计算生成。计算方法如下。

```
master_secret = PRF(pre_master_secret, "master secret",
Client Hello.random + ServerHello.random)[0..47]
```

(3) 工作密钥：包括校验密钥和加密密钥，具体密钥长度由选用的密码算法决定。其由主密钥、客户端随机数、服务端随机数、常量字符串，经 PRF 计算生成。计算方法如下。

```
key_block = PRF(SecurityParameters.master_secret, "key expansion",
SecurityParameters.server_random + SecurityParameters.client_random)
```

直到生成所需长度的输出，然后按顺序分割得到所需的密钥：

```
client_write_MAC_secret[SecurityParameters.hash_size]
server_write_MAC_secret[SecurityParameters.hash_size]
client_write_key[SecurityParameters.key_material_length]
server_write_key[SecurityParameters.key_material_length]
client_write_IV[SecurityParameters.fixed_iv_length]
server_write_IV[SecurityParameters.fixed_iv_length]
```

6.1.5 传输层协议产品应用

本节介绍三种常见的传输层安全应用，即安全认证网关、SSL VPN 网关和国密浏览器，以便读者了解国密协议在传输层产品中的应用情况。

1. 安全认证网关

1) 需要安全认证网关的原因

安全认证网关(secure authentication gateway)是一种集数据传输加密、身份鉴别和用户行为审计等功能于一体的网络安全设备，通常用于管理和控制用户对网络资源的访问权限，确保资源的安全与合规访问，是防止未授权访问、恶意软件侵害和攻击，并建立安全与可靠的网络环境的关键技术之一，其具体的应用场景如图 6-24 所示。

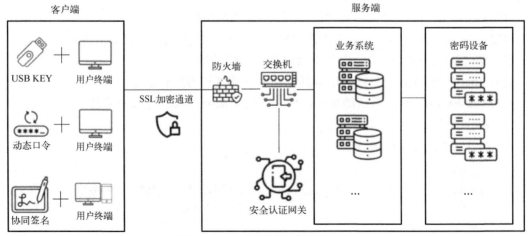

图 6-24 安全认证网关应用场景

当前市面上主流的服务端和认证端应用对国密 SSL/国密 IPSec 的支持度有限，导致企业使用国密 SSL/国密 IPSec 进行应用网络设计和实现变得困难。而安全认证网关作为网络门户，可以方便地与外部进行基于国密 SSL 的交互，再反向代理到内网之中的服务器应用，实现国密 SSL/国密 IPSec 协议。具体实现基于国密 SSL 的 HTTPS 协议的方式如图 6-25所示。

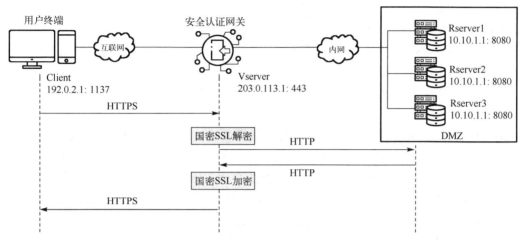

图 6-25　安全认证网关实现基于国密 SSL 的 HTTPS

2) 安全认证网关功能

我国现行的安全认证网关规范为《安全认证网关产品规范》(GM/T 0026—2023)，规范中要求网关采用数字证书为应用系统提供用户管理、身份鉴别、访问控制、会话管理、安全审计、传输加密、防火墙和安全策略执行等服务。图 6-26 为数字认证(BJCA)公司推出的符合国标的安全认证网关产品功能架构。

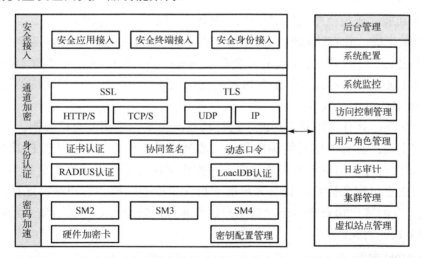

图 6-26　数字认证公司推出的符合国标的安全认证网关产品功能架构

(1) 用户管理：可以对访问的用户进行管理，能对需要访问系统的相关用户进行增删改查、从其他身份管理系统同步证书用户的信息、对用户进行一定程度的角色分组，或者按照组织机构进行管理。

(2) 身份鉴别：提供基于数字证书的方式来进行用户身份鉴别，确保用户是合法的、经过授权的网络用户。安全认证网关产品的身份鉴别应遵循《信息技术　安全技术　实体鉴别　第 3 部分：采用数字签名技术的机制》(GB/T 15843.3)。当安全认证网关使用代理模式时：

① 对于遵循 IPSec 协议的安全认证网关，在 IKE 协商阶段鉴别最终用户的证书及签名，并进行证书吊销列表(CRL)的检查；

② 对于遵循 SSL 协议的安全认证网关，在每次 SSL 握手时，鉴别最终用户的证书及签名，并进行 CRL 的检查；

③ 当安全认证网关使用调用模式时，网关应在被调用时鉴别最终用户的证书及签名，并进行 CRL 的检查。

(3) 访问控制：负责管理和控制用户对网络资源的访问权限，包括对特定资源的访问、操作和修改权限等，可以根据用户身份、角色、组织归属等因素进行细粒度的访问控制。

(4) 会话管理：管理用户与网络资源之间的会话，跟踪用户的活动和行为，并确保会话的安全性和完整性，通常包括会话建立、维护、终止等功能，同时需要支持 NAT(network address translation，网络地址转换)穿越、单点登录。

(5) 安全审计：记录和审计用户的访问行为，能够将用户对系统的访问进行详细记录，记录信息包括时间、用户 IP、用户证书信息、事件类型、访问资源、上传流量、下载流量、访问结果、错误原因、成功和失败标识等。

(6) 防火墙和安全策略执行：集成防火墙、入侵检测和防御系统等安全功能，执行安全策略和规则，防止恶意攻击和网络威胁的发生。

(7) 传输加密：提供加密和数据保护功能，确保敏感数据在传输过程中的安全性和机密性，防止数据泄露和篡改。

(8) 其他功能：该规范中也定义了生产安全认证网关产品的相关要求。

① 随机数生成：具有随机数生成功能，其随机数应由多路硬件噪声源产生。

② 工作模式：遵循 IPSec 协议的安全认证网关产品的工作模式应遵循《IPSec VPN 技术规范》(GM/T 0022—2023)。遵循 SSL 协议的安全认证网关产品工作模式应遵循《SSL VPN 技术规范》(GM/T 0024—2024)。

③ 密钥交换：具有密钥交换功能，通过协商产生工作密钥及会话密钥。

④ 密钥更新：具有根据时间周期和报文流量两种条件进行密钥更新的功能，其中根据时间周期条件进行密钥更新为必备功能，根据报文流量条件进行密钥更新为可选功能。

⑤ 客户端主机安全检查：具有客户端主机安全检查功能。客户端在连接服务端时，根据服务端下发的客户端安全策略检查用户操作系统的安全性，不符合安全策略的用户将无法使用安全认证网关。

2. SSL VPN 网关

SSL VPN 是采用 SSL/TLS 协议来实现远程接入的一种轻量级 VPN 技术。其充分利用了 SSL 协议提供的基于证书的身份认证、数据加密和消息完整性验证机制，可以为应用层之间的通信建立安全连接。如图 6-27 所示，远程用户使用终端与网关内部的 SSL VPN 服务器建立 SSL VPN 隧道以后，就能安全通过 SSL VPN 隧道远程访问内网的 Web 服务器、文件服务器、邮件服务器以及各类业务与内网服务器等资源。

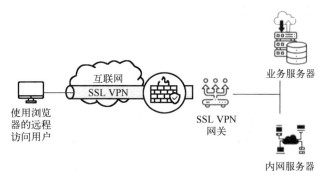

图 6-27　SSL VPN 结构

1) SSL VPN 工作原理

(1) 管理员配置 SSL VPN 网关，在网关上创建与服务器对应的资源。

(2) 远程接入的用户配置相关信息并与 SSL VPN 网关建立基于 SSL/TLS 协议的连接，通过 SSL 提供的基于证书的身份验证功能，SSL VPN 网关和远程接入用户可以验证彼此的身份。

(3) 连接建立成功后，用户可以登录到 SSL VPN 网关的客户端，SSL VPN 网关通过 RADIUS(remote authentication dial in user service，远程用户拨号认证)认证、LDAP 认证、USB KEY 认证、硬件绑定等手段，验证用户的信息是否正确。

(4) 用户成功登录后，在客户端即可访问授权范围内的资源，由 SSL VPN 网关将资源访问请求转发给企业网内的服务器，并完成访问控制，全部交互过程均被加密保护。

2) SSL VPN 和 IPSec VPN 的区别

目前 VPN 产品中主要分 IPSec VPN 和 SSL VPN 两大类，它们的对比如表 6-8 所示。IPSec VPN 是指采用 IPSec 安全技术标准的 VPN，而 SSL VPN 是指使用 SSL/TLS 协议进行认证和数据加密的 VPN。与 IPSec VPN 相比，SSL/TLS 协议广泛内置于各种浏览器中，具有部署简单、维护成本低、网络适应强等特点，且能实现更为精细的资源控制和用户隔离。

表 6-8　SSL VPN 和 IPSec VPN 的区别

对比项	SSL VPN	IPSec VPN
安全性	SSL VPN 利用 SSL/TLS 协议为应用层之间的通信建立安全连接。访问控制细分程度可以达到 URL 或文件级别，大大提高了企业远程接入的安全级别	IPSec 通过数据来源验证、数据加密、数据完整性和抗重放等加密与验证方式，保障了用户业务数据在网络中的安全传输
便捷性	SSL VPN 基于 B/S 架构，无须安装客户端，只需要使用普通的浏览器进行访问，方便易用	IPSec VPN 远程用户终端上需要安装指定的客户端软件，导致网络部署、维护比较麻烦
成本	无须安装额外的客户端软件，支持多种终端设备直接使用 Web 浏览器安全、快捷地访问企业内网资源。管理员配置步骤简单，用户使用浏览器登录即可	受限于客户端软件的兼容性较差、组网部署和维护工作量烦琐，管理成本较高

3) 国密 SSL VPN 网关

国密 SSL VPN 网关遵循《SSL VPN 网关产品规范》(GM/T 0025—2023)标准。由于国密 SSL 和国际 TLS 不兼容，且主流设备支持度较低，因此使用国密 SSL VPN 网关的条件更严格，一般场景如图 6-28 所示。

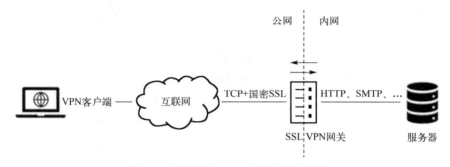

图 6-28　国密 SSL VPN 网络扩展场景

(1) 客户端。

① 使用支持国密 SSL 协议的浏览器，如 360 安全浏览器、密信国密浏览器等，图 6-29 为使用 360 安全浏览器配置国密 SSL VPN 网关的过程。

② 使用支持国密 SSL 协议的移动终端、应用。

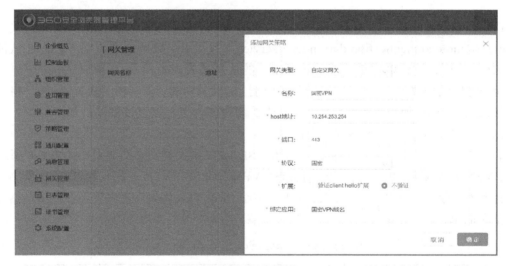

图 6-29　使用 360 安全浏览器配置国密 SSL VPN 网关的过程

(2) 国密 SSL 配置。

① 国密 SSL 使用双证书机制，因此需要提前生成签名密钥对及证书(由硬件安全模块 HSM 生成)和加密密钥对及证书(由 CA 生成并托管)。

② 客户端配置国密 SSL 协议，包括配置支持的密码套件、导入 CA 证书等步骤。

(3) 使用国密 SSL VPN。

① 国密 SSL VPN 网关通过 RADIUS 认证、LDAP 认证、USB KEY 认证、硬件绑定等手段，进行用户身份认证。

② 国密 SSL VPN 网关可以管理网络资源的访问权限，包括对特定资源的访问、操作和修改权限等，其根据用户身份、角色、组织归属等因素进行细粒度的访问控制。

图 6-30 和图 6-31 为通过国密浏览器访问国密 SSL VPN 网关和国密 SSL VPN 网关站点。

图 6-30　通过国密浏览器访问国密 SSL VPN 网关

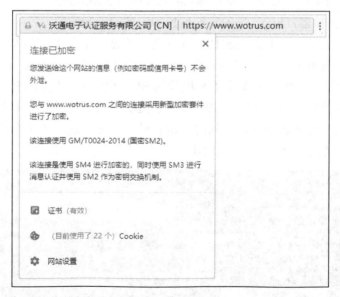

图 6-31　通过国密浏览器访问国密 SSL VPN 网关站点

3. 国密浏览器

近年来，国家大力推广国有密码标准，在银行等重要领域开始部署国密 SSL 网站，这对于摆脱对国外技术和产品的过度依赖，建设行业网络安全环境，增强我国行业信息系统的"安全可控"能力显得尤为必要和迫切。

但随着国密网站的增多，很多常用浏览器不支持国密 SSL 网站访问的问题日益突出，例如，Chrome、Edge、IE 等浏览器均不能访问国密 SSL 网站。为此，国内不少企业快速跟进，推出支持国密 SSL 协议和加密证书的国密浏览器，使用国密 SSL 证书的站点在国密浏览器上可以正常访问，如图 6-32 所示。

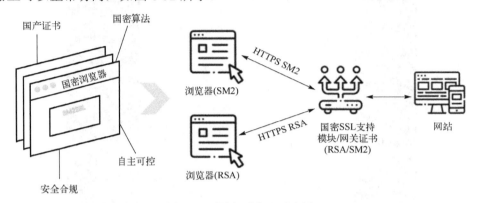

图 6-32　国密浏览器示意图

目前国密浏览器有很多，选取部分如下。

(1) 国密版 360 安全浏览器：https://browser.360.cn/se/ver/gmzb.html。

(2) 奇安信可信浏览器：https://www.qianxin.com/ctp/gmbrowser.html。

(3) 密信国密浏览器：https://www.mesince.com/zh-cn/browser。

(4) 零信国密浏览器：https://zotrus.com/browser/index.html。

在众多国密浏览器中，最主流的是 360 安全浏览器和密信国密浏览器。

360 安全浏览器(图 6-33)内置了沃通的 SM2 根证书及 CFCA(China financial certification authority，中国金融认证中心)等多个 CA 机构的 SM2 根证书。同时 360 发起的"360 根证书计划"也是国内首个同时覆盖国际 RSA 算法与国密 SM2 算法的自有根证书库，它提供的根证书信任机制对网络防泄露、抗入侵、辨真伪、保安全起到重要作用。其访问国密网站的效果如图 6-34 所示，使用国密协议实现。

图 6-33　360 安全浏览器

图 6-34　360 安全浏览器访问到国密网站

　　密信国密浏览器(图 6-35)是基于 Chromium 开放源代码项目开发的，主要增加了对国密算法 SM2/SM3/SM4 的支持，支持国密 SSL 证书，同时也修改了 SSL 证书展示界面，采用 V1/V2/V3/V4 标识来标识不同类型的 SSL 证书(DV/IV/OV/EV)，如图 6-36 所示为 V3/V4 和 OV/EV 类型证书。其支持国际标准中的各种加密算法和 RSA/ECC SSL 证书，确保用户既能访问仅支持国密算法的网站，也能正常访问仅支持国际标准算法的网站。

图 6-35　密信国密浏览器

国密浏览器的特点如下：
(1) 同时支持国密 SSL 协议和国际标准 SSL/TLS 协议；
(2) 支持国密 SM2 证书和国密 PKI 体系；
(3) 提供由国家权威机构发布的根 CA 证书并支持自定义 CA 证书设置；
(4) 支持基于 SM2/SM3/SM4 的密码套件；
(5) 支持 Windows、Linux、macOS、Android、UOS、银河麒麟、普华等多个操作系统；
(6) 支持智能密码钥匙 USB KEY、TF 卡等形态的硬件密码钥匙。

图 6-36　密信国密浏览器展示证书

6.1.6　OpenSSL

1. OpenSSL 发展历程

OpenSSL 计划在 1998 年开始，其目标是发明一套自由的加密工具，成果可以可通过 https://www.openssl.net.cn 访问，并在互联网上使用。

OpenSSL 是一个功能丰富且自包含的开源安全工具箱(图标见图 6-37)。它提供的主要功能有 SSL 协议实现(包括 SSL 2.0、SSL 3.0 和 TLS 1.0)、密码算法(对称、非对称、摘要)、大数运算、非对称算法密钥生成、ASN.1 编解码库、证书请求编解码、数字证书编解码、CRL 编解码、OCSP 协议、数字证书验证、PKCS 7 标准实现和 PKCS 12 个人数字证书格式实现等。

OpenSSL 采用 C 语言作为开发语言，具有优秀的跨平台性能，可以运行在 OpenVMS、Microsoft Windows 以及绝大多数类 UNIX 操作系统上。

OpenSSL 结构组成包括如下三个组件。

(1) openssl：多用途的命令行工具，可以实现密钥证书管理、对称加密和非对称加密。代码包为 openssl，可以通过交互或批量命令执行。

(2) libcrypto：加密算法库。代码包为 openssl-libs。

(3) libssl：加密模块应用库，实现了 SSL 及 TLS。代码包为 nss，即 SSL 协议库。

GMSSL 是一个开源的密码工具箱(图标见图 6-38)，支持 SM2/SM3/SM4/SM9/ZUC 等国密算法、SM2 国密数字证书及基于 SM2 证书的 SSL/TLS 安全通信协议，以及国密硬件密码设备，提供符合国密规范的编程接口与命令行工具，可以用于构建 PKI/CA、安全通信、数据加密等符合国密标准的安全应用。GMSSL 项目是 OpenSSL 项目的分支，并与 OpenSSL 保持接口兼容，因此 GMSSL 可以替代应用中的 OpenSSL 组件，并使应用自动具备基于国密的安全能力。GMSSL 项目采用对商业应用友好的类 BSD 开源许可证，开源且可以用于闭源的商业应用。

図 6-37　OpenSSL 图标　　　　　　　　　　図 6-38　GMSSL 图标

2.　OpenSSL 主要功能操作

OpenSSL 命令分为三类，如图 6-39 所示：标准命令 Standard commands、消息摘要命令 Message Digest commands(dgst 子命令)、加密命令 Cipher commands(enc 子命令)。

```
Standard commands
asn1parse           ca                   ciphers              cms
crl                 crl2pkcs7            dgst                 dh
dhparam             dsa                  dsaparam             ec
ecparam             enc                  engine               errstr
gendh               gendsa               genpkey              genrsa
nseq                ocsp                 passwd               pkcs12
pkcs7               pkcs8                pkey                 pkeyparam
pkeyutl             prime                rand                 req
rsa                 rsautl               s_client             s_server
s_time              sess_id              smime                speed
spkac               ts                   verify               version
x509

Message Digest commands (see the `dgst' command for more details)
md2                 md4                  md5                  rmd160
sha                 sha1

Cipher commands (see the `enc' command for more details)
aes-128-cbc         aes-128-ecb          aes-192-cbc          aes-192-ecb
aes-256-cbc         aes-256-ecb          base64               bf
bf-cbc              bf-cfb               bf-ecb               bf-ofb
camellia-128-cbc    camellia-128-ecb     camellia-192-cbc     camellia-192-ecb
camellia-256-cbc    camellia-256-ecb     cast                 cast-cbc
cast5-cbc           cast5-cfb            cast5-ecb            cast5-ofb
des                 des-cbc              des-cfb              des-ecb
des-ede             des-ede-cbc          des-ede-cfb          des-ede-ofb
des-ede3            des-ede3-cbc         des-ede3-cfb         des-ede3-ofb
des-ofb             des3                 desx                 idea
idea-cbc            idea-cfb             idea-ecb             idea-ofb
rc2                 rc2-40-cbc           rc2-64-cbc           rc2-cbc
rc2-cfb             rc2-ecb              rc2-ofb              rc4
rc4-40              rc5                  rc5-cbc              rc5-cfb
rc5-ecb             rc5-ofb              seed                 seed-cbc
seed-cfb            seed-ecb             seed-ofb
```

図 6-39　OpenSSL 命令展示

(1)　对称加密：需要使用的标准命令为 enc，用法如下：

openssl enc -ciphername [-in filename] [-out filename] [-pass arg] [-e] [-d] [-a/-base64][-A] [-k password] [-kfile filename] [-K key] [-iv IV] [-S salt] [-salt] [-nosalt] [-z] [-md][-p] [-P] [-bufsize number] [-nopad] [-debug] [-none] [-engine id]

常用选项：

-in filename：指定要加密的文件存放路径。

-out filename：指定加密后的文件存放路径。

-e：可以指明一种加密算法，若不指明，将使用默认加密算法。

-d：解密，解密时也可以指定算法，若不指定，则使用默认算法，但一定要与加密时的算法一致。

-a/-base64：使用 Base64 编码格式。

-salt：自动插入一个随机数作为文件内容加密，为默认选项。

(2) 数字摘要：需要使用的标准命令为 dgst，用法如下。

openssl dgst [-md5|-md4|-md2|-sha1|-sha|-mdc2|-ripemd160|-dss1] [-c] [-d][-hex]

[-binary][-out filename] [-sign filename] [-keyform arg] [-passin arg] [-verify filename] [-prverify filename] [-signature filename] [-hmac key] [file…]

常用选项：

md5|-md4|-md2|-sha1|-sha|-mdc2|-ripemd160|-dss1：指定一种加密算法。

-out filename：将加密的内容保存到指定文件中。

(3) 生成密码：生成密码需要使用的标准命令为 passwd，用法如下。

openssl passwd [-crypt] [-1] [-apr1] [-salt string] [-in file] [-stdin] [-noverify] [-quiet] [-table] {password}

常用选项：

-1：使用 MD5 加密算法。

-salt string：加入随机数，最多 8 位。

-in file：对输入的文件内容进行加密。

-stdion：对标准输入的内容进行加密。

(4) 生成随机数：需要用到的标准命令为 rand，用法如下：

openssl rand [-out file] [-rand file(s)] [-base64] [-hex] num

常用选项：

-out file：将生成的随机数保存至指定文件中。

-base64：使用 Base64 编码格式。

-hex：使用十六进制编码格式。

(5) 生成 RSA 密钥对：需要先使用 genrsa 标准命令生成私钥，然后使用 rsa 标准命令从私钥中提取公钥。genrsa 的用法如下。

openssl genrsa [-out filename] [-passout arg] [-des] [-des3] [-idea] [-f4] [-3] [-rand file(s)] [-engine id] [numbits]

常用选项：

-out filename：将生成的私钥保存至指定的文件中。

-des|-des3|-idea：不同的加密算法。

numbits：指定生成私钥的大小，默认是 512。

(6) 使用 RSA 密钥对：ras 的用法如下。

openssl rsa [-inform PEM|NET|DER] [-outform PEM|NET|DER] [-in filename]

[-passin arg] [-out filename] [-passout arg] [-sgckey] [-des] [-des3] [-idea]

[-text] [-noout] [-modulus] [-check] [-pubin] [-pubout] [-engine id]

常用选项：

-in filename：指明私钥文件。

-out filename：指明将提取出的公钥保存至指定文件中。

-pubout：根据私钥提取出公钥。

(7) 使用 req 创建 CA 和申请证书：在文件/etc/pki/tls/openssl.cnf 中定义的证书名称、存储位置等信息，可以根据自己需求修改，创建自签名证书和证书签名请求(CSR)文件。req 的用法如下。

openssl req [-inform PEM|DER] [-outform PEM|DER] [-in filename] [-passin arg]

[-out filename] [-passout arg] [-text] [-noout] [-verify] [-modulus] [-new]

[-rand file(s)] [-newkey rsa:bits] [-newkey dsa:file] [-nodes] [-key filename]

[-keyform PEM|DER] [-keyout filename] [-[md5|sha1|md2|mdc2]]

[-config filename] [-x509] [-days n] [-asn1-kludge] [-newhdr]

[-extensions section] [-reqexts section]

常用选项：

-in filename：要处理的 CSR 文件的名称，只有-new 和-newkey 两个选项没有被设置时，本选项才有效。

-out filename：要输出的 CSR 文件名。

-noout：不要打印 CSR 文件的编码版本信息。

-verify：检验请求文件里的签名信息。

-new：产生一个新的 CSR，它会要用户输入创建 CSR 的一些必需的信息。至于需要哪些信息，是在 config 文件里面定义好的。如果-key 没有被设置私钥文件，那么就将根据 config 文件里的信息先产生一对新的 RSA 私钥文件，通过-keyout 指定私钥文件。

-newkey arg：同时生成新的私钥文件和 CSR 文件。本选项是带参数的。如果产生 RSA 的私钥文件，参数是一个数字，指明私钥的长度。如果产生 DSA 的私钥文件，则参数存储的是 DSA 密钥参数文件的文件名。

-key filename：参数 filename 指明私钥文件名，如果没有指定，那么就将根据 config 文件里的信息先产生一对新的 RSA 私钥文件，通过-keyout 指定生成的私钥文件路径。

-keyout filename：指明创建的新的私钥文件的名称。如果该选项没有被设置，将使用 config 文件里面指定的文件名。

-config filename：使用的 config 文件的名称。本选项如果没有设置，将使用缺省的 config 文件。

-x509：本选项将产生自签名的证书，一般用来做 Root CA。证书的扩展项可以在上面提到的 config 文件里面指定。

-days n：如果-x509 被设置，则这个选项的参数指定 CA 签署证书的有效期，缺省是 30 天。

(8) 使用 ca 命令根据 CSR 颁发证书 ca：模拟 CA 行为的工具，可以用来给各种格式的 CSR 签名，产生和维护 CRL。此外，CA 服务器还维护着一个文本数据库，记录了所有颁发的证书及其状态。ca 的用法如下。

openssl ca [-verbose][-config filename][-name section][-gencrl][-revoke file]

[-crldays days][-crlhours hours][-crlexts section][-startdate date][-enddate date]

[-days arg][-md arg][-policy arg][-keyfile arg][-key arg][-passin arg][-cert file]

[-in file][-out file][-notext][-outdir dir][-infiles][-spkac file][-ss_cert file]

[-preserveDN][-batch][-msie_hack][-extensions section]

常用选项：

-config filename：指定使用的 config 文件。

-md arg：签名用的哈希算法，如 MD2、MD5 等。

-keyfile arg：CA 自己的私钥文件。

-cert file：CA 本身的证书文件名。

-in file：要签名的 CSR 文件。

-out file：签名后的证书文件名，证书的细节也会写进去。

-notext：不要把证书文件的明文内容输出到文件中。

-outdir dir：证书文件的目录。证书名为该证书的系列号，扩展名是.pem。

-infiles：如果一次要给多个 CSR 签名，就用这个选项来输入，但这个选项一定要放在最后。这个选项后面的所有内容都被认为是 CSR 文件名参数。

-ss_cert file：一个有自签名的证书，如果需要 CA 签名，就从这里输入文件名。

(9) x509：一个功能很丰富的证书处理工具，可以用来显示证书的内容、转换其格式、给 CSR 签名等。x509 的用法如下。

openssl   x509   [-inform   DER|PEM|NET]   [-outform   DER|PEM|NET]   [-keyform DER|PEM][-CAform DER|PEM] [-CAkeyform DER|PEM] [-in filename][-out filename] [-serial] [-hash] [-subject] [-issuer] [-nameopt option] [-email] [-startdate] [-enddate] [-purpose] [-dates] [-modulus] [-fingerprint] [-alias] [-noout] [-trustout] [-clrtrust] [-clrreject] [-addtrust arg] [-addreject arg] [-setalias arg] [-days arg] [-signkey filename][-x509toreq] [-req] [-CA filename] [-CAkey filename] [-CAcreateserial] [-CAserial filename] [-text] [-C] [-md2|-md5|-sha1|-mdc2] [-clrext] [-extfile filename] [-extensions section]

常用选项：

-in filename：指定输入文件名。

-out filename：指定输出文件名。

-serial：打印证书的系列号。

-subject：打印证书拥有者的名字。

-issuer：打印证书颁发者的名字。

-noout：不打印请求的编码版本信息。

-dates：打印证书起始有效时间和到期时间。

-text：用文本方式详细打印证书的所有细节。

-md2|-md5|-sha1|-mdc2：指定使用的哈希算法，缺省是 MD5。

6.1.7　OpenHiTLS

OpenHiTLS 是一款高度安全的全面自研密码套件，旨在响应国内密码政策，致力于通过开源共建共享，推动商用密码标准的快速应用发展及其开源软件生态的加速成熟。同时，其作为一款开源密码安全套件，要承载后续如后量子等先进密码算法的验证和开源建设工作，成为国际主流高安密码开源软件。

目前，OpenHiTLS 项目已完成针对国密算法与协议的全栈加速、主流国际算法的支持，以及轻量化、可剪裁、高可靠、高安验证防护等关键竞争力的建设，为国内商用密码快速应用提供坚实的支持与保障，也为国内先进密码安全技术发展提供了重要的验证平台。该项目经过多年技术孵化，已满足大量产业商业需求，现已正式启动开源，其功能研发状况如图 6-40 所示。

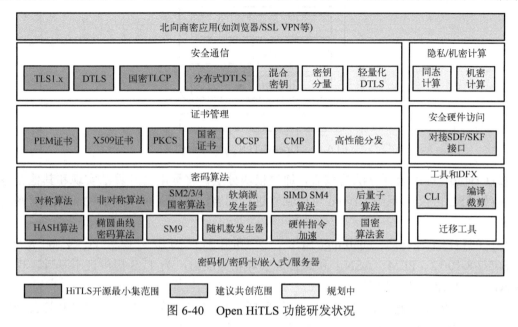

图 6-40　Open HiTLS 功能研发状况

1. OpenHiTLS 特点

(1) 全面自研，分层解耦及可裁剪的架构。OpenHiTLS 全面自研，支持商密/IETF/ISO(International Organization for Standardization，国际标准化组织)等国内外标准。通过将密码模块内的协议、证书、算法、调度功能解耦，并使用裁剪手段，可以实现按照不同场景的需求自由选择密码模块，其支持的最小裁剪粒度达到 20KB，提供最优成本方案。

(2) 软硬件优化，提高商密算法性能。OpenHiTLS 通过 CPU 指令集和算法优化等手段，实现 ARM 架构服务器商密全栈性能提升，并通过算法原语实现层快速对接密码设备，软硬协同提升算法性能，对比主流密码套件，性能可最多提升 11 倍，实现最佳商密全栈优化组件。

(3) 多措施防范漏洞，打造高安底座。OpenHiTLS 通过内存安全形式化验证手段以及主要模块的侧信道检测手段，使软件可快速迭代、持续测试，确保其安全可靠，打造高度安全密码套件。

2. OpenHiTLS 功能库介绍

OpenHiTLS 功能库分为如下四层，结构如图 6-41 所示，每层功能如下。

(1) BSL(basic system layer，系统支撑层)：主要用来隔离不同 OS(operating system，操作系统)之间的差异，达成 HiTLS 和 OS 解耦的目标，便于 HiTLS 后续在不同的公司产品上应用，实现 HiTLS 的易移植性；同时为 Crypto 和 TLS 提供底层基础日志、OID(object identifier，对象标识符)、UIO(userspace I/O，用户空间 I/O)等基础能力。

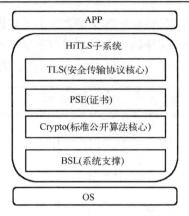

图 6-41　OpenHiTLS 功能库结构

(2) Crypto：标准公开算法的核心，通过模块分层，将标准公开算法实现和其他业务逻辑解耦(如 SSL 协议)，保障 Crypto 可以独立进行部署，满足下游产品单独部署加解密功能的诉求。

(3) PSE(PKI service enabling SDK，公钥基础设施服务模块)：支持 X.509、PKCS#5/7/8/10/12、PEM、ASN.1 和国密证书等相关能力，为 TLS 提供证书基础，也可基于 Crypto/BSL 模块独立使用。

(4) TLS：安全传输协议核心，主要完成 TLS 1.2/TLS 1.3/DTLS 1.2/TLCP 等公开标准协议功能的实现，旨在提供安全传输能力，帮助用户构建安全的传输链路。

结构中每层都实现了大量的算法或协议，具体实现的内容如下。

(1) BSL：BSL 模块包括错误码模块初始化、内存分配及释放、线程相关操作以及 UIO。

(2) Crypto：Crypto 算法分类如图 6-42 所示，目前提供了随机数、哈希、对称加解密、非对称加解密等功能，支持的算法如下。

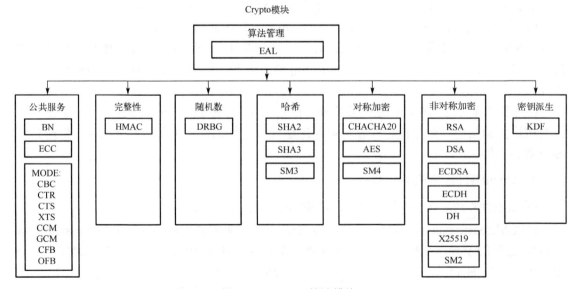

图 6-42　Crypto 算法模块

① 哈希：SHA-2、SHA-3、SM3。

② 完整性：HMAC。

③ 随机数：DRBG。

④ 对称加解密：AES、SM4、CHACHA20-POLY1305、SM7、ZUC。

⑤ 加密模式：CBC、CTR、CTS、XTS、CCM、GCM、CFB、OFB。

⑥ 非对称加解密：SM2、SM9、RSA、DH、ECC、ECDH、ECDSA、DSA、X25519。

⑦ 密钥扩展：KDF。

(3) PSE：公钥基础设施服务模块，目前支持如下能力。

① X.509：提供 X.509 证书/公私钥/CRL 等生命周期管理能力。

② PKCS：提供 PKCS 5/7/8/10/12 等基础能力。

③ PEM：PEM 编解码，支持 PKCS 7/PKCS 8/PKCS 10/X.509/密钥封装/CRL/OCSP/PEM 等编解码能力。

(4) TLS：HiTLS 目前提供了

① TLS1.2、TLS1.3、DTLS1.2 和 TLCP 功能。

② 传输协议支持 TCP、UDP(user datagram protocol，用户数据报协议)和 SCTP(stream control transmission protocol，流控制传输协议)。

③ 签名支持算法：RSA、ECDSA、RSA_PSS 和 Ed25519。

④ TLS1.2 和 DTLS1.2 支持主流算法套；TLS1.3 支持 AES 和 CHACHA 算法套；TLCP 支持算法套 ECDHE_SM4_CBC_SM3 和 ECC_SM4_CBC_SM3。

⑤ 支持扩展 ALPN(application layer protocol negotiation，应用层协议协商)、PSK、会话管理和 SNI(server name indication，服务器名称指示)等功能。

综合上面介绍的各层算法和协议，可见 OpenHiTLS 的整体功能结构如图 6-43 所示。

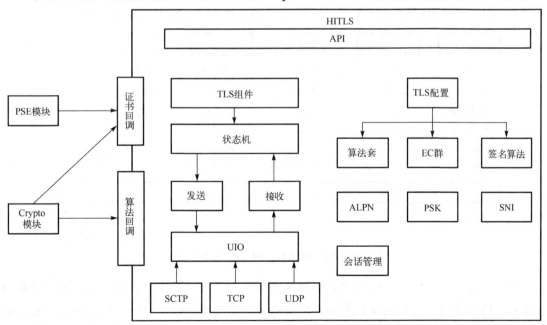

图 6-43　OpenHiTLS 整体功能结构

6.2　蜂窝移动通信系统接入安全协议

6.2.1　应用背景

如今，蜂窝网络技术已经成为人们生活中不可或缺的一部分。它提供了快速、可靠的通信服务，让人们能够随时随地与他人联系。蜂窝网络是由基站、核心网和用户终端三部分组成的。其中，基站是蜂窝网络的核心，它负责无线信号的接收和发送。核心网是蜂窝网络的中央管理系统，它负责对接多个基站，并将用户数据传递给目标终端。客户端则是手机、平板电脑等设备，通过基站与核心网进行通信。在蜂窝网络中，基站之间通过无线连接进行通信，形成了一个覆盖范围广泛的网络。当客户端在基站覆盖范围内时，它可以选择与任何一个基站进行通信。基站与核心网之间的通信通过有线网络实现，这样可以保证通信的可靠性和稳定性。

从 1980 年第一代蜂窝移动通信系统(1G)建成使用，如图 6-44 所示，蜂窝通信系统经历了数次发展、演进。第一代模拟蜂窝移动通信系统几乎没有采取安全措施；第二代数字蜂窝移动通信系统(2G)和第一代模拟蜂窝移动通信系统的安全机制实现有很大区别，随着采用频分多址技术的第二代系统的诞生，蜂窝通信从模拟进入数字通信时代，终端设备体积、功耗明显减小，在提升语音通信服务质量的同时提高了频谱资源的利用率，但二者都基于私钥密码体制，采用共享秘密数据(私钥)的安全协议，实现对接入用户的认证和数据信息的保密，在身份认证及加密算法等方面存在着许多安全隐患；伴随着互联网蓬勃发展，仅支持简单文本传输的第二代蜂窝网络无法满足日益增长的移动终端接入网络的需求，在此背景下，以码分多址为特点的第三代蜂窝移动通信系统(3G)逐渐形成，可以为用户提供基础多媒体及网络接入服务，第三代蜂窝移动通信系统在 2G 的基础上进行了改进，继承了 2G 系统安全的优点，同时针对 3G 系统的新特性，定义了更加完善的安全特征与安全服务。

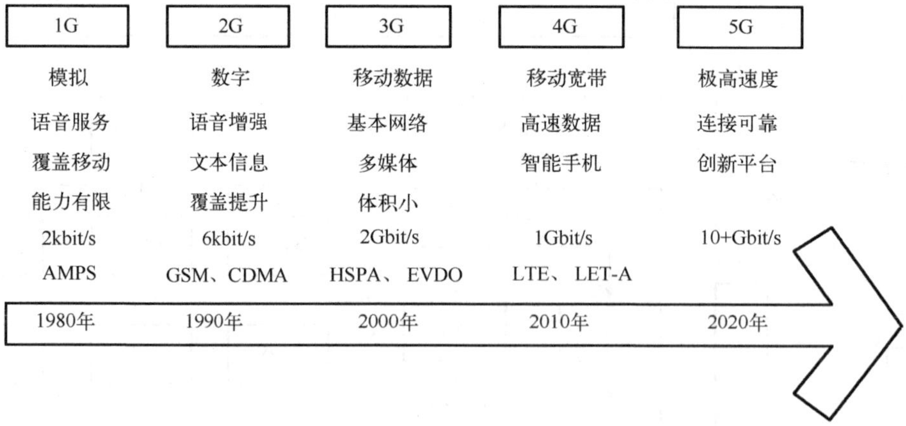

1G	2G	3G	4G	5G
模拟	数字	移动数据	移动宽带	极高速度
语音服务	语音增强	基本网络	高速数据	连接可靠
覆盖移动	文本信息	多媒体	智能手机	创新平台
能力有限	覆盖提升	体积小		
2kbit/s	6kbit/s	2Gbit/s	1Gbit/s	10+Gbit/s
AMPS	GSM、CDMA	HSPA、EVDO	LTE、LET-A	
1980年	1990年	2000年	2010年	2020年

图 6-44　蜂窝移动网络演进过程

如今，采用正交频分复用和多天线技术的第四代蜂窝移动通信系统，可以为用户提供高速率、高能效的无线传输接入服务。但是随着物联网的兴起，有限的频谱资源与越来越多的用户接入数量、人们对传输速率越来越高的要求之间的矛盾也日益凸显，如何进一步提高频谱效率和网络容量成为近年来研究的热点问题。针对上述问题，第五代蜂窝移动通信网络(5G)对峰值速率、频谱效率、用户接入数量等提出了更加苛刻的要求。以蜂窝网络和无线局域网络等为主的地面无线通信系统正在紧锣密鼓地向 5G 演进。

移动通信系统面临的安全威胁来自网络协议和系统的弱点，攻击者可以利用网络协议和系统的弱点非授权访问敏感数据、非授权处理敏感数据、干扰或滥用网络服务，对用户和网络资源造成损失。下面介绍各阶段蜂窝移动通信系统接入安全协议。

6.2.2　2G GSM 协议

全球移动通信系统(global system for mobile communications，GSM)是第二代数字蜂窝移动通信系统的典型例子。GSM 由欧洲电信标准组织(European Telecommunications Standards Institute，ETSI)制定。其有三种版本，每一种都使用不同的载波频率。最初的 GSM 使用 900MHz 附近的载频。之后增加了 GSM-1800，用以支持不断增加的用户数目。它使用的载波频率在 1800MHz 附近，总的可用带宽提升了大约 3 倍，并且降低了移动台的最大发射功率。除此之外，GSM-1800 在信号处理、交换技术等方面沿用了之前版本。更高的载波频率意味着更大的路径损耗，同时发射功率的降低会造成小区尺寸的明显缩小。这一实际效果同更宽的可用带宽一起使网络容量得到相当大的扩充。最后一种系统称作 GSM-1900 或 PCS-1900(个人通信系统)，工作在 1900MHz 载频上。

GSM 主要由移动台(mobile station，MS)、移动网子系统(network security services，NSS)、基站子系统(base station subsystem，BSS)和操作维护中心(operations and maintenance center，OMC)四部分组成，如图 6-45 所示。

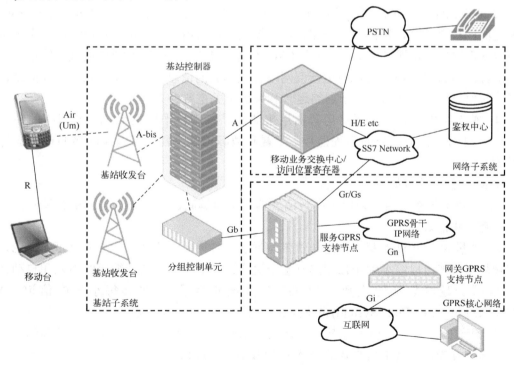

图 6-45　GSM 架构图

（1）移动台：用户使用的移动设备，通常是手机。它包括手机本身以及与之相关的用户识别模块(subscriber identity module，SIM)。移动台负责与基站进行通信，并提供用户与网络之间的接口。订阅 SIM 存储了用户的身份信息，包括 IMSI(international mobile subscriber identity 国际移动用户标志)和密钥等。当用户尝试接入网络时，网络会与 SIM 卡进行通信，以验证用户的身份。SIM 卡中还存储了用户的运营商信息和漫游协议，使得用户可以在不同运营商的网络之间进行漫游，并保持通信服务的连续性。

（2）移动网子系统：包括多个功能组件，用于处理用户通话和数据传输请求。它包括以下几个主要部分。

① 移动服务交换中心(mobile services switching center，MSC)：负责管理移动台之间的通话和数据传输，以及与其他网络(如固定电话网、其他移动网络)的连接。

② 归属/访问位置寄存器(location register/visitor location register，HLR/VLR)：存储用户的位置信息和临时信息，以便网络能够定位和联系用户。

③ 鉴权中心(authentication center，AUC)：负责对用户进行身份验证，保障通信的安全性。

④ 设备标识寄存器(equipment identity register，EIR)：用于存储手机设备的身份信息，以防止盗用或未授权设备的接入。

（3）基站子系统：负责管理与移动台之间的无线通信。它包括以下几个主要部分。

① 基站控制器(base station controller，BSC)：负责管理多个基站，分配频率和处理通信请求。

② 基站收发信机(base transceiver station，BTS)：实际的无线设备，负责与移动台进行无线通信。

③ Abis：GSM 中的一个重要接口，连接了 BSC 和 BTS。Abis 接口负责传输 BSC 和 BTS 之间的控制信令，包括频率分配、功率控制、切换指令、连接和释放等，也用于传输用户数据。这些数据通过 Abis 接口从 BSC 传输到 BTS，然后由 BTS 通过无线信道传输给移动台。Abis 接口用于传输与运营商网络管理相关的信息，如基站的状态、性能统计和故障诊断信息等。这些信息对于网络运营和维护至关重要。

（4）操作维护中心：是网络运营商用来监控、管理和维护整个 GSM 网络的中心。它提供了对网络各个部分的远程监控、配置和故障诊断功能，以确保网络的正常运行和高效管理。

GSM 的技术特点如下。

（1）高频谱效率。由于采用了高效调制器、信道编码、交织、均衡和语音编码技术，系统具有高频谱效率。

（2）容量大。GSM 的每个信道传输带宽增加，使同频复用载干比要求降低至 9dB，使其同频复用模式可以缩小到 4/12 或 3/9 甚至更小；加上半速率话音编码的引入和自动话务分配以减少越区切换的次数，使 GSM 系统的容量(每兆赫每小区的信道数)比 TACS(Tracking Area Code System)系统高 3～5 倍。

（3）开放的接口。GSM 标准定义了多种开放性接口，这些接口使不同制造商的设备可以在网络中互操作，其中最重要的是 A 接口和 Abis 接口。

(4) 安全性高。通过鉴权、加密和 TMSI(temporary mobile subscriber identity，临时移动用户身份)号码的使用，达到安全的目的。鉴权用来验证用户的入网权利。加密用于空中接口，由 SIM 卡和网络 AUC 的密钥决定。

(5) SMS 和 MMS 支持。GSM 提供对短消息业务(short message service，SMS)和多媒体消息业务(multimedia messaging service，MMS)的支持，使发送和接收文本消息和多媒体消息成为可能。

(6) 全球覆盖。GSM 是一种全球性的移动通信标准，几乎所有国家都采用这一标准。这意味着一个 GSM 设备可以在全球范围内进行漫游，无须更换 SIM 卡。

2G 系统所采取的保密措施主要有 4 种：防止空口信息被攻击者窃听的加解密技术；防止未授权用户非法接入的鉴权认证技术；防止攻击者窃取用户身份标识码和位置信息的临时移动用户身份更新技术；防止过期合法用户移动终端在网络中继续使用的设备认证技术。

其基本原理是在用户和网络之间运行鉴权和密钥协商协议，当移动终端访问拜访位置寄存器时，网络对用户的身份进行鉴别。

当移动终端在拜访地期望连接网络时，终端便向拜访地网络发起鉴权请求，如图 6-46 所示，VLR 将该请求转发给归属位置寄存器(home location register，HLR)，当归属地核心网收到请求后，基站首先产生一个随机数(RAND)，然后使用加密算法 A3 和 A8 将这个随机数和根密钥一起计算得出期望的 SRES(signed response)，同时基站把这个随机数发送给终端，上述过程在鉴权中心(AUC)完成。在终端侧，用户设备根据收到的 RAND，结合 IMSI 计算出鉴权响应号。随后用户设备将 SRES 通过空中信道发送给基站，基站将用户设备发送的鉴权响应号和核心网计算得到的鉴权响应号进行比对。若二者一致，则鉴权成功，否则鉴权失败。

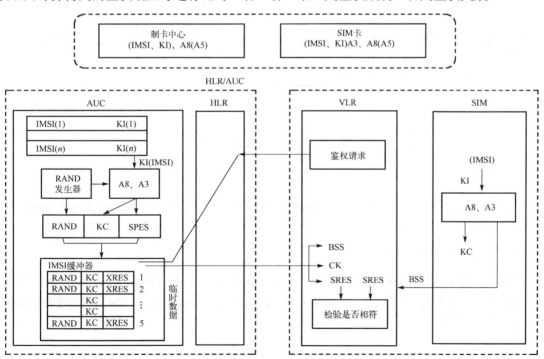

图 6-46 寄存器访问流程

6.2.3　3G UMTS 协议

UMTS(universal mobile telecommunications system,通用移动通信系统)是国际电信联盟(International Telecommunications Union，ITU)的 IMT-2000 第三代蜂窝移动通信系统(3G)的重要组成部分。UMTS 采用宽带码分多址(wideband code division multiple access，WCDMA)空中接口技术，使得频率利用率大大提高，同时调制技术的改善 QPSK(quaternary phase-shift keying，四相移相键控)使得 UMTS 抗干扰的能力加强，UMTS 支持的传输速率高(384Kbit/s)，可提供丰富的增值服务，对于话务密度较高的城区可采用 TDD(time division duplex，时分双工)方式，郊区则可采用 FDD(frequency division duplex，频分双工)方式，为灵活组网提供了极大的方便。UMTS 可在 2.5G 网络基础上平滑过渡，即只需增加无线部分，而核心网部分基本不变。

如图 6-47 所示，UMTS R99 网络结构可分为三部分：用户设备、陆地无线接入网和核心网。

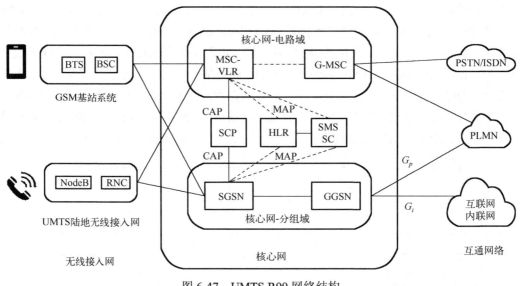

图 6-47　UMTS R99 网络结构

1. 用户设备

用户设备由移动设备(mobile equipment，ME)和用户身份(user service identity module，USIM)组成。

2. UMTS 陆地无线接入网

(1) 一个UMTS 陆地无线接入网由多个无线网络系统(radio network system，RNS)组成。

(2) 每个 RNS 由一个无线网络控制器(radio network controller，RNC)和它下面所带的多个 Node B 组成。

3. 核心网

核心网从辑上可分成核心网-电路交换域(core network-circuit switched，CN-CS)、核心

网-分组域(core network-packet switched，CN-PS)，以及两者共有部分。

① CN-CS：可以基于 2G 的 MSC 平台演进而成，提供电路型业务的连接，支持多速率 AMR(Adaptive Multi-Rate)语音视频业务。

② CN-PS：可以基于 2.5G 的 GPRS(general packet radio service)平台演进而成，提供分组型业务的连接，支持 FTP、WWW、VOD、NetTv 和 NetMeeting 等业务。

③ 两者共有部分：HLR/AuC，短信中心(short message service center，SMS SC)和移动智能网业务控制点(service control point，SCP)等。

R4 在 CN-CS 域改进：如图 6-48 所示，呼叫控制与承载层分离，语音与信令实现分组化。MSC Server 处理信令，MGW(media gateway，媒体网关)处理语音和数据业务，MSC Server 采用 H.248 协议(Megaco 协议)对 MGW 进行控制。

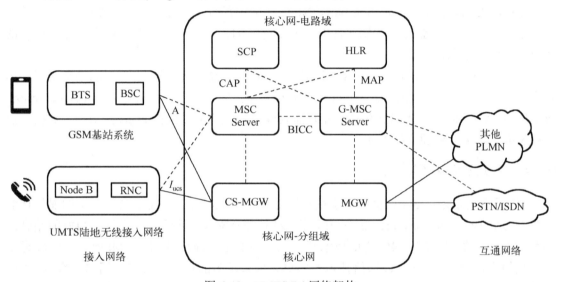

图 6-48　UMTS R4 网络架构

UMTS R99 到 UMTS R4 电路域实现了从电路交换到软交换的过渡。核心网电路域由"MSC Server+MGW+SG(signaling gateway，信令网关)"组成，核心网内部可以实现分组交换，称为软交换，如图 6-49 所示。

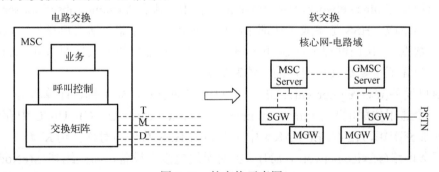

图 6-49　软交换示意图

UMTS 系统的通用协议分为两个平面，即控制面协议、用户面协议。控制面协议用于控制无线接入承载业务和用户设备与网络的连接(包括业务请求、控制不同传输源、切换等);用户面协议用于实现无线接入承载业务,如载着数据通过接入层等。在 UMTS 系统中采用了四个新的应用部分信令协议:RANAP、RNSAP、NBAP 和 ALCAP。

(1) RANAP(radio access network application part,无线接入网络应用部分)协议用于 RNC 与核心网络的连接,它包括 GSMBSSMAP((base station system message application part)协议。该协议的主要功能有 RAB(radio access bearer)管理、透明传输 NAS(non-access stratum)消息流程、寻呼、安全模式控制、位置信息报告等。

(2) RNSAP(radio network subsystem application part,无线网络子系统应用部分)协议用于 RNC 之间的连接。该协议的主要功能有无线链路管理、物理信道的重新配置、位置更新的实施等。

(3) NBAP(Node B application part,Node B 应用部分)协议用于 BTS 与 RNC 之间的连接。该协议的主要功能有扇区配置管理,无线链路的监控、管理,普通信道、专用信道的测量,系统信息管理等。

(4) ALCAP(access link control application protocol,接入链路控制应用协议)定义了与用户面建立、释放传输承载的方式。在 lu-b、lu-r、lu-cs 接口上,用户数据通过 ATM(asynchronous transfer mode)结构中的 AAL2 传送,此时需要建立控制机制,而在 lu-ps 接口上,数据通过 AAL5 传送,不需要建立控制机制。

6.2.4　4G EPS-AKA 协议

4G 通信技术是在 3G 通信技术上的一次改良,其相较于 3G 技术来说一个明显的优势是将 WLAN(wireless local area network,无线局域网)技术和通信技术进行了很好的结合。在智能通信设备中,应用 4G 通信技术可以让用户的上网速度达到 100Mbit/s,比 3G 通信技术快很多。然而,随着 4G 通信技术的发展,越来越多的移动终端接入网络,给 4G 无线网络接入过程的安全性和接入网络的移动终端的安全性带来了更大的挑战。为了保障实体认证、消息完整性和消息机密性以及其他安全属性,3GPP 制定了 4G EPS-AKA(evolved packet system-authentication and key agreement)协议。

从认证的角度来看,4G EPS-AKA 协议包括三个主要实体。

(1) 归属网络(home network,HN):通常由归属用户服务器(home subscriber server,HSS)的认证服务器组成。HSS 是集成了认证中心的数据库,其存储包括用户身份、权限和凭证在内的用户数据。在认证过程中,HSS 可以根据所存储的用户凭证认证 UE,在 4G EPS-AKA 中,这个用户凭证主要是其与用户的对称密钥 K_i。

(2) 用户设备(user equipment,UE):用户的移动设备,如手机、计算机等。每个 UE 具有至少一个通用集成电路卡(universal integrated circuit card,UICC),UICC 中存储用户与 HN 共享的加密密钥,在 4G EPS-AKA 中主要为与 HSS 共享的对称密钥 K_i。

(3) 服务网络(service network,SN):包括无线电接入设备,如无线基站(eNode B)和移动性管理实体(mobility management entity,MME)等。eNode B 可以在用户接入网络时为用户选择合适的 MME。MME 是网络的主要控制节点。MME 与 UE 执行认证过程,并且在认证成功后为 UE 提供网络服务。

4G EPS-AKA 主要达到 UE 和 SN 相互认证，并且协商会话密钥以保障后续安全通信的目的。该协议主要是基于对称密码体制实现的。协议的大致如图 6-50 所示。

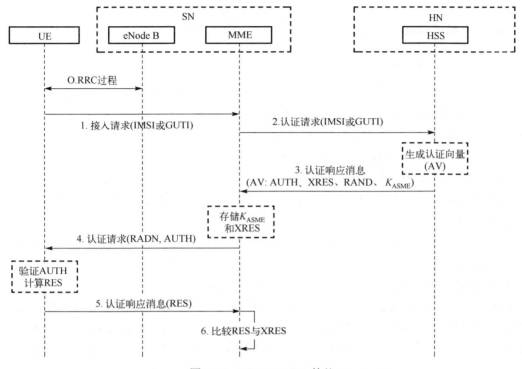

图 6-50　4G EPS-AKA 协议

(1) UE 完成与 eNode B 的无线电资源控制(radio resource control，RRC)过程，并向 MME 发送接入请求消息。该接入请求需包含用户的 IMSI(国际移动用户标志)或 GUTI(全球唯一临时用户设备标识)，即 MME 初始分配给 UE 的临时标识，从而保护 IMSI 不被窃听。MME 识别该 IMSI 或 GUTI，若成功，则进行下一步。

(2) MME 发送包括 UE 的 IMSI 或 GUTI 在内的认证请求到当前 HN 中的 HSS。

(3) HSS 根据 UE 的 IMSI 检索与 UE 的共享密钥 K_i，选择随机数 (RAND)，根据 K_i 和 RAND 计算认证凭证 AUTH、预期响应凭证 XRES，并且由 SNid 作为其中一个输入，计算本地密钥 K_{ASME}。导出一个或多个认证向量(authentication vector，AV)，AV 主要由凭证 AUTH、预期响应凭证 XRES、随机数 RAND 和密钥 K_{ASME} 组成。HSS 生成包括 AV 在内的认证响应消息，将其发送给 MME。

(4) MME 收到 HSS 的认证响应消息后，在本地保存密钥 K_{ASME} 和预期响应凭证 XRES，向 UE 发送包括随机数 RAND 和凭证 AUTH 在内的认证请求。

(5) UE 根据 K_i 和 RAND 验证 AUTH 凭证。如果验证成功，则 UE 认为网络是合法的。UE 计算和 MME 相同的本地密钥 K_{ASME}。UE 基于 K_i 生成认证响应消息 RES，将其发送给 MME。

(6) MME 将 RES 凭证与预期响应凭证 XRES 进行比较。如果它们相等，则 MME 接收密钥 K_{ASME} 作为与 UE 之间的会话密钥，从而和 UE 之间建立安全的通信信道。

相比于 2G 或 3G 认证协议，4G EPS-AKA 协议有着以下优势：

(1) 提供网络认证功能，能够防止网络仿冒攻击，如恶意基站发起的仿冒攻击；

(2) 对传输消息提供完整性保护，防止敌手发起仿冒攻击或篡改传输消息；

(3) 对传输消息进行私密性保护，防止对用户隐私的侵犯。

6.2.5　5G AKA 协议

在过去几十年里，无线通信领域经历了从 1G 到 5G 的快速发展。5G 技术满足了当今对高带宽和极低延迟的现实需求。5G 提供了一系列服务，包括高数据速率、改进的服务质量、低延迟、高覆盖、高可靠性以及经济实惠的服务。

具体来说，5G 提供的服务可分为三类。

(1) 极限移动宽带：采用非独立架构，提供高速互联网连接、大带宽、低延迟，并支持超高清流媒体视频、虚拟现实及增强现实等多种应用。它使用户能够获得更丰富、更快速的多媒体体验。

(2) 多种类型机器通信：由 3GPP 在其第 13 个规范中发布。它以极具成本效益的价格提供了远距离的机器通信，并且功耗更低。通过移动运营商为物联网应用降低设备复杂性，这种服务为物联网应用提供了高数据速率、低功耗运行和扩展的覆盖范围。

(3) 高可靠低时延通信：提供了低时延、超高可靠性和丰富的服务质量特性，这是传统移动网络架构无法实现的。URLLC(ultra reliable low latency communications)专为远程手术、车对车(vehicle to vehicle，V2V)通信、工业 4.0、智能电网、智能交通系统等按需实时交互而设计，为实时互动应用带来了更加可靠和高效的通信环境。

在任何网络中，用户身份的验证都是至关重要的。从 1G 到 5G 不同代的移动网络中，都使用了多种用户身份验证技术。在 5G 中，为了确保网络的安全性，使用了 5G 认证和密钥协商(authentication and key agreement，AKA)认证方法。这种方法涉及用户设备(UE)与其家庭网络之间共享密钥，并在它们之间建立相互认证的过程。这种认证方法有助于确保通信双方的身份合法性，并在通信过程中建立起安全的通信环境。

5G 认证和密钥协商方法对于保护用户数据的隐私和安全至关重要。通过使用这种认证方法，5G 网络可以防范各种安全威胁，包括网络入侵、数据泄露和未经授权的访问。因此，5G 网络的安全性得到了加强，为用户提供了更加安全和可靠的通信环境。

AKA 协议基本原理如下。

(1) 认证：5G AKA 协议通过一系列的步骤来验证用户设备的身份，确保只有合法用户可以接入网络。认证的过程涉及用户设备与网络之间的挑战-应答交互，以验证用户设备的身份。

(2) 密钥协商：认证成功后，5G AKA 协议会在用户设备和网络之间建立安全的通信信道，并协商生成用于加密和解密通信数据的密钥。这些密钥通常是临时的，会在通信会话结束后被丢弃，以增加安全性。

(3) 安全参数：在 5G AKA 协议中，有几个重要的安全参数，具体如下。

随机挑战码(RAND)：由网络生成，并发送给用户设备，用于随机性验证。

认证令牌(authentication token，AUTN)：由网络生成，包含 RAND 和其他安全参数。

鉴权密钥(K_i)：存在于网络中的密钥，用于生成 AUTN 和验证用户设备身份。

临时密钥(K_s)：用于加密和解密通信数据的临时密钥，由认证过程中协商生成。

(4) 安全算法：5G AKA 协议中使用了多种安全算法来实现认证和密钥协商，具体如下。

① 加密算法(如 AES)：用于对通信数据进行加密，保护其机密性。

② 消息验证码算法(如 HMAC)：用于生成和验证消息完整性，防止数据篡改。

③ 身份认证算法：用于验证用户设备的身份，确保通信的安全性和可信度。

④ 5G AKA 协议：用于在 5G 移动通信网络中进行认证和密钥协商的协议。它的主要目的是确保通信的安全性和隐私性，以及为用户提供安全的接入网络服务。

以下是 5G AKA 协议的主要步骤和组成部分。

(1) 初始认证(initial authentication)。用户设备(UE)首次接入 5G 网络时，需要进行初始认证。UE 向鉴权中心(AUC)发送请求进行认证。鉴权中心根据用户标识(如 IMSI)生成挑战码(RAND)，并将其发送给 UE。

(2) 认证向量。鉴权中心根据用户标识生成认证向量，包括 RAND、鉴权密钥(K_i)等信息。认证向量中的 RAND 用于在认证过程中生成令牌(AUTN)。

(3) 令牌生成(token generation)。UE 使用接收到的 RAND 和鉴权密钥(K_i)进行算法运算，生成一个令牌 AUTN。AUTN 用于在后续的认证和密钥协商过程中进行安全保护。

(4) 认证请求(authentication request)。UE 将 AUTN 发送给鉴权中心进行验证。

(5) 认证过程(authentication process)。鉴权中心收到 AUTN 后，使用与 UE 相同的算法和密钥 K_i 进行计算，生成一个期望的令牌 AUTN_expect。

如果收到的 AUTN 与期望的 AUTN_expect 一致，则鉴权中心确认认证成功，向 UE 发送认证成功消息，并将临时密钥(K_s)等信息发送给 UE。

(6) 密钥协商(key agreement)。UE 和网络之间进行密钥协商，使用已经确认的 K_s 生成加密密钥、完整性密钥等，以确保后续数据传输的安全性和完整性。

(7) 安全模式建立(security mode establishment)。UE 和网络建立安全模式，开始安全传输数据。

总的来说，5G AKA 协议通过认证和密钥协商的过程，确保了用户设备与网络之间的安全通信，包括身份验证、密钥生成和安全模式的建立。这些步骤有助于防止恶意用户的入侵，并保护用户数据的安全和隐私。

5G AKA 协议的特点如下。

(1) 安全性：5G AKA 协议采用多种加密技术和身份验证机制，确保通信的安全性。通过认证和密钥协商的过程，用户设备和网络之间建立了安全的通信信道，防止未经授权的访问和数据泄露。

(2) 隐私性：通过使用随机挑战码(RAND)和认证令牌(AUTN)，5G AKA 协议保护了用户的隐私信息。挑战码和令牌的使用使得每次认证过程都是唯一的，降低了被攻击者利用先前的认证信息进行攻击的可能性。

(3) 抗攻击性：5G AKA 协议设计了多种安全机制来应对各种攻击，如中间人攻击、重播攻击等。通过使用临时密钥和建立安全模式，协议能够抵御窃听、篡改和数据伪造等攻击。

(4) 灵活性：5G AKA 协议设计灵活，用于不同的网络环境和场景。它支持多种认证算法和密钥协商方式，可以根据具体需求进行配置和扩展，满足不同用户和服务提供商的需求。

(5) 效率：尽管 5G AKA 协议在安全性上做了很多工作，但其设计也要考虑通信效率。认证和密钥协商的过程被设计为尽可能快速和高效，以确保用户体验和网络性能不受影响。

(6) 互操作性：5G AKA 协议是一个标准化的协议，得到了业界的广泛认可和支持。这意味着不同厂商和设备之间可以基于相同的协议进行通信，提高了系统的互操作性和可扩展性。

6.3　可信计算平台密码应用

6.3.1　可信计算平台体系

"可信计算"的概念由可信计算平台联盟(Trusted Computing Platform Alliance，TCPA)提出，并在标准 ISO/IEC 15408 中定义：一个可信的组件、操作或者过程的行为在任意操作条件下是可预测的，并能很好地抵抗应用程序软件、病毒以及一定的物理干扰造成的破坏。可信计算组织(Trusted Computing Group，TCG)则用实体行为的预期性来定义可信：一个实体是可信的，如果它的行为总是以预期的方式，朝着预期的目标，即可信就是指系统按照预定的设计运行，不做预期之外的事情。

根据 TCG 规范，完整可信计算必须包含以下五个特征。

(1) 认证密钥：一个 2048 位的 RSA 公私钥对，其在芯片出厂时产生且无法改变。私钥存储在芯片里，公钥用来认证及加密发送到芯片的敏感数据。

(2) 安全输入输出：终端用户和软件进程间的交互受安全保护，输入输出的过程不会被威胁，如避免键盘监听、窥屏等。

(3) 储存器屏蔽：要求提供一块完全独立的储存区域，与终端的普通数据存储分离，并设置合理的访问权限。例如，对于某些存储的密钥，由于储存器屏蔽机制，所以入侵者即便控制了操作系统，密钥信息也是安全的。

(4) 密封存储：将私有信息和使用的软硬件平台配置信息绑定来保护私有信息，即该信息只能在相同的软硬件组合环境中被读取。例如，某终端上存储的个人数据仅能在此终端或者与此终端有相同软硬件配置信息的平台上访问，无法随意迁移与访问。

(5) 远程证明：准许用户计算机上的改变被授权方感知。例如，软件公司可以避免用户干扰他们的软件以规避技术保护措施，通过让硬件生成当前软件的证明书，随后计算机将这个证明书传送给远程被授权方，来显示该软件公司的软件尚未被干扰。

可信计算平台则一般由信任根、可信硬件平台、可信操作系统和可信应用组成，如图 6-51 所示，层级化的可信计算系统基本思想为，首先创建一个信任根，然后建立从硬件平台、操作系统到应用的信任链，在这条信任链上从信任根开始，逐级进行度量、验证和信任，以实现信任链的逐级扩展，从而构建一个安全可信的计算环境。

图 6-51 层级化的可信计算系统

信任链的主要作用是将信任关系扩展到整个计算机平台，它建立在信任根的基础上。信任链可以通过可信度量机制来获取各种影响平台可信性的数据，并通过将这些数据与预期数据进行比较，来判断平台的可信性。

可信计算从提出概念开始，至今已经历了几十年的发展：1985 年，美国国防部制定《可信计算机系统评估准则》，首次提出可信计算基(trusted computing base，TCB)概念；1995 年，法国 Jean-Claude Laprie 正式提出可信计算的概念，可信计算逐渐成为学术界研究热点；1999 年，由美国卡内基·梅隆大学和国家航空航天局(National Aeronautics and Space Administration，NASA)的 Ames 研究中心牵头，IBM、HP、Intel、微软等大公司参与，成立了可信计算平台联盟，标志着可信计算正式进入产业界；2001 年，TCPA 提出 TPM 1.1 技术标准，之后一些国际 IT 厂商相继开始推出有关可信计算的产品；2003 年，TCPA 重组为可信计算组织，逐步完善了 TPM 1.2 技术规范，将可信计算延伸到了所有 IT 相关领域；2005 年，Linux 内核发布 2.6.13 版本，该版本开始包含对可信计算的支持；同年我国成立国家安全标准委员会 WG1 可信计算工作小组，专门规划可信计算相关标准，到目前已经推出了使用国产密码算法的可信密码模块(trusted cryptography module，TCM)业界规范及产品，以及具有主动度量能力的可信平台控制模块(trusted platform control module，TPCM)；2013 年，TCG 正式公开发布 TPM 2.0 标准库，TPM 进入 2.0 时代。

1. 可信计算平台的必要性

现有的终端平台软硬件结构简单，且对执行代码不进行一致性检查，合法用户对资源的使用也没有严格的访问控制，导致病毒程序可以轻易将代码嵌入到可执行代码中，黑客也会利用系统的漏洞攻击终端。以杀毒软件、防火墙、入侵检测为代表的传统安全防御体系需要预先捕捉黑客攻击和病毒入侵的特征信息，属于"事后防御"的黑名单机制，难以应对未知的攻击。而可信计算作为一种白名单机制，类似人体的主动免疫系统，通过区分"自己"和"非己"成分，及时清除各类未知风险。

此外，如图 6-52 所示，普通计算的安全防护机制往往运行在应用程序层或操作系统层，是"自上而下"的保护，当启动过程中系统被植入了 Rootkit/Bootkit 或恶意固件等时，这些位于启动链末端的安全防护机制可能完全无法生效。而可信计算是"自下而上"的保护，通过构建信任链，从终端平台的源头实施高级措施，使得不安全的层级在初始化时便无法启动，有效地防范了安全事故。

2. 可信计算系统原理

可信计算平台系统的基本思想是在计算节点启动和运行过程中，使用完整性度量方法在部件之间所建立的信任的传递关系，即信任链，从信任根开始，由硬件平台、操作系统到应用逐级进行度量，以实现信任链的逐级扩展，从而构建一个安全可信的计算环境。

度量就是采集所检测的软件或系统的状态，验证是对比度量结果和参考值是否一致，

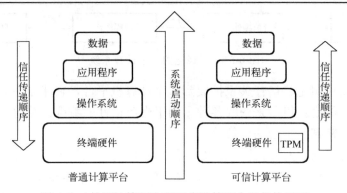

图 6-52　普通计算平台和可信计算平台及架构区别

如果一致，则表示验证通过；如果不一致，则表示验证失败。度量分为静态度量和动态度量两种。

　　静态度量通常指在运行环境初装或重启时对其镜像的度量。通常先启动的层级对后一级进行度量，若度量结果验证成功，则标志着信任链从前一级向后一级的成功传递。如图 6-53 所示，主板建有唯一的可信度量根(root of trust measurement，RTM)，除厂商外，任何主体无法更改，系统每次启动时，以 RTM 为起点，由 TPM 支撑建立系统平台的信任链，即在 TPM 的支持下，由 RTM 度量 BIOS/EFI(extended firmware interface，可扩展固件接口)的完整性，并将度量结果存放于 TPM 中，若度量结果验证通过，则由 BIOS/EFI 度量 OS Loader 的完整性，之后由 OS Loader 度量 OS Kernel 的完整性，再由 OS Kernel 度量本地应用程序或远程应用程序的完整性，从而建立一条 RTM→BIOS→固件→OSloader→OS→应用程序的信任链，通过信任链确保计算平台和应用程序的可信性。

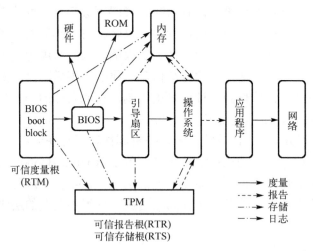

图 6-53　可信计算信任链

　　在使用 TCM 的可信计算平台中，根据标准《系统与软件工程　可信计算平台可信性度量　第 2 部分：信任链》(GB/T 30847.2—2014)中的规定，信任链度量模型如图 6-54 所示，其基本元素包括信任根、信任流和可信基集，对信任链的虚拟扩展需要信任媒、信任元，且要满足以下要求。

(1) 每一个可信计算平台应有一个信任根，基于信任根，平台建立最初的可信状态；

(2) 信任根是整条信任链的起点，信任关系沿着信任流单向传递，形成最基本的信任链；

(3) 可信基集保存可信基数据，用于与信任链证据的对比；

(4) 信任媒对信任链进行扩展，虚拟出若干个信任元，并建立信任元与信任根之间的绑定关系，使得信任元具有与信任根同样的能够提供最初可信状态信息的作用；

(5) 信任链在信任元的基础上继续进行信任传递。

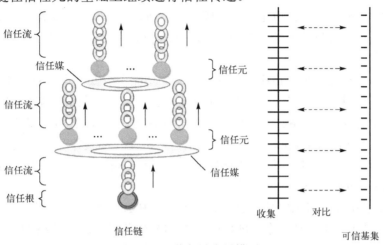

图 6-54　信任链度量模型

但静态完整性度量仅能确保系统在启动时是安全可靠的，并不能确保系统在整个运行过程中都安全可靠，因此产生了动态度量以弥补这种缺陷。动态度量需要在程序或系统运行时动态地获取其运行特征，如控制流、访问模式等，再根据规则或模型分析判断系统是否运行正常，动态度量相对于基于数据完整性的度量更为复杂，目前可信计算研究领域存在理论滞后于技术开发的问题，尚未有完善的可信动态度量模型。

3. 可信计算平台的争议

虽然可信计算的拥护者认为可信计算会让计算机更加安全、不容易被病毒和恶意软件侵害，但也一直存在许多反对可信计算的人认为可信计算的机制会限制其属主的行为，造成强制性垄断，举例如下。

(1) 无法更换软件：自由软件基金会创始人 Richard Stallman 称可信计算为 Treacherous Computing(背叛的计算)，因为可信计算可通过加密和数字签名方式决定哪些程序能执行、哪些文档可以访问，意味着用户可能无法在设备上运行自己修改的程序，即计算机可以不服从用户的支配。

(2) 无法控制数据：封装存储可能阻止用户将封装的文件移动到新的计算机。TPM 规范的迁移部分要求一些特定类型的文件只能移动到采用相同安全模型的计算机上，如果一个旧型号的芯片不再生产，则根本不可能将数据转移到新计算机。

(3) 隐私问题：某些版本的 Windows 会把硬盘上的所有软件汇报给 Microsoft。

(4) 丧失互联网上的匿名性：装有可信计算设备的计算机可以唯一证明自己的身份，

厂商或其他可以使用证明功能的人就能够以非常高的可能性确定用户的身份。

6.3.2 可信平台模块

可信平台模块(trusted platform module，TPM)由 TCG 提出，是一块嵌入在 PC 主板上的系统级安全芯片，目前有 ISO/IEC 11889:2009(TCG1.2)和 ISO/IEC 11889:2015(TCG 2.0)两个国际标准。

TPM 是可信计算的核心，其功能包括数字签名、身份认证、数据加密、内部资源的授权访问、完整性度量、信任链的建立、直接匿名访问、证书和密钥管理等。TPM 芯片上集成了上述功能所必需的基础模块，并通过 LPC(low pin count，精简引脚)总线与 PC 芯片集结合在一起使用。

根据相关标准规定，TPM 芯片内部的密码运算功能至少要实现 RSA、SHA-1 和 HMAC 三种算法，也可以扩展 DSA 或 ECC 等其他算法。芯片同时也提供密码处理功能，包括 RSA 加速器、SHA-1 算法引擎、随机函数发生器、密钥存储等，这些功能在 TPM 硬件内部执行，对外仅提供 I/O(input/output，输入输出)接口，不受外部硬件和软件代理干预。

TPM 中存储了三种证书，即背书证书(endorsement cert)、平台证书(platform cert)和一致性证书(conformance cert)。

(1) 背书证书中存放背书密钥(endorsement key，EK)的公钥，通过保护 EK 来提供平台的真实性证明。其中，EK 是一个 2048 比特的 RSA 公私钥对，私钥在 TPM 内部产生，永远不会暴露在 TPM 外部，EK 是唯一的，也是信任的基础。

(2) 平台证书由平台的生产商提供，用于证明平台的安全组件的真实性。其中身份证明密钥(attestation identity key，AIK)用于提供平台的身份证明，是一种伪匿名鉴别。

(3) 一致性证书由平台的生产商或评估实验室提供，通过授权方为平台提供安全特性的证明。

常见的 TPM 芯片生产厂商有 Infineon(英飞凌)、STMicro electronics (意法半导体)以及 Atmel，国内主要的生产厂商有国民技术、兆日科技。

TPM 工作原理如下。

TPM 作为可信计算平台的核心，实际上是一块安装在主板上，含有密码运算部件和存储部件的系统级芯片，其具有三大基本功能。

(1) 身份认证：在 TPM 芯片中，身份信息的标识通过证书实现。证书有两种：一种是 TPM 出厂便拥有的基本证书，即凭证证书、平台证书和一致性证书，它们相互关联以表明 TPM 芯片符合规范，且有唯一确定的身份，最常用的有 EK 凭证和 AIK 凭证；另一种是平台身份证书，由可信第三方发布，标识平台身份，用于证明平台的可信性。

(2) 安全度量：用于平台的完整性度量和报告。度量并记录加载的启动代码，提供系统启动过程的证据，作为保护 BIOS 和 OS 的辅助处理器。该功能基于可信度量根 RTM、可信存储根(root of trust for storage，RTS)和可信报告根(root of trust for report，RTR)建立起信任链，将 TPM、终端平台、EK 通过硬件技术或密码技术绑定在一起，实现安全度量。

(3) 密钥服务：能生成、存储密钥，并限制加密密钥的使用，是 TPM 最核心的功能，可以对 CPU 处理的数据流进行加密,同时监测系统底层的状态。只有在此基础上,才能开发出唯一身份识别、系统登录加密、文件夹加密、网络通信加密等各个环节的安全应用。TPM 在使用过程中会创建大量密钥,密钥分为存储根密钥、存储密钥、加密密钥、签名密钥等类型,按照密钥的迁移性,还分为可迁移密钥和不可迁移密钥。TPM 常见的密钥有 EK、SRK(storage root key,存储根密钥)、AIK。EK 是平台唯一身份的标识,SRK 保护其他密钥和数据,AIK 用于证明平台的身份。

　　TPM 通过与可信软件栈(trusted software stack,TSS)的结合来构建跨平台和软硬件系统的可信计算体系结构,体现了 TCG 以硬件芯片增强计算平台安全的基本思想,为可信计算平台提供了信任根,以密码技术支撑 TCG 的可信度量、存储、报告机制,为用户提供确保平台系统资源完整性、数据安全存储和平台远程证明等可信服务。

　　TPM 的内部结构如图 6-55 所示,其中包含的主要部件及其核心功能如下。

　　(1) I/O 部件:完成总线协议的编码和译码,并实现 TPM 与外部的信息交换。

　　(2) 电源检测部件(Opt-In):管理 TPM 的电源状态。

　　(3) 执行引擎(Execution Engine):包含 CPU 和相应的嵌入式软件,通过软件的执行来完成 TPM 的任务。

　　(4) 非易失性存储器(Non-Volatile Memory):主要用于存储嵌入式操作系统及其文件系统,也用于存储持久性的 TPM 数据,如密钥、证书、标识等。

　　(5) 密码协处理器(Cryptographic Co-Processor):用于实现加密、解密、签名和验证签名的硬件加速。

　　(6) HMAC 引擎(HMAC Engine):实现基于 SHA-1 的 HMAC 的硬件引擎,其计算根据 RFC 2014 规范。

　　(7) SHA-1 引擎(SHA-1 Engine):Hash 函数 SHA-1 的硬件执行。

　　(8) 随机数发生器(Random Number Generator):TPM 内置的随机源,用于产生随机数。

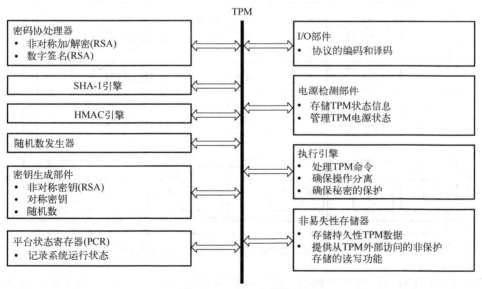

图 6-55　TPM 内部结构

(9) 密钥生成部件(Key Generator)：用于产生 RSA 密钥对。

(10) 平台状态寄存器(Platform Configuration Register)：用于记录系统运行状态的寄存器，能提供一种基于密码学的度量软件状态的方法，度量对象包括平台上运行的软件和该软件使用的配置数据。

尽管 TCG 是非营利性机构，TPM 的技术也是开放的，但由于掌握核心技术的仍是 Microsoft、Intel、IBM 等国际巨头，因此采用 TPM 标准的安全设备会使国家信息安全面临巨大威胁。基于安全战略方面的考虑，国内以密码算法为突破口，借鉴了 TPM 1.2 的架构，替换了其核心算法后，完全采用我国自主研发的密码算法和引擎(图 6-56)，来构建一个安全芯片，即可信密码模块(TCM)。同时，TCM 中也按照我国的相关证书、密码等政策提供了符合我国管理政策的安全接口，是按照我国密码算法自主研制的具有完全自主知识产权的可信计算标准产品，基于 TCM 的可信计算平台体系结构如图 6-57 所示。

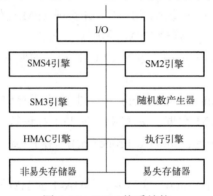

图 6-56　TCM 体系结构

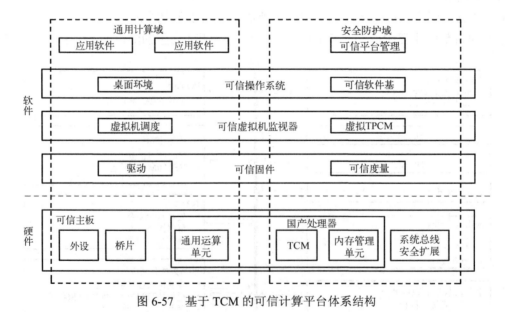

图 6-57　基于 TCM 的可信计算平台体系结构

TPM 作为 TCG 可信体系的核心，以外部设备的形式挂载于通用计算平台外部总线上，仅做被动度量，而无法主动动态度量，必须先启动 BIOS，对硬件和系统检测完毕后，BIOS

加载 TPM 芯片才能发挥度量作用，这给黑客入侵、攻击 BIOS 提供了机会。对此，由我国沈昌祥院士首先提出了可信平台控制模块(TPCM)，TPM 和 TPCM 的区别对比如表 6-9 所示。

表 6-9　TPM 与 TPCM 的区别

对比项	TPM	TPCM
完整性度量	必须先启动 BIOS，对硬件和系统检测完毕后，BIOS 加载 TPM 芯片才能发挥度量作用	优先于 CPU 启动，并主动对 BIOS 进行验证；验证通过后，通过电源和总线控制机制允许 CPU 启动运行
可信报告	不对度量结果进行比较，只将度量结果存储在 PCR 中	对度量结果进行比较，同时将错误的度量结果通过触发中断方式主动报告给平台
控制功能	仅储存当前硬件设备的度量信息，不具有控制功能	可以通过检查硬件设备的可执行程序、控制策略配置信息、工作模式配置信息和 Option ROM 的完整性，以及当前硬件电路的工作状态，判断硬件设备的可信性；可以通过配置、切换控制策略和工作模式配置信息，实现对硬件设备的控制功能
可信密码功能	公钥密码算法只采用了 RSA，杂凑算法只支持 SHA1 系列，回避了对称密码	在密码算法上，全部采用国有自主设计的算法；在密码机制上，采用对称和非对称密码相结合体制；在证书结构上，采用双证书体系(平台证书和用户证书)

在《信息安全技术　可信计算规范　可信平台控制模块》(GB/T 40650—2021)标准中定义：TPCM 内部集成了 TCM 芯片，由硬件、软件及固件组成，与计算部件的硬件、软件及固件并行连接，并对 TPM 规定的硬件和可信软件栈(TSS)架构做了较大的改动，是用于建立和保障可信起点的一种基础核心模块，为可信计算节点提供主动度量、主动控制、可信验证、加密保护、可信报告、密码调用等功能。

TPCM 最大的优点是可以做主动度量，如图 6-58 所示，该标准中要求设计 TPCM 产品时，应确保 TPCM 先于主机计算部件上电启动，并全程并行于计算部件，实现从计算部件第一条指令开始的可信建立。这样不但能在系统启动过程中防止使用经篡改的部件来构建运行环境、抵御恶意代码攻击，还能在系统运行中能动态地保护运行环境及应用程序的可信安全，最终实现对计算系统全生命周期的可信度量和可信控制。

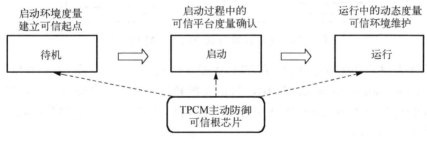

图 6-58　TPCM 主动防御

同时应用基于国密算法的 TCM 和基于可信平台控制模块(TPCM)的信任根，实现密码算法与平台控制相结合，在国内称为可信计算 3.0。

可信计算节点中的 TPCM 的位置如图 6-59 所示，其工作过程中需与 TSB(trusted software base，可信软件基)、TCM、可信管理中心和可信计算节点的计算部件交互，方式如下。

(1) TPCM 硬件、固件与软件为 TSB 提供运行环境，设置的可信功能组件为 TSB 按策略库要求实现度量、控制、支撑与决策等功能提供支持。

(2) TPCM 通过访问 TCM 获取可信密码功能,完成对防护对象的可信验证、度量和保密存储等计算任务,并提供 TCM 服务部件以支持对 TCM 的访问。

(3) TPCM 通过管理接口连接可信管理中心,实现防护策略管理、可信报告处理等功能。

(4) TPCM 通过内置的控制器和 I/O 端口,经由总线与计算部件的控制器交互,实现对计算部件的主动监控。

(5) 计算部件操作系统中内置的防护代理(图 6-59 中获取可信验证要素代理)获取预设防护对象的有关代码和数据并将其提供给 TPCM,随后 TPCM 将监控信息转发给 TSB,由 TSB 依据策略库进行分析处理。

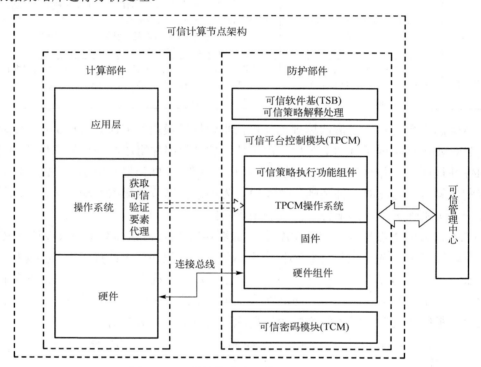

图 6-59　可信计算节点中的 TPCM 的位置

可信基础支撑软件运行于 TCM 和 TPCM 模块组成的硬件上,如图 6-60 所示,其由可信软件基 (trusted software base,TSB)、可信支撑软件系统服务(TSS)和可信支撑软件应用服务 (trusted application service,TAS)组成,能向可信计算平台提供完整性验证、数据加密和身份认证管理等功能。

根据《信息安全技术　可信计算　可信计算体系结构》(GB/T 38638—2020)中的规定,图 6-61 是 TPCM 可信计算平台度量结构,可信部件主要对计算部件进行度量和监控,其中监控功能依据不同的完整性度量模式为可选功能,可信部件提供密码算法、平台身份可信、平台数据安全保护等功能。可信计算平台中的计算系统部件和可信部件逻辑相互独立,形成具备计算功能和防护功能并存的双体系结构,即可信 3.0 构造了一个逻辑上可以独立运行的可信子系统,通过这一可信子系统,以主动的方式监控宿主信息。

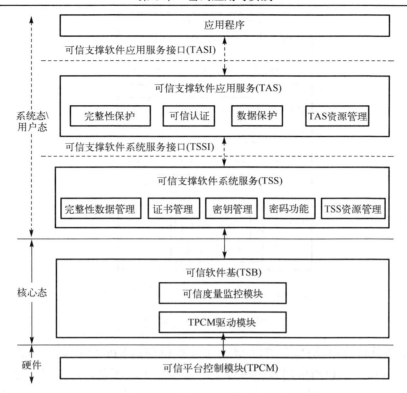

图 6-60　可信基础支撑软件架构

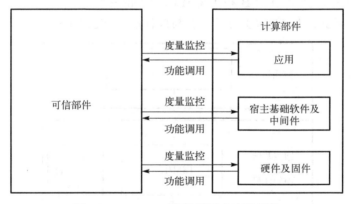

图 6-61　TPCM 可信计算平台度量结构

　　可信部件主要包括可信密码模块(TCM)/可信平台模块(TPM)、可信平台控制模块(TPCM)、可信平台主板、可信软件基(TSB)和可信连接。可信部件具有三种完整性度量模式，即裁决度量模式、报告度量模式和混合度量模式，这三种模式依赖不同的可信部件。

　　(1) 裁决度量模式：如图 6-62 所示，参与部件应包括 TCM/TPM、TPCM、可信平台主板和 TSB。

　　在硬件及固件层，TPCM 应为可信计算节点中第一个运行的部件，作为可信计算节点的信任根，应用 TCM/TPM 或其他的密码算法和完整性度量功能对 BIOS、宿主基础软件等计算部件主动发起完整性度量操作，并依据度量结果进行主动裁决和控制。

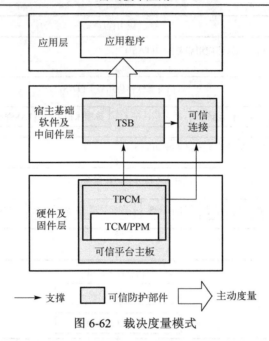

图 6-62　裁决度量模式

　　在宿主基础软件及中间件层，TPCM 向上层提供使用 TPCM 基础资源的支撑，TSB 通过调用 TPCM 的相关接口对应用软件进行主动监控和主动度量，对应用软件完全透明，保证应用软件启动时和运行中的可信。可信计算节点在接入网络时，会对支持可信连接的网络部署，以及对可信连接调用 TSB 和 TPCM 时提供的完整性度量结果，进行相应操作。

　　(2) 报告度量模式：如图 6-63 所示，参与部件应为 TCM/TPM。

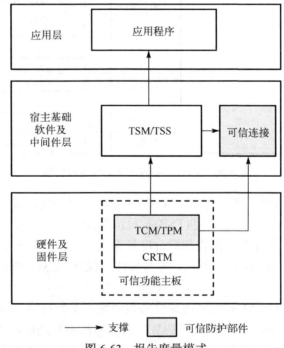

图 6-63　报告度量模式

在硬件及固件层，可信功能主板上嵌入的 BIOS 中的 CRTM 构成可信计算节点的信任根，并通过 TSM/TSS 等向上层提供使用 TCM/TPM 等基础资源的支持。在信任链建立过程中，各计算部件代码应调用 TCM/TPM 等的完整性度量接口对信任链建立的下一环节进行完整性度量，并报告度量结果，由应用程序或其使用者进行裁决。

在宿主软件及中间件层，由应用层的应用程序调用 TSM/TSS 等相关接口进行完整性度量，并给出完整性报告，由应用程序使用者进行裁决。对于支持可信连接的网络部署，可信连接调用 TSM/TSS 等提供的接口进行完整性度量，并根据度量结果进行相应操作。

(3) 混合度量模式：如图 6-64 所示，参与部件应为 TCM/TPM 和 TSB。

信任链建立过程中，在硬件及固件层的 TCM/TPM 工作于报告度量模式，在宿主基础软件及中间件层的 TSB 通过调用 TCM/TPM 相关接口工作于裁决度量模式。

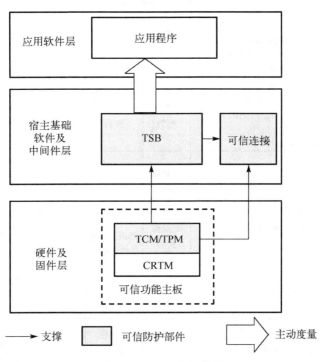

图 6-64　混合度量模式

6.3.3　密钥管理

1. TPM 密钥

可信计算平台中 TPM 的一个功能是：应用程序可以把密钥安全地保存在硬件设备中，密钥生成器基于 TPM 自己的随机数发生器，不依赖任何外部的随机源。

TPM 可以生成密钥，也可以导入在外部生成的密钥，它支持对称和非对称密钥，因为 TPM 设备的存储资源有限，应用程序经常需要安全地将密钥换入换出 TPM，这时 TPM 也是一个密钥缓存器。

密钥可以看作 TPM 中的一种实体，也可以看作专门定义的 TPM 对象。TPM 内部会形成一个天然的层次化组织架构来保护密钥。包含密钥的组织架构在访问时会遇到相应的安全控制方式,包括口令、增强的授权策略、密钥复制限制和密钥用途限制。

2. TPM 密钥类型

TPM 密钥可分为可迁移密钥和不可迁移密钥。其中,可迁移密钥指在一个 TPM 中生成的密钥可以传送到另一个 TPM 中使用;不可迁移密钥则指在一个 TPM 中生成的密钥只限在该 TPM 中使用,永久与某个指定平台关联,任何此类密钥泄露到其他平台都将导致平台身份被假冒。具体的密钥类型如表 6-10 所示。

表 6-10　TPM 中的密钥类型

密钥名	作用	类型	移植属性	产生时机	说明
背书密钥(EK)	(1) TPM 的身份标识,一般和背书证书一起使用; (2) 生成身份证明密钥(AIK); (3) 解密 TPM 所有者的授权数据; (4) 不用做数据加密和签名	非对称密钥	不可迁移密钥	TPM 生产过程中	唯一
身份证明密钥(AIK)	(1)代替 EK 提供平台证明; (2) 专门用于对 TPM 产生的数据(如 PCR 值)进行签名,凡是经过 AIK 签名的实体,都表明经过 TPM 处理; (3) 有对应的 AIK 证书	非对称密钥	不可迁移密钥	EK 通过 PCA (私有 CA)生成	每个用户可有多个 AIK
存储根密钥(SRK)	加密数据和其他密钥	非对称密钥	不可迁移密钥	建立 TPM 所有者时生成	(1) 是特殊的存储密钥; (2) 管理用户的所有数据,也称为可信存储根(RTS); (3) TPM 仅存在一个
存储密钥	(1) 加密数据和其他密钥; (2) 不能用于签名	非对称密钥	不可迁移密钥、可迁移密钥		存储其他密钥的密钥
签名密钥	对应用数据和信息签名	非对称密钥	不可迁移密钥、可迁移密钥		(1) 可迁移签名密钥只能对非 TPM 产生的数据签名; (2) 不可迁移签名密钥可对 TPM 内部产生的数据签名
绑定密钥	用于加密保护 TPM 外部的任意数据,通常加密数据量较小(如对称密钥)	非对称密钥	可迁移密钥		使用 TPM 公钥加密的数据只能使用该 TPM 解密,即信息绑定到特定的 TPM 上
密封密钥	创建时,TPM 将记录配置值和文件哈希快照。仅当当前系统值与快照值相匹配时才能解封或释放密封密钥	非对称密钥			只有与当时状态匹配才返回解密值
派生密钥	(1)TPM 之外生成; (2) 用于签名或者加密; (3) 使用时才会载入 TPM; (4)用于需要在平台之间传递数据的场合	非对称密钥	可迁移密钥		
鉴别密钥	保护涉及 TPM 的传输会话(如 TPM 间的传输或者普通 PC 与装有 TPM 的可信平台的远程通信)	对称密钥			

3. 密钥管理体系

密钥管理采用树形结构,即通过上层父密钥的公钥部分对下层密钥进行数据的加密保护,同时辅以密钥访问授权的机制,从而确保密钥的合理使用。SRK 连同背书密钥(EK)

一起存储在 TPM 内部，用它对二级密钥信息加密生成二级密钥。依次类推，父节点加密保护子节点，构成整个分层密钥树结构。在密钥分层树中，叶子节点都是各种数据加密密钥和实现数据签名密钥。

如图 6-65 所示，密钥管理分为 TPM 内部密钥管理和 TPM 外部密钥管理，两者的主要区别在于密钥在 TPM 内部是明文存储的，而在 TPM 外部是以密文存储的。

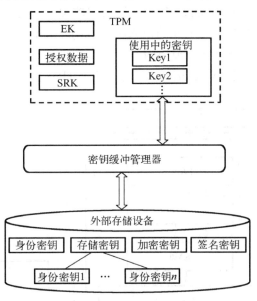

图 6-65 密钥管理体系

TPM 外部的密钥管理相对于 TPM 内部的密钥管理更精密。密钥在外部是以一个树形结构进行存储的，树的根节点是 SRK，负责管理一个易挥发的内存空间，其中存放用于执行签名和解密操作的密钥，存储加密原则是父密钥对子密钥加密，当使用外部密钥时，密钥缓冲管理器(key cache manager，KCM)将密钥加载到 TPM 的保护区域，由上层密钥解密后使用。SRK 是整个密钥树的可信根，它是由 TPM 初始化时获取平台所有者的时候写入 TPM 芯片的。

6.3.4 可信计算支撑软件

1. 可信软件栈概念

TSS：可信计算平台上 TPM 的支撑软件。TSS 的主要作用是为操作系统和应用软件提供使用 TPM 的接口，屏蔽 TPM 底层接口的细节。TSS 有 TSS 1.2 和 TSS 2.0 两个版本，其中基于 TPM 2.0 的 TSS 2.0 是最新的版本。如图 6-66 所示，TSS 从上到下包含如下几层。

(1) 特性 API(feature API, FAPI)：技术人员主要基于 FAPI 来编写大部分应用程序。

(2) 增强系统 API(enhanced system API, ESAPI)：中间层封装，提供更友好的功能接口。

(3) 系统 API(system API, SAPI)：编程需要大量的 TPM 知识，但同时也能够充分实现 TPM 的所有功能。

(4) TPM 命令传输接口(TPM command transmission interface, TCTI)：用于传输 TPM 命令和接收来自 TPM 的响应。对于本地物理 TPM、固件形态 TPM、虚拟 TPM、远程 TPM 和 TPM 模拟器，往往都需要不同的接口。

(5) TPM 访问代理(TPM access broker, TAB)：用于控制多进程同步访问 TPM，避免它们相互干扰。

(6) 资源管理器(resource manager, RM)：以类似虚拟内存管理器的方式，负责 TPM 对象和会话在 TPM 有限的内部存储空间的换入/换出(swap in/out)。在大部分常见的实现中，会将 TAB 和 RM 整合在一个单独的模块中。

(7) TPM 设备驱动(TPM device driver)：负责进出 TPM 数据的物理传输。

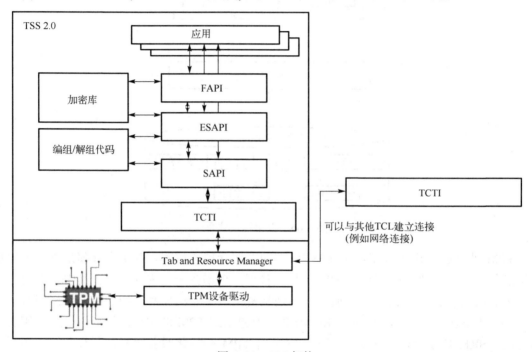

图 6-66　TSS 架构

2. 可信软件基概念

在可信计算 3.0 阶段，TPCM 设计标准《信息安全技术　可信计算规范　可信软件基》(GB/T 37935—2019)中使用可信软件基(TSB)代替了 TSS，具有主动度量的能力，弥补了 TSS 设计上的缺陷。

TSB 是 TPCM 的操作系统的延伸，位于 TPCM 和宿主基础软件之间。TSB 承担对 TPCM 的管理以及 TPCM 对宿主基础软件可信支撑的功能。从系统启动开始，TSB 以 TPCM 为可信根，通过信任链传递机制，实施逐级主动度量，保证系统启动、运行和网络连接等各阶段的可信，从而建立"无缝"的主动防御体系，实现系统的主动免疫。

TSB 由基本信任基、主动监控机制、可信基准库、支撑机制和协作机制组成，如图 6-67 所示。

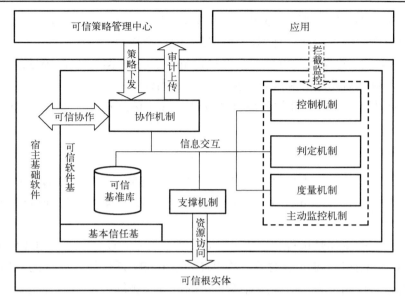

图 6-67　可信软件基功能结构

基本信任基在 TSB 启动过程中实现对其他机制的验证和加载；主动监控机制拦截应用的系统调用，在可信根实体(entity of root of trust，ERT)支撑下实现对系统调用相关的主体、客体、操作和环境的主动度量和控制；TSB 通过支撑机制实现对 ERT 资源的访问；TSB 通过协作机制实现与可信策略管理中心的策略和审计信息交互，以及与其他计算平台之间的可信协作。

TSB 交互接口包括内部交互接口和外部交互接口。内部交互接口支持 TSB 各机制之间的交互，外部交互接口支持 TSB 与 ERT、宿主基础软件和可信策略管理中心之间的交互。

3．自主可信固件

自主可信固件的基本功能包括：硬件平台上电后，获得系统控制权，初始化处理器、内存、芯片组等关键部件，枚举外设并为其分配资源，初始化显卡、硬盘、网卡等必要的外设，度量操作系统或可信虚拟机监视器核心代码，如果通过防篡改验证，则为其建立运行环境，然后移交控制权，如果没有通过验证，则执行可信恢复，重新启动，其结构如图 6-68 所示。

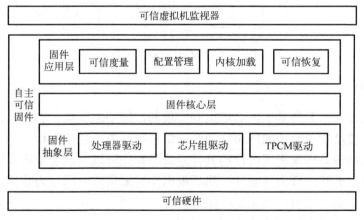

图 6-68　自主可信固件结构

　　(1) 固件抽象层：将处理器、芯片组、TPCM 等硬件进行包装和抽象，初始化处理器和硬件，为上层模块提供访问处理器、硬件设备的标准接口。

　　(2) 固件核心层：建立统一可扩展固件接口(unified extensible firmware interface，UEFI)的系统服务表，包括启动服务和运行时服务，进行固件中所有模块的统一管理。

　　(3) 固件应用层：实现固件的各项具体功能，如可信度量、配置管理、内核加载、可信恢复等。

　　4. 可信操作系统

　　由于当前国产操作系统大多是基于 Linux 内核开发的，因此可信操作系统基于 Linux 安全模块(Linux security module，LSM)框架实现可信软件基功能，以便可信功能更好地融入操作系统之中。

　　可信运行控制的主体是进程，客体可以是文件、目录、设备、进程间通信(inter-process communication，IPC)和 Socket 等对象，其原理如图 6-69。通过操作系统的可信运行控制机制，结合强制访问控制策略，对通用计算域中的进程实施细粒度的运行控制和访问控制，阻止非法程序的运行，防止非授权用户和进程对资源的访问，保证计算平台运行环境的安全可信。

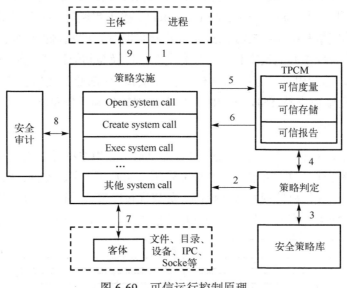

图 6-69　可信运行控制原理

　　5. 可信应用

　　可信应用的设计一般是基于白名单机制实现的，即动态度量和验证是通过应用行为白名单来实现的。被度量和验证的应用行为是系统调用行为，包括进程启动、进程调用、网络访问、文件访问等。实现应用可信的具体方式是首先通过对白名单应用的分析，收集用户正常行为，并以此建立行为规则库，然后根据实时采集的应用行为数据，对比应用行为规则库进行判断。如果应用行为无法匹配任何一条规则，则这个行为会被判断为异常，由可信管理中心决定是否告警或终止应用运行。

此外，动态关联感知技术通过对应用行为特征的判断，可发现在不调用白名单以外的情况下的应用异常。动态关联感知通过机器学习产生应用行为基线，在应用运行时采集一段时间的应用行为，通过大数据分析和机器学习的方式形成应用行为特征，并以此对应用行为特征异常做出判断。

6.3.5　基于 TPM 的 FIDO 身份认证应用

1. FIDO 身份认证技术

传统的身份认证方式无论是使用口令还是指纹等生物特征，几乎都要通过用户和服务器两侧的凭证匹配来完成，这就要求身份特征数据上传到服务端，存在数据泄露的风险。

快速在线身份认证(fast identity online，FIDO)应用是一个用于身份认证的国际标准，FIDO 通过易用的客观物理事实(如指纹、人脸、虹膜)代替口令(图 6-70)，基于公私钥对的非对称加密体系、只在本地的可信执行环境(trusted execution environment，TEE)中存储用户的生物特征信息是 FIDO 相较于传统身份认证方式的两个重要不同点，有统一分布式的认证器系统、统一开放的基于密码算法的认证协议、基于风险策略的身份认证基础设施，以进行可信身份认证。通过刷指纹、刷脸等方式访问网络服务胜在用户体验。FIDO 1.0 标准仅包括 UAF(universal authentication framework，通用身份认证框架)、U2F(universal 2nd factor，通用第二因素)认证协议，FIDO 2.0 则加入了 WebAuthn 和 CTAP(client to authenticator protocols，客户端到认证器协议)两种新协议，同时在适配层面，FIDO 也近乎完成对底层硬件(安全芯片、生物特征鉴证器)、操作系统(安卓和 Windows 10)，以及最新版本主流浏览器(Chrome、Edge、Firefox 提供原生接口)的支持。FIDO 规范支持不同的用户验证方法(如基于 PIN、基于指纹等)，及不同的验证器实现(如在丰富的操作系统、可信执行环境(TEE)或安全元件/TPM 中)。

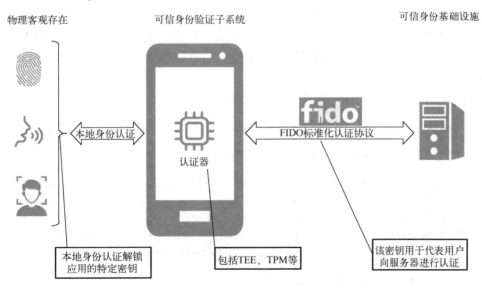

图 6-70　FIDO 身份认证技术

典型的 FIDO 工作原理如下。

FIDO 身份认证使用标准公钥加密技术来提供防网络钓鱼身份验证功能。在注册在线服务时，用户的客户端设备会创建一个与网络服务域绑定的新加密密钥对。设备保留私钥，并向在线服务注册公钥。这些加密密钥对称为通行密钥,对每个在线服务都是独一无二的。与密码不同的是，通行密钥可以抵御网络钓鱼，始终保持强大功能，而且在设计上没有共享的秘密。

用户的设备必须通过签署挑战来证明自己拥有私钥，这样才能完成登录。只有当用户通过快速简便地输入生物特征识别码、本地 PIN 或轻触 FIDO 安全密钥，在其设备上验证本地登录后，才能实现登录。登录是通过用户设备和在线服务的挑战-应答完成的；服务不会看到或存储私人密钥。完整的 FIDO 认证过程如图 6-71 所示。

图 6-71　FIDO 认证过程

2. TPM 在 FIDO 中的应用

FIDO 的认证器包括很多种，其中就包含 TPM(图 6-72)。FIDO 标准组织联合 W3C(World Wide Web Consortium，万维网联盟)在提交的 FIDO 2.0: Key Attestation Format 规范中详细定义了基于 TPM 的认证器实现，这意味着所有浏览器都要支持基于 TPM 的 FIDO 认证协议。基于 ISO/IEC 11889 可信平台模块应用的 FIDO 2.0 可以直接使用国密算法 SM2 进行签名验证。

如果使用 TPM 1.2，FIDO 认证支持如下算法：

```
TPM_ALG_RSASSA (0x14): attestationStatement.header.alg="RS256"
```

如果使用 TPM 2.0，FIDO 认证支持如下算法：

```
TPM_ALG_RSASSA (0x14): attestationStatement.header.alg="RS256"
TPM_ALG_RSAPSS (0x16): attestationStatement.header.alg="PS256"
TPM_ALG_ECDSA (0x18): attestationStatement.header.alg="ES256"
TPM_ALG_ECDAA (0x1A): attestationStatement.header.alg="ED256"
TPM_ALG_SM2 (0x1B): attestationStatement.header.alg="SM256"
```

TPM 在 FIDO 中的应用方案已经被许多公司所采纳，例如，Windows 登录使用的 Microsoft Passport 基于 FIDO 标准框架建立，同时使用了可信平台模块提供的 FIDO 认证密钥保护机制，认证密钥在可信模块中生成，私钥将永远不会在物理安全芯片之外使用。

Microsoft Edge 浏览器也直接支持 FIDO 2.0，W3C Web Authentication 可以直接基于 TPM 保护的密钥做 FIDO 协议的身份认证。

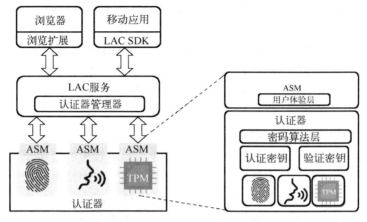

图 6-72 FIDO 身份认证技术中的 TPM

6.4 物联网和工业互联网密码应用

6.4.1 微内核加密算法

　　微内核加密通常指的是在计算机系统中使用微内核架构，并通过加密技术来保护系统的安全。微内核是一种操作系统设计范例，其中核心功能被设计为最小化，而其他功能则通过模块化的方式实现在用户态或其他特权级别运行。微内核的设计旨在提高系统的可维护性、可扩展性和安全性。通常程序的代码量与错误率是成正比的，与宏内核大体量的代码相比，微内核小体量的代码在这方面就具有了天然的优势，因此其内核架构本身就具有更强健的稳定性。除此之外，很多的设备驱动都是由第三方机构来进行开发定制的，这些代码的安全性和稳定性都有待考究。对于宏内核而言，如果任何一个设备代码出现问题，整个内核都将面临崩溃的困境。而微内核却不会出现这样的问题，因为设备代码是作为用户进程运行在内核空间之外的，即使设备代码出现问题，内核依然可以正常运行，所以微内核天生就具有比宏内核更高的安全性和可靠性。

　　微内核将核心功能分解为最小化的组件，这些组件以最小特权级别运行。常见的微内核架构包括 L4、Mach 和 Minix。在微内核中引入加密技术的目的是增强系统的安全性，确保关键数据和通信无论是在系统内部还是外部传输时都能得到加密保护。加密技术涉及数据加密、通信加密、存储加密等方面，以保护系统的机密信息。微内核加密的一个主要目标是保护操作系统中的关键数据，如密码、密钥、用户凭证等。通过采用合适的加密算法，可以确保这些关键数据在存储和传输过程中得到保护。

　　微内核加密还可以应用于操作系统内部组件之间的通信，以确保在不同模块之间传输的数据是安全的。安全通信可能涉及加密协议、数字签名、身份验证等技术，以防止信息被窃听或篡改。对于微内核中存储的重要数据，如配置文件、用户数据等，可以使用存储加密技术来确保这些数据在存储介质上是加密的，从而防止未经授权的访问。微内核加密可能依赖于硬件的安全功能，如硬件加速的加密引擎、安全存储等，以提高加密操作的效率和安全性。

对称加密算法：AES 是一种对称加密算法，广泛用于数据加密。它支持 128 位、192 位和 256 位密钥长度，提供高度的安全性和性能。DES 是一种早期的对称加密算法，虽然已经过时，但在某些情况下仍可见。它使用 56 位密钥，已不再被推荐用于安全通信。

非对称加密算法：RSA 是一种非对称加密算法，用于实现公钥加密和数字签名。它基于数学问题的难解性，如质因数分解。ECC 是一种在相对较短的密钥长度下具有相当于传统加密算法的强度的非对称加密算法。它在资源受限的环境中特别有用。

这些加密算法可以在微内核加密中根据具体需求进行组合使用。例如，对称加密算法可以用于保护大量数据的传输，而非对称加密算法可用于安全地交换密钥，确保通信的机密性。这些算法的选择应根据系统需求、性能要求和安全性等因素进行权衡。

6.4.2　射频识别技术

1. 基本概念

射频识别(radio frequency identification，RFID)技术是一种用于识别、跟踪和管理物体的自动识别技术。它利用无线电波将数据从一个电子标签读取到一个接收器中，而无须直接接触。RFID 技术已经在各种领域得到广泛应用，从供应链管理到物流、零售、医疗保健、农业和安全等领域。

如图 6-73 所示，RFID 系统通常由三个主要组件组成：电子标签、读写器和数据处理系统。以下是这些组件的基本功能和工作原理。

(1) 电子标签(RFID 标签)：一种被动式或主动式装置，用于存储和传输数据。它通常由一个微芯片和一个天线组成。微芯片存储了唯一的识别码和其他相关数据，而天线用于接收和发送无线电信号。电子标签根据其供电方式的不同可以分为被动式和主动式两种类型。被动式标签从读写器接收能量并用于传输数据，而主动式标签具有自己的电源，能够主动发送信号。

(2) 读写器(RFID 读写器)：是用于与电子标签通信的设备，它通过无线电信号与标签进行通信。读写器向附近的标签发送电磁信号，激活标签并读取其存储的数据。读写器还可以写入数据到标签中，以更新或修改其存储的信息。读写器可以连接到计算机系统或网络，以便将读取的数据传输到数据处理系统进行处理和分析。

(3) 数据处理系统：可以是一个单独的计算机系统，或集成到企业的现有信息系统中。数据处理系统负责存储和管理从 RFID 标签读取的数据，并根据需求提供相关信息和报告。这些系统通常与企业的库存管理、物流跟踪或其他业务流程集成，以提高效率和准确性。

数据处理系统　　　　　读写器　　　　　电子标签

图 6-73　RFID 工作示意图

2. 基本原理

RFID 装置通常由一对主从设备组成,其中主方是 RFID 读写器(无线电发射和接收器),从方是 RFID 标签(无线电应答器)。RFID 标签被安装在待识别的物体上,并在其存储器内存储着特定的信息。在需要时,RFID 标签会向 RFID 读写器发送存储的信息,这就是 RFID 的基本原理模型。

RFID 识别采用非接触的电磁波信息交换方式,使得被识别的 RFID 标签与 RFID 读写器不必处于互相直接可视的状态下。相比之下,与条形码光学信号识别不同,RFID 技术具有更大的适用范围。例如,在包装箱内的物品和视线距离以外的动物都可以进行 RFID 识别。

RFID 技术不仅能够对进入读写器发射电磁场区内的单个物品进行识别,还能够对该电磁场区内的一群物品进行快速连续逐一识别,前提是每个物品上都安装了 RFID 标签。在识别过程中,RFID 读写器还能够对 RFID 标签存储的数据进行修改。

需要注意的是,RFID 是一个较宽泛的技术概念,不同应用领域的 RFID 设备在所占用的无线电频段、通信工作机制、信号调制与编码方式、数据存取方式、主动与被动呼叫、双工与单工方式、只读标签、标签或读写器先讲、有源无源等方面存在很大的技术差异。因此,RFID 技术在不同领域的具体应用也会有所不同。

3. 工作流程

RFID 系统具有基本的工作流程,通过这个流程,可以理解 RFID 系统如何利用无线射频方式在读写器和电子标签之间进行非接触双向数据传递,以实现目标识别、数据传递和控制的目的。一般而言,RFID 系统的工作流程如下。

(1) 读写器通过天线发送特定频率的射频信号。

(2) 当电子标签进入读写器天线的工作区域时,电子标签的天线会产生足够的感应电流,从而激活电子标签。

(3) 激活后,电子标签通过内置的天线发送自身的信息。

(4) 读写器的天线接收到电子标签发送的无线射频信号。

(5) 读写器将接收到的无线射频信号传输到读写器的处理单元。

(6) 读写器对接收到的信号进行解调和解码,然后将其送到系统的高层进行相关处理。

(7) 系统的高层根据逻辑运算判断电子标签的合法性。

(8) 根据系统设置,系统高层对不同的情况做出相应处理,生成控制命令信号,以控制执行机构的动作。

根据 RFID 系统的工作流程,电子标签通常由内置天线、射频模块、控制模块和存储模块构成,而读写器由天线、射频模块、读写模块、时钟和电源构成。需要注意的是,一些电子标签本身也可能包含电池,以提供额外的电源支持。

　　4. 数据安全保护

　　目前,RFID 技术已经深入社会发展的每个角落,某校园、交通、居民身份证甚至军事领域中的应用随处可见,如果 RFID 的安全性无法得到保证,那么必然会导致严重的国家安全问题。针对 RFID 的攻击通常可以分为两类:主动攻击和被动攻击。主动攻击包括获取到电子标签并以物理手段对标签进行破解,通过算法漏洞和协议缺陷对标签内容进行篡改,以及占用射频信道实现拒绝服务攻击;被动攻击通常采用窃听手段分析系统正常工作中的射频信息,以获得 RFID 的通信数据。

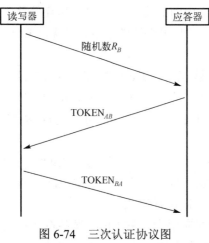

图 6-74　三次认证协议图

　　对此,读写器与电子标签间的通信采用国际标准 ISO 9798-2 中定义的"三次认证",如图 6-74 所示。

　　(1) 读写器向应答器发送查询口令的命令,应答器作为响应方传送一个随机数 R_B 给读写器。

　　(2)读写器生成另一个随机数 R_A,使用共享的密钥 K 和共同的加密算法 E_K 计算出加密数据块 $TOKEN_{AB}=E_K(R_A, R_B)$,并将其传送给应答器。

　　(3) 应答器接收到 $TOKEN_{AB}$ 后进行解密,将解密后的随机数与之前发送的随机数 R_B 进行比较,若一致,则读写器获得了应答器的确认。

　　(4) 应答器发送另一个加密数据块 $TOKEN_{BA}=E_K(R_{B1}, R_A)$ 给读写器。

　　(5) 读写器接收到 $TOKEN_{BA}$ 并对其解密,若解密后的随机数与之前发送的随机数 R_A 相同,则完成了读写器对应答器的认证。

6.4.3　短距离加密通信技术

　　1. Wi-Fi 技术

　　理论上,Wi-Fi 技术中用户位于接入点周围的某个区域,但如果被墙遮挡,建筑物内的有效传输距离将小于室外。Wi-Fi 技术主要用于 SOHO、购物中心、机场、家庭无线网络、机场、酒店、其他公共热点等不方便安装电缆的建筑物和场所,节省了大量电缆铺设费用。

　　2. 蓝牙技术

　　蓝牙技术是无线数据和语音通信的开放全球规范。蓝牙技术应用就是在固定或移动的设备之间的通信环境建立通用的短距离无线接口。蓝牙模块传输频带是世界通用的 2.4GHz ISM 频带,提供 1Mbit/s 的传输速率和 10m 的传输距离。蓝牙技术缺点是芯片尺寸难以减小、芯片价格难以下降、抗干扰性不强、传输距离太短、存在信息安全问题等。

3. ZigBee 技术

ZigBee 技术主要用于短距离内的各种电子设备之间，数据传输速率不高。ZigBee 这个名字来源于蜂群用于生存和发展的交流方式。蜜蜂曲折地跳舞，以分享新发现的食物的位置、距离和方向。ZigBee 属于蓝牙家族。这个家族使用 2.4GHz 频带，使用跳频技术。但 ZigBee 比蓝牙简单低速，功耗和成本低。其基本速率为 250Kbit/s，降低到 28Kbit/s 时，传输距离可以扩展到 134m，可以得到更高的可靠性，还可以连接到 254 个节点和网络，比蓝牙更好地支持游戏、家电、设备和家庭自动化应用程序。

4. IrDA 技术

IrDA(Infrared data association，红外数据协会)技术是使用红外线进行点对点通信的技术，是实现无线个人局域网(personal area network，PAN)的第一项技术。目前，其软件和硬件技术非常成熟，PDA、手机、笔记本计算机、打印机等小型移动设备均支持 IrDA 技术。

优点：不需要申请使用权，红外线通信成本低，体积小，功耗低，连接方便，红外线辐射角小，传输安全性高。

缺点：只能用于两个(非多个)设备之间的连接。蓝牙技术就没有这个限制，所以 IrDA 技术现在的研究方向是解决视距传输问题和提高数据传输速率。

5. NFC

NFC(near filed communication，近场通信)是像飞利浦、诺基亚和索尼推进的 RFID(非接触射频识别)这样的短距离无线通信技术标准。与 RFID 不同，NFC 使用双向识别和连接，动作在 13.56MHz 的频带内，传输距离为 20cm。NFC 最初只是远程控制识别和网络技术的组合，但现在逐渐发展成了无线连接技术。

NFC 通过在一个设备上组合所有识别应用程序和服务，解决了存储多个密码的故障，确保了数据的安全。使用 NFC，可以在多个设备(如数字照相机、PDA、机顶盒、计算机、手机等)之间实现无线互联，并相互交换数据和服务。同样，构建 Wi-Fi 系列无线网络时，需要多个计算机、打印机和其他无线卡的设备，还要求一些技术专家参与完成这项工作。在接入点上设置 NFC 后，如果其中两个处于关闭状态，则可以进行通信，比设置 Wi-Fi 连接容易得多。

6. UWB 技术

UWB(ultra-wideband，超宽带)技术又称为无线载波通信技术。因为使用纳秒量级的非正弦波窄脉冲而不是正弦波载波来传输数据，UWB 可以以非常宽的带宽传输信号。UWB 在 3.1~10.6GHz 频带内占有 500MHz 以上的频带。

UWB 近年来发展迅速，因为它可以使用低功耗、低复杂度的收发机实现高速数据传输。其使用低功率脉冲，可以以非常大的频谱传输数据，并利用频谱资源，而不会对传统的窄带无线通信系统造成重大干扰。基于 UWB 技术的高速数据收发机有广泛的用途。

UWB 技术的优点是系统复杂度低、发送信号的功率谱密度低、对信道衰落不敏感、拦截能力低、定位精度高，特别适合在室内等高密度多路径站点进行高速无线访问，以及构建高效的无线 LAN 和无线个人 LAN。UWB 主要用于墙壁、地面、人体可以透过的狭窄缝隙、高分辨率雷达和图像系统。

此外，这项新技术也适用于需要非常高的速率(100Mbit/s 以上)的 LAN 和 PAN，即光纤昂贵的情况。通常，UWB 可以在 10m 内实现高达数百 Mbit/s 的传输性能，但远程应用的 IEEE 802.11b 或 HomeRF 无线 PAN 的性能比 UWB 强。UWB 不会与流行的 IEEE 802.11b 和 Home RF 直接竞争，因为 UWB 在大约 10m 外的室内使用得很多。

7. 其他无线通信技术

现在，与手机集成的 RFID 技术主要是 NFC、SIMpass(双接口 SIM 卡)和 RF-SIM(可进行中短距离无线通信的手机智能卡)技术。

SIMpass 技术是 DI(dual inter face)卡技术和 SIM 卡技术的结合，是支持接触式和非接触式工作接口的多功能 SIM 卡。接触式接口实现 SIM 功能，非接触式接口实现支付功能，与多个智能卡应用程序规格兼容。

6.4.4　轻量级对称加密技术

在密码学中，将明文转换为密文可以通过各种方法来完成，通常将多种加密技术与密钥结合起来，将其转换为子密钥，并根据算法重复特定次数。对称算法要求发送方和接收方保持一个共享的秘密，该秘密用于加密或解密数据。共享的秘密不一定是密钥本身，也可以是获得密钥的一种手段。使用对称算法的主要好处是只需为加密和解密过程维护和应用一个密钥，而不是多个密钥，从而获得更好的性能。

1. 轻量级分组密码

分组密码使用密钥将固定大小的数据块中的位或字节转换为密文。在排列和替换这些数据块的过程中，使用与加密过程相同的密钥的解密过程是可逆的。轻量级分组密码与传统算法的不同之处在于分组大小、密钥的大小、轮函数、密钥编排的复杂性和操作的多少，具体如下。

(1) 分组长度更小：一些轻量级分组密码算法采用 64 比特或 80 比特分组长度，小于 AES 的 128 位分组长度。

(2) 密钥长度更小：为了提高性能，一些轻量级分组密码算法采用小于 96 比特的密钥长度(如 80 比特的 PRESENT 算法，如图 6-75 所示)。但是，目前一般要求分组密码算法的密钥长度至少为 112 比特(如采用双 56 比特密钥的 3DES 算法)。

(3) 轮函数更简单：轻量级分组密码算法采用的轮函数通常比传统分组密码算法更为简单，例如，采用 4 比特 S 盒而非 8 比特 S 盒。轮函数的简化可降低对芯片面积的要求，例如，PRESENT 算法使用的 4 比特 S 盒仅需要 28 个 GE(gate equivalent，等效门)，而 AES 算法的 S 盒需要 395 个 GE。

(4) 密钥编排更简单：轻量级分组密码算法大多采用更简单的密钥编排方法用以即时生成子密钥，可降低内存、延时、能耗的要求。

(5) 更少的操作：一些轻量级的块密码可以在每次求值中减少整个操作，而不仅仅是减少成本。例如，Mysterion 没有实现任何形式的键调度来减少每次评估的成本。

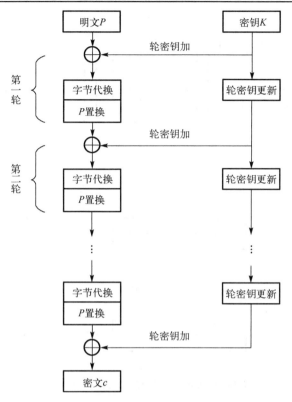

图 6-75　PRESENT 算法加密

2. 轻量级流密码

流密码使用从密钥映射的位或字节将明文加密成以单个位或字节为单位的密文。流密码的灵感来自一次性口令，它用不同的密钥对明文的每个比特或字节进行加密。一次加密一个比特或一字节的过程比在块密码中加密整个块要更迅速，因此流密码更快，适合于实时数据，如 VoIP。轻量级流密码的优点包括更高的吞吐量、更低的缓冲区大小需求和更低的复杂性。

3. 轻量级哈希函数

在哈希函数中，使用确定性函数将明文转换为密文。对明文的任何更改都会产生不同的密文。典型的哈希函数需要很大的内部状态，并且评估过程需要大量的功耗。引入轻量级散列函数可以解决高度受限设备的问题。轻量级哈希函数的例子有 PHOTON、Sponge 和 Quark，如图 6-76 所示。和传统的哈希函数相比，它们有更小的内部状态以及输出大小和更小的消息大小。

4. 轻量级消息验证码

一般讨论的对称加密算法的类型旨在通过加密技术或哈希函数将明文更改为密文。消息验证码(message authentication code，MAC)有一个更明确的目标，即在不实现任何形式的数据机密性安全或隐私目标的情况下提供消息完整性。它通过从数据消息和密钥生成标记来实现目标。接收方可以使用此标记来验证消息是否以任何方式被更改，并确保消息是从经过身份验证的源发送的，如 Chaskey MAC 算法，如图 6-77 所示。

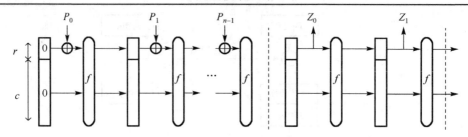

图 6-76　轻量级哈希函数(Sponge)结构示意图

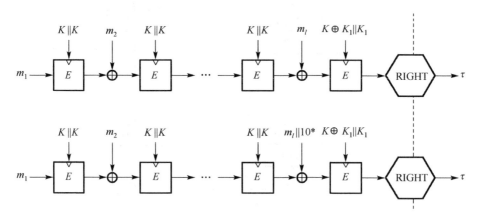

图 6-77　Chaskey MAC 算法工作示意图

6.4.5　工业数据聚合方法

工业数据是指工业领域中，企业在产品全生命周期各个阶段中开展各类业务活动所产生的数据的总和，主要由企业运营相关的业务数据、产线设备互联数据和企业外部数据三部分构成。工业数据具有数据体量大、数据来源多、分布广、种类多、结构复杂、关联性强的特点。同时，工业数据对准确性和实时性具有较高要求。

数据聚合是收集原始数据并以摘要形式表达以进行统计分析的过程。例如，可以在给定时间段内聚合原始数据，以提供平均值、最小值、最大值、总和与计数等统计数据。数据聚合并写入视图或报告后，使用者可分析聚合数据以深入了解特定资源或资源组。根据数据聚合的参与方数量，可将数据聚合划分为时间聚合和空间聚合。时间聚合指单个资源在指定时间段内的所有数据点之间进行的聚合操作，空间聚合指一组资源在指定时间段内的所有数据点之间进行的聚合操作。

工业数据聚合是工业互联网中引入的数据聚合，可帮助企业实现智能化生产、提高效率、降低成本、提高产品质量，并最终实现可持续发展。工业数据聚合指将来自多个传感器和设备的数据进行收集和整合以构造全面数据集，通过协助生产方实现对设备运行状态、生产过程中的各类参数、环境监测数据等指标的精准把控。通过数据聚合，企业可获得全面实时的生产数据，为后续分析奠定基础。

工业数据聚合安全问题是数据聚合技术在节约网络能量开销的同时也存在许多安全问题及安全需求。不同于传统互联网，工业互联网中设备收集的数据具有体量大、精确度高的特点，同时用于大型工业实时控制系统中的决策制定与策略调整，故对数据机密性、完整性、精确性、可用性与新鲜性具有较高要求。此外，工业数据包含大量用户隐私信息，故数据隐私性与不可否认性同样是两个重要的安全指标。

1. 工业数据聚合流程(图 6-78)

(1) 数据清洗和预处理：进行聚合操作之前的数据通常需要进行清洗和预处理，该步操作包括去除异常值、填充缺失数据、解决数据不一致性等。数据清洗可以保证聚合结果的准确性，为后续数据分析过程提供准确性支持。

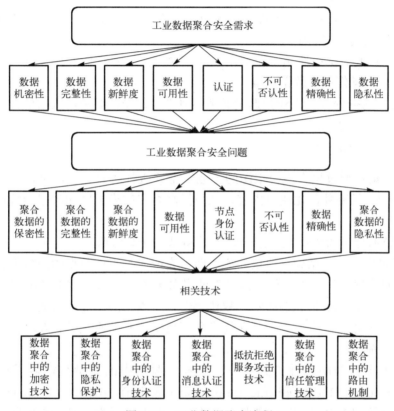

图 6-78　工业数据聚合流程

(2) 时间窗口和采样率：数据聚合通常基于时间窗口或采样率。时间窗口包含固定窗口和滑动窗口，前者设置以小时、日、月为单位的固定采样时间，后者支持根据时间间隔滑动以降低数据收集结果与时间的相关性。采样率决定从原始数据中选择的聚合数据点，采样率与对时间窗口内工业系统使用情况的刻画精细程度成正比。

(3) 分组和索引：数据聚合需将数据分组到相同索引的数据集中。索引支持使用时间戳、设备身份信息、传感器类型等特征数据。完成分组后进行聚合方法的选择。

(4) 滚动聚合和批量聚合：滚动聚合适用于实时数据流，例如，设定每 5min 计算一次滑动窗口内数据的聚合结果，随后滚动至下一滑动窗口。滚动聚合聚焦于工业数据的高效连续聚合，适用于实时性要求高的场景。批量聚合适用于离线数据，支持在整合后的完整数据集合中应用聚合方法，例如，基于一日数据集合计算当日每小时的平均值。批量聚合聚焦于工业数据的精确分析，适用于可用性要求高的场景。

(5) 聚合函数选择：工业数据聚合分析过程中需预置聚合函数，除传统数据加和操作外，数据聚合还支持加权平均值、百分位数以及其他自定义聚合函数，以满足工业互联网企业和机构的不同业务需求。

(6) 存储和查询：聚合完成的数据存储于数据库、数据仓库或数据湖泊中，聚合结果支持结构化语句查询及其他工具检索。

(7) 多源数据集集成：工业环境中的数据通常来自多个不同源头，数据聚合技术实现对这些多源数据的整合以支持综合分析。

(8) 实时性和低延迟：工业数据聚合需在实时或准实时的情况下处理数据，低延迟对于生产过程中的检测和控制至关重要。

(9) 高质量数据清洗：原始工业数据可能包含噪声、异常值或缺失值。数据聚合通过数据预处理等清洗操作保证数据质量。

(10) 大规模数据处理：工业数据量通常达到 TB 或 PB 级别，数据聚合技术需支持对大规模数据集的高效处理。

2. 工业数据聚合优势

(1) 改进决策：通过聚合多个来源的工业数据并进行实时分析，可帮助相关企业和机构提升决策的制定效率并优化决策内容，从而提高客户的满意度和数据的整体流通与应用效率。

(2) 简化数据分析流程：数据聚合技术使得从多个来源收集并分析工业数据变得更加容易，分析者仅需执行数据聚合协议的流程即可完成海量工业数据的高效聚合与分析。

(3) 更高的数据质量：由于传感器等工业设备多处于无人值守的环境中，相关数据精确度易受自然因素和传输延迟的影响，故传感器初步收集的工业数据质量无法得到保证。数据聚合技术引入数据清理操作，从而提高数据质量，有助于相关企业和机构消除数据错误以提高分析准确度。

(4) 数据安全性与隐私性得到保证：工业互联网中的海量数据多通过 EtherNet、HSE(high speed ethernet)、EPA(ethernet for plant automation)、NDP3(networked digital protocol 3)等工业以太网协议在公开信道中传播，数据安全性及隐私性受到严重威胁。工业数据聚合相关方案引入差分隐私技术、数据扰动技术并灵活应用密码学算法，从而保护工业数据在传输过程中的机密性、完整性及隐私性，提高工业网络整体决策的准确性与正确性。

6.4.6 网络时间密钥应用

时间密钥是一种安全技术，它可以帮助用户防止未经授权的访问，从而保护用户的数据安全。它在用户登录时生成唯一的密钥，并在用户登录后将其存储在服务器上，以便在用户每次请求时进行验证。如果密钥不匹配，则表明用户不是合法用户，从而阻止未经授权的访问。要实现时间密钥，首先需要在服务器上安装一个安全模块，该模块可以生成唯一的密钥，并将其存储在服务器上。然后，在用户登录时，服务器将生成的密钥发送给用户，用户将密钥存储在本地，以便在每次请求时进行验证。此外，服务器还需要安装一个安全模块，该模块可以检查用户提交的密钥是否与服务器上存储的密钥相匹配，从而阻止未经授权的访问。为了提高安全性，还可以使用双因素认证，即用户在登录时，除了需要输入用户名和密码外，还需要输入一个动态密钥，该密钥可以通过短信或电子邮件发送给用户，以便验证用户的身份。

时间密钥是一种加密技术，其原理是在发送数据之前，将数据加密，然后在接收方解密，以确保数据的安全性。时间密钥是由一组数字和字母组成的，它可以用来确定发送方和接收方的身份，以及发送的数据是否被篡改。时间密钥是由一些国际知名的安全公司开发的，如 RSA、Symantec、McAfee 等，而不是加拿大本土品牌。加拿大本土品牌可以提供安全解决方案，但不一定提供时间密钥技术。时间密钥技术在网络安全领域有着重要的作用，它可以有效地防止数据泄露、保护用户的隐私、防止黑客攻击，以及防止网络犯罪等。因此，时间密钥技术在网络安全领域受到了广泛的应用，它可以帮助企业和个人保护自己的数据和隐私。

基于时间的一次性口令(time-based one-time password，TOTP)也称为时间同步动态口令，是一种基于时间的一次性密码算法，通常用于两步验证和多因素身份认证，增强静态口令认证的安全性。TOTP 算法由因特网工程任务组(IETF)在 RFC 6238 中定义，是基于 HMAC(基于哈希的消息认证码)的一次性密码算法(HMAC-based one-time password，HOTP)的扩展，添加了一个时间因素。

TOTP 的工作原理是将事件作为密码生成的关键因素，使用 HMAC-SHA-1 算法，将当前时间作为输入，并使用一个共享密钥 K 和一个时间参数 T 进行计算。其中，共享密钥是事先在客户端和服务器之间协商好的。

TOTP 密码生成过程如下。

(1) 初始化：用户在服务提供商注册账户时，服务提供商(服务器)针对每一个用户生成一个密钥并保存在数据中，然后将这个密钥以某种方式(通常是二维码)分享给用户，用户将其添加到(通过扫码)自己的身份验证器应用中。

(2) 生成 TOTP：身份验证器应用会按照固定的时间间隔(通常是 30s)使用 HMAC-SHA-1 算法，通过当前的时间和在初始化步骤中获取的密钥，生成一个新的一次性密码，这个密码通常是一个 6 位数字(但也可能更长或更短)。

(3) 验证 TOTP：当用户尝试登录或执行需要验证的操作时，会被要求提供当前的一次性密码。用户从自己的身份验证器应用中获取这个密码，并输入到服务提供商的网站或应用中。服务提供商会使用同样的算法和密码，以及当前的时间戳，生成一个一次性密码，并将其与用户提供的密码进行比较。如果两个密码匹配，用户的身份就被认为已经验证。

TOTP 的优点在于利用了时间作为动态因素，使得密码具有一次性的特点，可以防止重放攻击。即使攻击者能够截获一个一次性密码，也无法再次使用它，因为密码在短时间后就会过期。此外，由于密码是基于时间和密钥生成的，因此攻击者无法预测未来密码，除非能够获取密钥。TOTP 除了以上的优点，也有一定的局限性。TOTP 算法对于时间的同步要求较高，需要客户端和服务器之间的时间保持精确同步。

6.5　云计算密码应用

6.5.1　云密码机

随着数据在云端的大规模存储和处理，保护数据的安全成为一项紧迫的任务。在这个背景下，云密码机作为一种关键的安全工具，提供了可信赖的数据加密和密钥管理解决方案。

1. 云密码机定义

云密码机全称为云服务器密码机。云密码机是在云计算环境下，采用虚拟化技术，以网络形式为多个租户的应用系统提供密码服务的服务器密码机。

云服务器密码机在物理形态上表现为一台独立的密码设备，在逻辑上由一个宿主机和若干个虚拟密码机组成，云服务器密码机总体结构如图 6-79 所示。

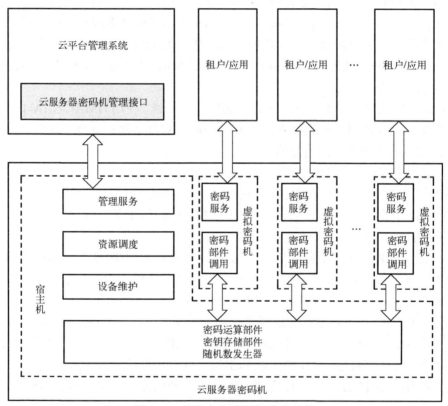

图 6-79　云服务器密码机总体结构

宿主机通过云服务器密码机管理接口接收云平台管理系统的管理和调度命令并执行，包括执行虚拟密码机的创建、启动、关闭、删除、漂移等操作。宿主机不提供密码服务。云服务器密码机的设备维护通过宿主机进行。

云服务器密码机通过虚拟化技术实现多个虚拟密码机对物理设备的处理器、网络、存储等资源以及密码运算部件、密钥存储部件及随机数发生器等密码部件的共享与安全隔离。

虚拟密码机作为独立的密码服务单元为租户和应用提供密码服务，并对密码运算部件、密钥存储部件及随机数发生器进行调用。

2. 云密码机设备管理

云服务器密码机的宿主机由云平台或云服务器密码机所有者进行管理和使用，虚拟密码机由租户管理和使用。云服务器密码机的宿主机接受云平台管理系统的集中统一管理，虚拟密码机不接受云平台管理系统的集中统一管理，由虚拟密码机所属租户自己的管理系统进行集中统一管理。宿主机与虚拟密码机的区别如表 6-11 所示。

表 6-11　宿主机与虚拟密码机的区别

编号	功能	宿主机	虚拟密码机
1	产品形态	物理机	虚拟机
2	产品功能	独立管理工具、自有虚拟化能力、密钥全生命周期管理、虚拟机全生命周期(新建、启动、停止、重置、升级、删除)管理、日志管理、宿主机三员管理等	独立管理工具，密钥的全生命周期管理、虚拟密码机三员管理、数据的加解密、签名验签、文件管理等
3	接口功能	遵循《云服务器密码机管理接口规范》GM/T0088—2020，采用 HTTP RESTful 接口形式支持宿主机及虚拟机的同一管理	遵循 GM/T0018 密码设备应用接口规范

云服务器密码机的宿主机和每个虚拟密码机具备独立的管理界面和管理员，管理员通过管理界面进行密钥管理、配置以及日志审计等管理操作，不同的管理员有不同的操作权限。管理员登录系统前要进行身份鉴别，宿主机和不同的虚拟密码机不能相互访问对方的管理员账号、口令文件和身份介质。

云服务器密码机的宿主机和不同虚拟密码机的远程管理通道和维护通道彼此独立，可以采用加密和身份鉴别等技术手段对远程管理通道和维护通道进行保护。宿主机的管理员和维护人员不能登录虚拟密码机，不能获取虚拟密码机中的敏感信息，也不能访问虚拟密码机的服务。

3. 云密码机密钥体系

云服务器密码机的宿主机具有宿主机所有密钥的产生、安装、存储、使用、销毁以及备份和恢复等功能，云服务器密码机的虚拟密码机具有本虚拟密码机所有密钥的产生、安装、存储、使用、销毁、备份和恢复等功能。宿主机不能管理和访问虚拟密码机的密钥，虚拟密码机不能管理和访问自身以外的其他虚拟密码机和宿主机的密钥。

云服务器密码机至少支持三层密钥结构：管理密钥、用户密钥/设备密钥/密钥加密密钥、会话密钥。云密码机中的密钥结构见图 6-80。

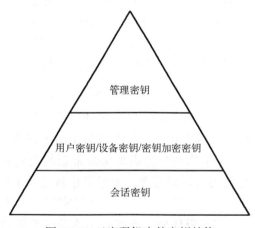

图 6-80　云密码机中的密钥结构

(1) 管理密钥：用于保护其他密钥和敏感信息的安全，包括对其他密钥的管理、备份、恢复以及管理员身份鉴别等。云服务器密码机的宿主机和各个虚拟密码机都具有自己的管理密钥。管理密钥应安全存储。

(2) 用户密钥：包括签名密钥对和加密密钥对，用于实现用户签名、验证、身份鉴别以及会话密钥的保护和协商等，代表租户或应用的身份。云服务器密码机的宿主机不使用和管理用户密钥，各个虚拟密码机采用各自的管理密钥加密存储各自的用户密钥，不同虚拟密码机不能相互访问用户密钥。

(3) 设备密钥：云服务器密码机的身份密钥，包括签名密钥对和加密密钥对，用于设备管理，代表云服务器密码机的身份。云服务器密码机的宿主机和各个虚拟密码机都具有自己的设备密钥，并采用各自的管理密钥加密存储。

(4) 密钥加密密钥：定期更换的对称密钥，在预分配或导入导出密钥的情况下，虚拟密码机采用密钥加密密钥对会话密钥进行保护。

(5) 会话密钥：用于数据加解密。

4. 云密码机服务接口

虚拟密码机可采用应用程序接口或者网络服务接口对外提供密码服务。

应用程序接口采用本地调用方式，可由 C、Python、Java 等开发语言实现。应用程序接口和虚拟密码机之间的通信报文格式可自定义。

网络服务接口可采用 JSON(JavaScript object notation，JavaScript 对象表示法)或XML(extensible markup language，可扩展标记语言)等主流的内容类型编码。

云服务器密码机采用传输层密码协议、IPSec 协议或自定义密码协议建立安全通道，对密码服务调用过程进行身份鉴别以及消息的机密性和完整性保护。

6.5.2　云密钥管理

在云计算的推广和部署过程中，安全性问题被视为首要关注点，也是影响云计算规模化发展的关键要素。传统的密钥管理技术在云计算环境下已无法满足新的密钥管理需求。为解决云端与密钥管理系统之间通信标准化的问题，结构化信息标准促进组织提出了云计算中的密钥管理互操作协议(key management interoperability protocol，KMIP)，旨在规范化这一关键领域。考虑到云计算的虚拟化、多用户和分布式等特征，必须针对不同的应用场景开发相应的云密钥管理方案，以确保安全性和可靠性。

1. 云密钥管理需求分析

与传统架构相比，云计算的虚拟化以及动态安全边界等特性使得密码技术的应用更为广泛，给密钥管理技术也带来诸多新的挑战。

(1) 密码资源虚拟化带来新的安全风险：虚拟化带来的新风险主要表现在虚拟机的安全使用与访问方面，虚拟机迁移过程中应用程序、服务及数据的完整性，以及密钥的安全性保护等，需要加密、签名等密码技术的应用作为支撑，其中对密钥的安全管理尤为重要。

(2) 云环境中数据共享流动带来新的安全挑战：云环境中用户数据共享面临的威胁主要来源于云服务提供商、恶意租户。云服务提供商一般具有平台的管理权限，能对运行在平台上的数据进行存储和下载，存在越权访问的可能性，而且传输中的数据容易遭到伪装成合法租户的恶意租户的截获或篡改。此外，云服务提供商可在全球范围内动态迁移虚拟机镜像和数据，因此与虚拟机镜像和数据相关联的密钥存在泄露的风险。

(3) 海量用户的身份鉴别与访问控制成为新的安全挑战：云服务模式下，用户身份鉴别与访问控制面临新的挑战，海量用户的身份鉴别与授权若采用密码技术实现，则存在海量用户密钥生成、存储和访问管理等技术难题，如果密钥保管或使用不当，将导致用户数据的泄露。

云服务中的虚拟化安全、数据存储与访问控制安全、应用程序安全、用户身份鉴别安全等需要加密签名等密码技术来保障，而加密密钥、签名密钥、证书密钥等密钥的安全产生、分发和存储是急需解决问题。

2. 云密钥管理技术框架

云计算相对于传统计算模式具有多租户、虚拟化、按需服务等特点，使得传统的密钥管理系统无法直接应用到云计算环境中。云计算环境中的密钥管理系统主要解决以下问题。

(1) 安全策略：包括信息管理策略、信息安全策略、物理安全策略、通信安全策略、密钥安全策略、域安全策略等。

(2) 密钥及其相关元数据定义与说明：包括密钥类型、密钥状态及生命周期、密钥管理相关功能(密钥生成、密钥使用、密钥更新、密钥归档、密钥备份、密钥恢复、密钥安全存储、密钥安全传输、访问控制等)。

(3) 角色和权限：云密钥管理系统应对其相关角色和权限进行说明，包括系统权限、系统管理员、审计管理员、密钥拥有者、密钥托管、密钥恢复代理、操作员等。

(4) 互操作性及可扩展性：互操作性包括接口和协议、密钥/数据格式、数据交换机制等；可扩展性包括支持多种密码算法。

云密钥管理技术框架如图 6-81 所示，密钥生成、密钥分配、密钥存储保护、密钥备份与恢复、密钥更新、密钥吊销、密钥访问控制和密钥管理互操作等环节会出现在云接入安全、云交互安全和云数据安全的各个阶段。

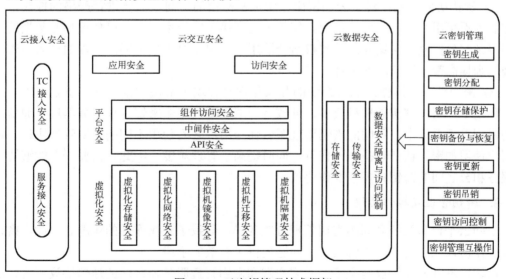

图 6-81　云密钥管理技术框架

(1) 密钥生成：在云计算环境中，生成用于数据加密的密钥时，一般要考虑密钥的随机性、密钥强度和密钥空间。为了满足特定的安全要求，可选择基于生物特征或基于量子密码系统生成密钥，在层次化的云密钥管理体系中，不同级别或不同类别的密钥的产生机制应有所区别。

(2) 密钥分配：云密钥管理中的最大问题之一。一般地，加密密钥应以密文方式传输且应被安全存储，可采用智能卡或 HSM 硬件设备进行密钥的安全存储。在密钥传输过程中，应确保密钥的机密性、完整性和可用性，采用基于安全隧道的加密技术建立安全通信信道，如 HTTPS 协议、IPSec VPN、SSL/TLS 等，保障传输过程中的密钥安全。在传输过程中，利用数字签名等密码技术提供完整性校验功能，防止密钥被非法篡改。当访问云服务数据库或某个应用程序时，如果需要多个访问密钥，那么需要对每个密钥的分发和使用进行有效控制。

(3) 密钥存储保护：密钥的安全存储与保护已成为云服务提供商面临的一个挑战。鉴于密钥存储的物理安全，云用户可以选择将密钥存储在 HSM 中，或者其他的安全设施(如智能卡、TPM、安全令牌等)中，用户数据加密的根密钥应存储在安全硬件设备中。从密钥所有者的角度考虑，密钥可以存储在与其被加密数据相同或不同的服务器上，或者委托数据拥有者或第三方密钥管理服务提供方进行存储和管理。

(4) 密钥备份与恢复：在云计算中，密钥的备份和恢复通常使用秘密共享技术和密钥托管技术。

(5) 密钥更新：应不影响云计算服务的正常使用，密钥注入必须在安全环境下进行并避免外露。现用密钥和新密钥同时存在时应处于同等的安全保护水平，更换下来的密钥一般情况下应避免再次使用。

(6) 密钥吊销：密钥吊销策略以及相关的机制对于所有的密钥管理模型都是至关重要的。所有的云密钥管理服务均需要支持密钥吊销机制，例如，当企业员工离开企业或改变其工作职能时，密钥管理服务应当吊销或调整所有与该人员相关的密钥访问权限。

(7) 密钥访问控制：对于云加密服务中加密密钥的访问，需要进行严格的控制，在云加密服务不可用时，云服务提供商存储的加密密钥也应当不可用，以使被加密数据的安全访问得到有效控制。密钥只能被授权给合法用户访问，对于主密钥，可以通过采用密钥拆分技术来提高密钥访问的安全性。

(8) 密钥管理互操作：加密系统的互操作性是实现云解决方案的一个重要考虑。在云计算环境中，用户密钥需求种类多，导致客户端需要与多个密钥管理服务器进行通信。传统的密钥管理系统中，不同的密钥管理服务器与用户之间使用不同的密钥管理协议，增加了用户使用加密、认证等操作的代价，同时提高了管理难度。因此，需要一个能够协调不同服务和云之间的密钥管理互操作协议。

3. 密钥管理互操作协议

不同云平台和系统之间的密钥管理方案各异，导致了互操作性的难题。因此，密钥管理互操作协议应运而生，为解决这一问题提供了有效的手段。

密钥管理互操作协议定义了一套客户端和密钥管理服务器之间的通信协议规范，通过该协议可以完成密钥管理服务器中对象的创建、存储、使用和销毁等操作。这些对象统称为被管理对象，被管理对象包括对称密钥、非对称密钥、数字证书等。被管理对象具有一系列属性，属性信息存储在密钥管理服务中，通过密钥管理服务可以对这些属性执行添加、修改或删除操作。密钥管理服务器可以支持的对象管理操作包括生成加密密钥、导入密码对象、查询对象、获取对象以及销毁对象等。

　　密钥管理互操作协议的交互模型如图 6-82 所示。客户端向密钥管理服务器发送请求消息，请求消息中应包含用于进行客户端身份认证的信息，以及操作标识、操作参数等信息。密钥管理服务器按照请求消息进行相应操作，并将操作结果作为响应消息返回给客户端。响应消息中包含结果状态和结果数据。

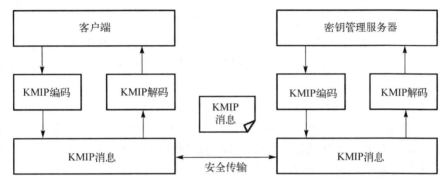

图 6-82　密钥管理互操作协议的交互模型

　　密钥管理互操作协议应用示例如图 6-83 所示。客户端向存储服务器发送用户注册消息，消息中包含用户姓名、身份证号等敏感信息。存储服务器接收客户端发送的消息，并调用密钥管理服务端发送密钥管理互操作协议请求向密钥管理服务端获取密钥。

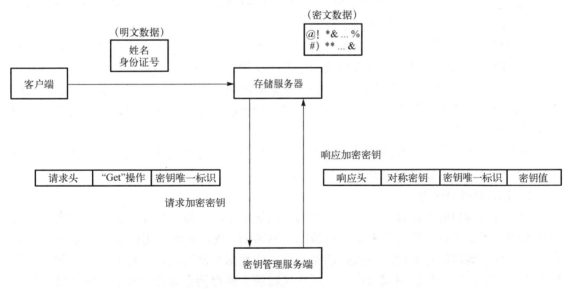

图 6-83　密钥管理互操作协议应用示例

密钥管理服务端接收密钥管理互操作协议请求并认证存储服务器身份后，使用密钥管理互操作协议将要响应的密钥封装后进行返回。密钥管理互操作协议定义了用于交换密钥获取消息和其他密钥管理消息的标准格式。

存储服务器接收密钥管理服务端的密钥管理互操作协议响应报文，解析协议中的密钥，并调用 HSM 等硬件密码模块对用户注册信息进行加密后存储。

4. 云密钥管理应用

云端不可信导致用户需参与密钥管理：在云计算环境中，云服务提供商面对大量用户泛在接入需求，在管理上可能存在诸多安全隐患，用户不愿意上传敏感数据，云服务提供商也难以证明自己不会误用和泄露这些数据。因此，用户需要保管部分密钥，而不是像传统的方式将所有密钥完全交由云服务提供商进行托管。

密钥数量大，需设计合理的密钥生成、分发等机制：通过公开网络将大量敏感信息(密钥信息)从客户手中传递到云服务提供商的过程中会存在诸多安全风险，如窃听、钓鱼，因此要设计分布式密钥分发机制。

本地加密需求较多：传统的通信加密方式中大量数据需要通过安全信道传递到服务端，加密后再返回给用户，这种模式对用户服务的性能影响很大。在分布式系统中，应该尽可能移动计算，而不是移动数据，大量地移动数据会带来巨大的成本。因此，在云服务模式中更多地采用本地加密，以减少云端压力。

针对上述云密钥管理应用中的独特需求，有以下解决思路可供借鉴。

1) 密钥生成及分发机制

(1) 用户 a 通过建立 HTTPS 通道访问云服务提供商的互联网门户网站，提交身份信息，完成注册与审核；云服务提供商将用户信息同步至密钥管理服务器中。

(2) 用户 a 与密钥管理服务器之间使用 HMAC-SHA-1 签名认证方案完成客户端与密钥管理服务器之间的身份认证与访问鉴权。

(3) 经过安全协商，密钥管理服务器产生用户 a 的主密钥，主密钥存储在密钥管理服务器中，用户可以按照权限浏览其相关的主密钥及加密密钥记录信息。

(4) 密钥管理服务器使用主密钥产生数据加密密钥。加密密钥密文存储在云服务提供商不同地理区域的存储服务器中，且使用存储备份机制，用户的加密密钥与主密钥之间的关联关系应在密钥管理服务器中进行记录。

出于安全性考虑，云服务提供商与密钥管理服务器应为不同服务机构。云服务提供商主要存储用户信息，提供加密密钥密文存储功能。

2) 本地加解密应用

为缓解云端加解密计算压力，在互联网应用场景下，一般采用本地加解密方案，即用户在密钥管理服务器上通过主密钥生成数据加密密钥，数据加密密钥通过 SSL 通道传递到客户端，客户端调用加密程序和数据加密密钥完成数据加密过程，并将文件密文和加密密钥密文上传至云服务提供商部署在用户所在区域的本地存储设备进行存储；解密时，根据用户信息在密钥管理服务器上查询得到用户主密钥，利用主密钥解密获得用户数据加密密钥，并用数据加密密钥在本地解密获得文件明文。

不同厂商和平台之间的密钥管理互操作技术实现及标准化的问题是密钥管理技术应用和推广的主要障碍之一。

6.5.3　密码服务平台

云平台承载着多租户的信息系统,除云平台自身外,各个云租户的信息系统也均需要采用密码技术来支撑自身的业务安全。因此,云平台需要将密码作为一种服务为云租户信息系统提供安全支撑。此外,云平台应对租户提供密码运算资源,包括但不限于密码模块等。云平台通过池化密码资源,为云租户提供虚拟化的密码服务,并确保各租户之间密钥隔离、密码运算资源安全隔离等,确保云租户剩余信息清除。

1. 密码服务平台应用需求

1) 物理和环境需求

物理和环境安全主要实现对云平台重要场所、重要场所内设备设施的安全防护。若云平台的物理和环境安全得不到保障,则设备、数据、应用等都将直接暴露在威胁之下,云平台的安全就无从谈起。因此,需要利用密码技术确保信息系统的物理和环境安全,以有效阻断外界对信息系统各类重要场所、监控设备的直接入侵,并确保监控记录信息不被恶意篡改。其涉及的密码应用需求主要有两方面:身份鉴别需求,保证未授权人员无法访问重要场所、重要设备和监控设备;重要数据安全存储需求,保证各类监控信息的完整性,包括人员进入记录、监控记录等,实现事前威慑、事中监控、事后追责。

2) 网络通信安全

网络和通信安全主要实现云平台与经由外部网络连接的实体进行网络通信时的安全防护,涉及的密码应用需求主要有四个方面。

(1) 身份鉴别需求:云平台与网络边界外进行远程通信时,应采用密码技术实现通信实体的身份标识和双向身份鉴别,保证通信实体身份的真实性。

(2) 网络边界访问控制信息安全需求:云平台与网络边界外进行远程通信时,应实现对访问控制信息的完整性保护,防止云平台网络边界、网络区域边界、虚拟化网络边界的访问控制信息被非法篡改。

(3) 重要数据传输安全需求:云平台与网络边界外进行远程通信时,应采用加密措施,防止重要数据被非法获取。

(4) 设备接入安全需求:设备从外部网络连接云平台内部网络时,应进行身份标识和鉴别,保证接入设备的身份真实性。

3) 设备和计算安全

设备和计算安全主要实现对云平台中各类设备的安全防护,为云平台自身以及云上业务应用系统所涉及的各类设备提供密码支撑和保障作用,涉及的密码应用需求主要有四个方面。

(1) 身份鉴别需求:对于登录各类物理及虚拟设备的云平台管理员、云租户管理员,应进行身份标识和鉴别,保证云平台管理员、云租户管理员的真实性。

(2) 安全管理通道需求:远程管理云平台中各类物理及虚拟设备时,应建立安全的信息传输通道,实现身份鉴别信息的防截获、防假冒和防重用。

(3) 重要数据安全存储需求：各类物理、虚拟设备的访问控制信息、日志记录等重要信息资源在存储过程中应实现完整性保护，防止重要资源数据被恶意篡改。

(4) 可执行程序安全需求：对于云平台中各类设备上的重要可执行程序，应实现完整性保护，验证其来源的真实性，防止重要可执行程序被非法篡改后运行在云平台内部设备上。

4) 应用和数据安全

(1) 身份鉴别需求：对于访问云资源管理应用的云平台管理员、云租户管理员，应进行身份标识和鉴别，保证云平台管理员、云租户管理员身份的真实性。

(2) 重要数据安全存储和传输需求：在身份鉴别信息、云租户敏感信息等重要数据的存储和传输过程中，应采取加密措施，防止其被非法获取；在云资源管理信息、审计数据、虚拟机镜像文件等重要数据的存储和传输过程中，应实现完整性保护，防止其被恶意篡改。

(3) 关键操作不可否认性需求：对于云平台管理员与云租户管理员之间的关键操作等，应提供数据原发证据和数据接收证据，实现相关行为的不可否认性。

(4) 虚拟机实例迁移安全需求：确保虚拟机实例迁移过程中的通信机制实现身份鉴别和访问控制，保证虚拟机实例在迁移过程中的控制平面安全，防止虚拟监视器被攻陷而影响虚拟机动态迁移过程；对虚拟机实例迁移的数据通信信道采用密码技术进行安全加固，以保证虚拟机实例在迁移过程中的数据平面安全，从而实现重要数据的机密性和完整性保护，防止在迁移过程中的重要数据泄露，并在检测到完整性受到破坏时采取必要的恢复措施。

2. 密码服务平台应用架构

依照云平台特性及其密码应用需求，云平台典型密码应用架构包括密码支撑服务层和密码应用层，如图 6-84 所示。其中，密码支撑服务层包括密码应用基础设施、云计算密码资源和密码服务；密码应用层包括终端密码应用、网络和通信密码应用、云平台及业务密码应用和云管理密码应用四个方面。

密码应用基础设施：由证书认证系统、密钥管理系统、时间戳系统等构成，对云平台密码应用提供数字证书管理、密钥管理、时间戳管理等密码应用所需的基础支撑。

云计算密码资源：包含密码设备、云密码设备管理工具和云密码资源池，为云租户提供虚拟密码设备租用服务。

密码服务：在密码基础支撑之上，向云平台自身(含云管理)及云租户信息系统提供通用密码服务、典型密码服务和密钥管理服务。通用密码服务是根据云平台及云平台所承载的业务应用需要，提供弹性的数据加解密、完整性验证、签名验证等服务；典型密码服务是基于电子认证基础设施，提供统一身份认证、单点登录、授权管理、访问控制、电子签章、时间戳等服务；密钥管理服务是基于密钥管理基础设施，提供密钥全生命周期的管理服务。密码服务通常由统一的密码服务中间件供上层应用调用。

终端密码应用：云租户用户终端密码应用，基于云平台提供的密码支撑服务，实现终端用户身份鉴别、数据传输保护和数据存储保护等。

网络和通信密码应用：基于云平台提供的密码支撑服务，实现云平台与经由外部网络连接的实体进行网络通信时的安全防护，如身份鉴别、访问控制、传输安全防护等，并确保网络可信接入。

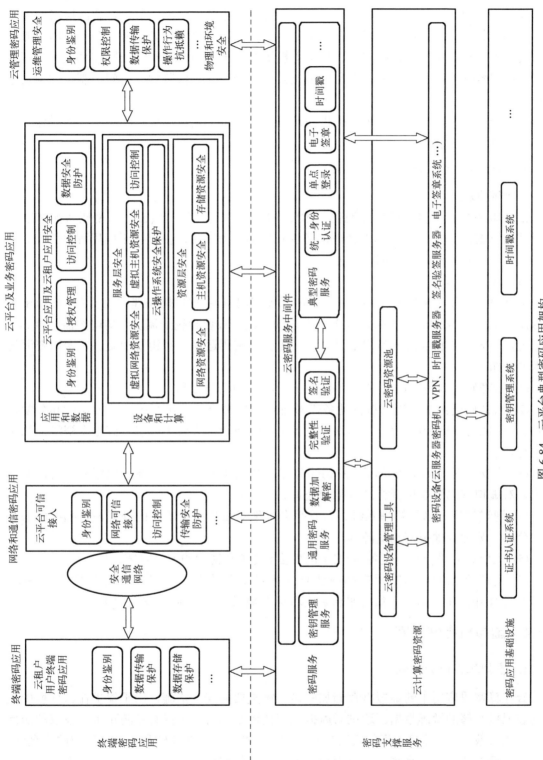

图 6-84 云平台典型密码应用架构

云平台及业务密码应用：基于云平台提供的密码支撑服务，实现云设备和计算安全、应用和数据安全。设备和计算层，云平台由资源层和服务层组成，其中，资源层对服务层进行支撑，其密码应用包括了网络资源安全、主机资源安全和存储资源安全等方面；服务层密码应用包括虚拟网络资源安全、虚拟主机资源安全、访问控制和云操作系统安全等方面。应用和数据层，主要实现云平台应用及云租户应用的身份鉴别、访问控制、数据安全防护等。

云管理密码应用：基于云平台提供的密码支撑服务，实现运维管理安全，同时保障云平台的物理和环境安全。

3. 云平台密码支撑服务技术要求

1) 密码服务

密码服务是云平台通过资源池化技术整合底层密码设备资源(云计算密码资源和密码应用基础设施)，从而提供足够的密码服务支撑能力，为云租户提供基于应用程序接口、密码中间件等方式的密码资源调用能力。

2) 云密码资源池

为支撑云环境下的密码应用，云平台应部署密码资源池(包括物理密码资源、虚拟密码资源)，通过密码资源管理平台进行密码资源的分配、管理和统一调度，实现按需扩展、灵活配置，为云平台自身及云租户信息系统按需提供密码运算及密钥管理服务。密码资源池技术要求如下。

(1) 云密码资源池的最大服务范围应为一个安全可控区域。

(2) 云密码资源池应能够根据业务需求进行弹性扩充，并进行统一监控调度和分配，应具有协同处理和容错能力，物理安全设备单元的故障或失效不应影响到整个资源池的正常运行。

(3) 应支持对虚拟密码资源、密钥的分配、管理和统一调度，并可根据租户密码服务需求，对虚拟密码资源进行合理分配和处理。

(4) 通过调用云密码管理系统、云管平台实现对租户密码服务的管理，包括密码服务需求分解、分配云虚拟密码资源等。

(5) 应保证云平台自身及各租户间密码运算资源及密钥的安全隔离。

(6) 密码资源池内的密码产品应达到《信息安全技术　密码模块安全要求》(GB/T 37092—2018)中的二级(第三级云平台)/三级(第四级云平台)及以上安全要求。

6.5.4　虚拟机存储加密

1. 虚拟机存储加密概述

云计算密码应用中的虚拟机存储加密是一种重要的安全措施，用于保护在云环境中运行的虚拟机存储的敏感数据。通过对虚拟机存储进行加密，可以有效防止未经授权的访问者获取或篡改数据，提高数据的机密性和完整性，确保数据在存储和传输过程中的安全性。随着云计算的普及，越来越多的组织和个人选择将数据存储在云端，而这些数据可能包含重要的商业机密、个人隐私等敏感信息，一旦泄露将造成严重后果。在共享的云环境中，虚拟机可能会被不同的用户共享物理资源，存在数据交叉访问的风险。因此，对虚拟机存储进行加密能够有效应对这些安全挑战，保障数据的安全性。

当在云计算环境中实施虚拟机存储加密时，需要考虑以下具体方法和理论。

(1) 选择合适的加密算法：首先，需要选择适合云环境的加密算法。对称加密算法(如 AES)和非对称加密算法(如 RSA)都是常见的选择。对称加密速度快，适合大规模数据加密，而非对称加密则适合密钥交换和数字签名等场景。

(2) 密钥管理：虚拟机存储加密的核心。可以将密钥存储在专门的密钥管理系统中，并通过访问控制策略限制密钥的使用权限。可以使用硬件安全模块(HSM)来保护密钥，确保密钥的安全性和可管理性。

(3) 虚拟机存储设备加密：针对虚拟机中的存储设备，可以通过软件方式或硬件方式进行加密。对于通过软件方式进行的加密，可以使用加密文件系统，如 BitLocker、VeraCrypt 等；对于通过硬件方式进行的加密，可以使用硬件安全模块(HSM)或自带加密功能的存储设备。

(4) 访问控制策略：建立严格的访问控制策略，限制只有经过授权的用户或系统可以解密和访问加密数据。这可以通过身份验证、访问控制列表(ACL)等方式来实现。

(5) 审计和漏洞扫描：定期对加密方案进行审计和漏洞扫描，以确保加密系统的健壮性和安全性。及时更新加密算法和密钥，修补可能存在的安全漏洞。

在实施虚拟机存储加密时，还需要考虑到性能、可扩展性和容错性等因素。因此，在设计具体的加密方案时，需要综合考虑这些因素，选择最适合自身业务需求的方案。

2. OpenStack Cinder 存储加密

在云计算环境中，应用程序部署通常需要依赖持久化盘或数据盘，这种服务通常由云服务提供商提供。以 OpenStack 为例，Cinder 组件可以将数据持久盘(persistent disk)通过挂载的方式添加到虚拟机中。

Cinder 是在虚拟机和具体存储设备之间引入了一层"逻辑存储卷"的抽象，Cinder 本身并不是一种存储技术，只是提供一个中间的抽象层，Cinder 通过调用不同的驱动接口来管理相对应的后端存储，为用户提供统一的卷相关操作的接口。

由图 6-85 可以看出，目前的 Cinder 组件主要由 cinder-api、cinder-scheduler、cinder-volume 以及 cinder-backup 几个服务所组成，它们之间通过消息队列进行通信。

(1) cinder-api 的作用主要是为用户提供 restful 风格的接口，接收客户端的请求，在该服务中可以对用户的权限和传入的参数进行提前检查，无误后才将请求信息交给消息队列，由后续的其他服务根据消息队列信息进行处理。

(2) cinder-scheduler 是一个调度器，用于选择合适的存储节点，该服务中包含过滤器算法和权重计算算法。通过指定的过滤算法可能会得到一系列的 host，这时还需使用权重计算算法来计算各节点的权重，权重最大的节点会被认为是最优节点，cinder-scheduler 会基于消息队列服务的 RPC 调用来让最优节点对请求进行处理。

(3) cinder-volume 是部署在存储节点上的服务，cinder-volume 的主要功能是对后端存储进行一层抽象封装，为用户提供统一的接口，cinder-volume 通过调用后端存储驱动应用程序接口来进行与存储相关的操作。

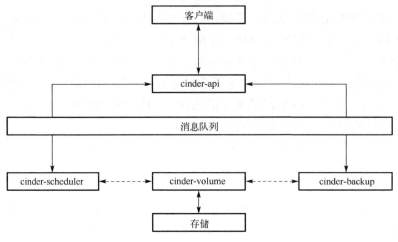

图 6-85　Cinder 架构图

(4) cinder-backup 的功能是将 volume 备份到其他存储设备上，以后可以通过 restore 操作恢复。

虽然数据盘解决了数据持久化存储的问题，但是也带来了另外的问题：其上存储的数据如何保护？如果后端的存储服务器被黑客攻陷，那么其上的所有客户数据都会受到威胁，如何保证云存储的安全变得至关重要。

LUKS(Linux unified key setup，Linux 统一密钥设置)是 Linux 硬盘加密的标准。它为 Linux 硬盘分区加密提供了一种统一的解决方案，具有高度的安全性。LUKS 通过提供一个标准的磁盘格式，不仅促进了不同 Linux 发行版之间的兼容，还提供了对多个用户密码的安全管理功能。它使得加密的磁盘分区能够像普通的未加密分区一样进行挂载和使用，而无须在每次使用时都输入加密密钥。

LUKS 加密的原理主要基于磁盘加密技术。它通过在文件系统上添加一个加密层，对写入磁盘的数据进行加密处理，而对从磁盘读取的数据进行解密处理。这样，即使磁盘被盗或丢失，攻击者也无法直接读取磁盘上的数据，因为数据已经被加密保护。具体来说，当数据写入磁盘时，LUKS 会首先使用加密密钥对数据进行加密处理，然后将加密后的数据写入磁盘。当需要从磁盘读取数据时，LUKS 会首先读取加密后的数据，然后使用加密密钥对数据进行解密处理，以便用户能够正常使用数据。此外，LUKS 还将所有必要的设置信息存储在分区信息首部中，这使得用户可以无缝传输或迁移其数据，而无须担心加密信息的丢失或损坏。同时，LUKS 还支持多种加密算法和哈希函数，用户可以根据需要选择适合的加密强度。图 6-86 所示为 LUKS 结构示意图。

OpenStack 的 Cinder 块存储服务中包括使用 LUKS 进行磁盘加密的服务。Cinder 存储加密支持静态密钥和动态密钥两种方式。静态密钥是在配置阶段预先设定的固定密钥，而动态密钥则是通过 OpenStack 的另一个组件 Barbican 进行密钥管理，每次加密时生成的新的密钥。在实际应用中，建议使用动态密钥以提高安全性。

Barbican 是一个开源的密钥管理服务，用于安全地存储、提供和管理各种安全密钥以及密码。它可以与不同的 OpenStack 服务集成，包括 Cinder、Nova、Glance 等，为这些服

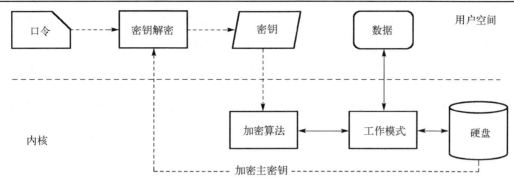

图 6-86　LUKS 结构示意图

务提供加密密钥和密码管理功能。当虚拟机请求创建新的存储卷时，Cinder 将启动加密流程。对于使用动态密钥的方式，Cinder 会首先向 Barbican 请求生成一个新的加密密钥。一旦获得加密密钥，Cinder 将使用该密钥对存储卷进行加密处理。这个过程通常发生在数据写入存储卷之前，通过加密算法对数据进行转换，使得未经授权的用户无法读取和理解数据的原始内容。

6.5.5　云数据库加密

1. 云数据库定义

云数据库是指在私有云、公有云或混合云环境中构建、部署和访问的数据库。云数据库部署模式主要有两种。

1) 传统数据库

在传统数据库模式中，企业通过向云服务提供商购买虚拟机空间，将数据库部署在云端，由企业的开发人员负责管理数据库。

2) 数据库即服务

在数据库即服务模式中，企业通过向云服务提供商订阅计费服务来获取数据库管理支持。在数据库即服务模式下，数据库基于云服务提供商的基础设施运行，可自动化供应、备份、扩展、修补、监视运行状况，实现高可用性和安全性。

2. 云数据库优势

云数据库与许多其他云服务一样，能为企业提供多种优势，具体如下。

(1) 增强敏捷性和创新：用户可以非常快速地创建和停止运行云数据库，轻松、快捷地测试、验证和实施新的业务构想。当企业决定停止实施某个项目时，可以直接放弃项目(及其数据库)，然后继续下一个创新。

(2) 降低风险：云数据库(尤其是数据库即服务模式)能够从多个方面降低整个企业的风险。云服务提供商可以通过自动化方法降低人为错误概率。同时，在实施项目时，由于云技术解决方案是一个无限、实时的基础设施和服务池，容量预测将不再是难题。

(3) 降低成本：得益于云数据库按使用付费的订阅模式和动态扩展能力，最终用户可以先行少量供应，以满足稳定状态下的需求，然后在繁忙时段扩展，以满足峰值需求，并在需求恢复到稳定状态时再缩减供应。这意味着与本地部署相比，云数据库可以显著降低成本。采用本地部署时，即便每个季度的峰值需求只持续几天，企业也需要购买足够强大的物理服务器。而采用云数据库时，企业无须如此，甚至可以在不需要时关闭服务，利用少量基础设施投资实施全球计划，降低成本。

云数据库还支持在一个数据库服务中集成事务处理、实时分析(数据仓库和数据湖)以及机器学习，消除提取、转换、加载复制的复杂性、延迟、成本和风险。

3. 加密数据库的原因

加密是防止数据库旁路攻击的最佳技术。如果攻击者能够绕过防御，那么即使是最坚固的防御，也毫无用处。数据库认证和授权安全"前门"确保数据仅可供授权用户使用，其他任何人都无法使用。然而，如果攻击者无法通过正常方式获得访问权限，他们可能会尝试拦截在网络上(如在数据库客户端和数据库服务器之间)传输的数据来进行访问。在这些情况下，加密是保护数据的最佳技术，因为它会使试图直接访问数据的任何人都无法理解数据。加密将保护大量数据的问题简化为保护密钥的问题。只要攻击者没有密钥，他们访问任何加密数据都是无用的。

4. 加密动态数据

加密网络数据是数据库的标准功能。数据库提供两种加密动态数据的方法：传输层安全(TLS)协议和本机网络加密。两者都提供机密性保护(防止其他人读取通过网络发送的数据)和完整性保护(防止其他人修改或重放数据)。

对于 TLS 加密，服务器和客户端通常会协商密码套件并选择相互支持的算法。本机网络加密使用为每个连接创建的唯一共享密钥对数据进行加密。当客户端建立与启用本机网络加密的数据库的连接时，客户端和服务器会协商创建仅用于该会话的唯一密钥。

5. 加密静态数据

可以在应用程序层、文件或卷层或数据库层加密静态数据。

应用程序代码驱动应用程序层加密，在将数据存储到数据库之前对数据进行加密。文件或卷层加密是保护静态数据的另一种选择，但这种类型的加密的风险缓解作用非常有限。

透明数据加密(transparent data encryption，TDE)指对数据文件执行实时 I/O 加密和解密。通过在数据库层执行静态数据加密，阻止可能的攻击者绕过数据库直接从硬盘中读取敏感信息。经过数据库身份验证的应用和用户可以继续透明地访问明文数据(不需要更改应用代码或配置)，而尝试读取表空间文件中的敏感数据的操作系统用户，以及尝试读取磁盘或备份信息的未知用户将不允许访问明文数据。

透明数据加密中的"透明"是指数据在使用过程中无感知，数据在写入磁盘时自动加密，数据在被读取时自动解密。

TDE 原理如图 6-87 所示，所有加密解密操作均在内存中进行，内存中的数据是明文，磁盘中的数据是密文，这可以避免因磁盘被盗而产生的数据泄露问题，同时数据库的使用方式保持不变，没有适配成本。

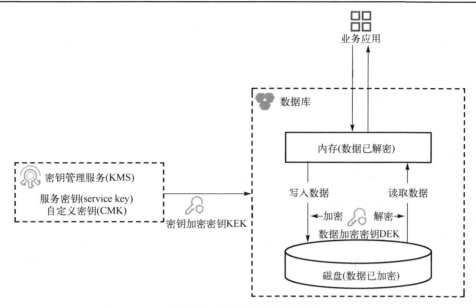

图 6-87　透明数据加密原理

　　数据库启动时会从密钥管理服务处获取密钥加密密钥，从而解密数据加密密钥，解密后的数据加密密钥存放在内存中，用于写入数据或读取数据时进行加密或解密。

　　透明数据加密(TDE)可用于对数据库内的数据进行加密。加密对于授权应用程序和数据库用户来说是透明的，因为数据库在将数据写入存储之前自动加密数据，并在从存储读取数据时自动解密。在数据库中存储和检索数据的授权用户和应用程序只能看到解密后的明文数据。尝试直接通过操作系统或从存储读取数据的未知用户只能看到加密的数据。由于数据库文件已加密，备份也会自动加密，因此窃取备份的攻击者无法读取被盗数据。授权的数据库用户和应用程序不需要执行与通常访问数据库的方式不同的任何操作。

　　总而言之，加密动态数据有助于维护数据在网络中传输时的机密性和完整性，同时加密静态数据可阻止使用绕过数据库的方法对敏感数据进行未经授权的访问。

6. 数据库加密代理 CryptDB

　　MIT CSAIL(MIT's Computer Science and Artificial Intelligence Laboratory，麻省理工学院计算机科学与人工智能实验室)的研究团队开发了一种名为 CryptDB 的系统，该系统通过执行 SQL(structured query language，结构化查询语言)查询并结合一系列高效的 SQL 感知加密方案，在云端托管的 SQL 数据库环境中提供了实用且可证明的数据保密性。CryptDB 的设计使得即使在数据库服务器被非法访问或完全控制的情况下，也能有效保护用户数据不被未经授权的第三方获取。CryptDB 架构如图 6-88 所示。

　　CryptDB 的核心机制在于其能够在加密数据上执行 SQL 查询，并采用了灵活且针对性强的加密策略。该系统包含一个数据库代理，它负责拦截所有发往数据库管理系统的 SQL 查询，并将其转换为可在加密数据上执行的形式。代理服务器采用加密密钥对插入或查询中涉及的所有数据进行加密，同时确保数据库管理系统能够基于加密数据执行必要的计算操作，如比较、排序、聚合等，而无须解密原始数据内容。

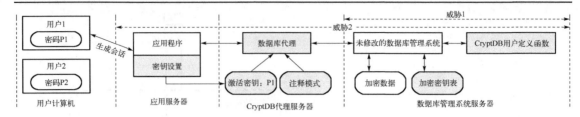

图 6-88　CryptDB 架构

CryptDB 的功能特点如下。

(1) 多层加密与适应性查询处理：CryptDB 采用了一种多层次("洋葱式")加密方法，根据查询类型动态调整加密级别。例如，如果应用程序仅请求某一列的相等性检查，则 CryptDB 会揭示该列中重复项的分布情况，但不会泄露具体值；若需执行排序，则只透露列内元素的顺序，而对于不需要的关系运算，则保持数据内容的完全不可见。

(2) 安全标注与细粒度保护：系统管理员可以将标记为"敏感"的字段用高度安全的加密方案进行加密，确保即使数据库被盗，这些字段的信息也不会泄露给攻击者，即使攻击者拥有数据库的明文内容侧信道信息。CryptDB 支持多种类型的 SQL 查询操作，包括选择、更新、删除、计数、求和以及特定类型的连接操作，从而在保护数据的同时保证了大部分应用程序功能的可用性。

(3) 密钥与用户密码绑定：CryptDB 允许将加密密钥链接到用户的密码，这意味着只有具有相应数据访问权限的用户才能通过输入正确的密码来解密特定数据项。这样，数据库管理员永远无法接触到解密后的数据，即使所有服务器都被攻破，未登录用户的数据依然能被保密。

(4) 安全性保障：CryptDB 针对两种主要威胁进行了防护设计。首先是对好奇或恶意数据库管理员的防护，阻止他们窥探私密数据；其次是对应用服务器、数据库代理和数据库管理系统遭受全面攻击的情况，CryptDB 能确保未登录用户的数据保密性。

CryptDB 作为一种针对云环境的数据库服务，通过智能地执行加密查询和动态调整加密层次，成功实现了在云托管数据库环境下对敏感数据的有效保护，不仅减轻了用户对数据库运维的负担，还为服务提供商提供了成本效益高的解决方案，同时也极大地增强了云数据库服务的安全性和隐私保护能力。然而值得注意的是，CryptDB 并不能防止强大的攻击者通过对查询模式和访问模式的长期监控来推断某些信息，对此类高级威胁，未来可能需要借助于更先进的技术(如不经意随机访问机(oblivious RAM，ORAM)或其他新兴加密算法)来进一步隐藏访问模式。

6.5.6　个人云盘数据加密

云盘是云存储的一种实现方式，用户可以通过云盘进行文件的存储、访问、共享、备份等。云盘可以看成一种网络上的硬盘或优盘，不管是在家里，还是在公司，只要能连接到网络，就可以管理、编辑云盘里的文件，免除了随身携带、丢失的麻烦。

1. 云存储安全现状

数据的安全需求主要集中于数据的机密性、完整性和可用性。数据的机密性是指任何非授权用户不得访问数据原文；完整性是指数据在存储和传输的过程中不被毁坏或篡改；可用性是指用户可以随时取用自己的数据。在云存储环境下，对数据的安全需求提出了更进一步的指标与要求。

(1) 机密性：数据安全最重要、最基本的需求。在云存储环境下，数据的机密性包括数据的存储安全、传输安全和身份管理等。存储安全是指存储在云服务器中的数据不存在被盗用导致泄露用户隐私和版权的威胁，用户将数据存储在云服务器中，失去了对数据的完全控制权，数据的存储安全将完全依赖于云服务器的安全程度，在发生安全事故时用户将无计可施。传输安全是指数据在客户端与云端之间的传输过程中不存在被截取、监听的威胁。身份管理是指当用户身份被盗用，非法分子获取用户的账号密码后不存在用户的账户信息泄露的威胁，简单的用户名/口令方式易被不法分子截获破解，需要更为安全的身份认证方式来保护用户身份安全。以上三者是保证数据机密性安全的必要条件，缺一不可，任何一个被不法分子破坏都将导致用户数据的安全受到威胁。

(2) 完整性：包括存储完整和使用时完整两部分。存储完整是指云服务提供商能提供有效的数据保存环境，使数据不会被损毁，使用时完整是指用户取用数据时，该数据没有被篡改或伪造。

(3) 可用性：用户可以随时随地通过云服务器提供的接口获取自己存储在云端的数据。但云存储服务器可能遭受到 DDoS(distributed denial of service，分布式拒绝服务)等网络攻击，从而导致用户请求无法得到服务器响应，数据不可用。而出于成本因素考虑，云服务提供商往往并不会部署安全程度较高的防护手段。

此外，还有数据的可信删除。用户将数据存往云端，从而数据的完全控制权转移到了云服务提供商的手中，云服务提供商的可信程度将直接关乎数据的安全性，在用户执行数据删除操作后，若云服务提供商没有诚信地执行相应操作，而是偷偷将数据留存在服务器中，对于用户来说将是一个巨大的安全隐患。

文件系统加密

2. SecCloud

SecCloud(security cloud，安全云)是指将安全性作为核心设计原则的云计算解决方案，旨在提供更高级别的数据安全、隐私保护和风险管理功能。

SecCloud 采用 B/S(browser/server，浏览器/服务器)架构，客户端由注册、搜索、加密、解密、密文分享五个模块组成。注册模块负责完成用户的主密钥和公私钥的生成；搜索模块负责进行文件检索，以便用户能够快速找到所需文件；加密和解密模块负责完成明文到密文、密文到明文的转换，文件在客户端(浏览器)加密后上传到云服务提供商，当有客户端请求该文件时会从云服务提供商处下载密文文件到客户端，然后再解密得到明文文件；密文分享模块负责完成用户密文文件在不同用户之间的分享，保证数据在传输、存储过程中都以密文形式存在。图 6-89 所示为 SecCloud 系统结构。

安全加密网盘系统的密钥管理采用分层结构，这种结构不但易于管理，而且也使文件操作更具灵活性和安全性。密钥管理共分为三层结构：第一层为口令密钥；第二层为主密钥和用户公私钥对；第三层为文件密钥。口令密钥加密主密钥和用户私钥，主密钥加密文件密钥，上层密钥加密下层密钥，用户只需要牢记顶层密钥即可。除口令密钥之外，其他密钥都会以密文形式在云端存储，这样既能提高操作的灵活性，又可以保证密钥的安全性。图 6-90 所示为 SecCloud 密钥管理结构。

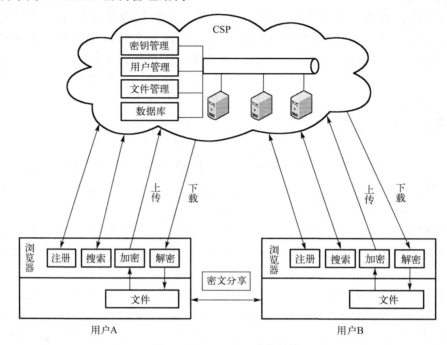

图 6-89　SecCloud 系统结构

SecCloud 中的密钥管理是一项至关重要的安全功能，它确保系统中的敏感信息得到妥善保护。SecCloud 中的密钥管理如图 6-91 所示。首先，用户需要输入用户名和口令来获取访问权限。这是系统安全的第一道防线，确保只有经过身份验证的用户才能进入系统。接着，客户端会根据口令派生出口令密钥，用户私钥保存在客户端，用于解密数据，而公钥则公开发布，用于验证消息的来源和完整性。除了密钥对的管理，SecCloud 还引入了文件密钥的概念。文件密钥用于保护文件的安全，确保即使文件被非法获取，其内容也无法被轻易解密。在整个密钥管理过程中，SecCloud 还注重密钥的存储和传输安全，私钥密文、主密钥密文和文件密钥密文都是经过加密处理的密钥数据。

图 6-90　SecCloud 密钥管理结构

SecCloud 中的文件加密上传过程：首先，浏览器会生成一个随机主密钥，这个主密钥将用于加密文件密钥，从而确保文件密钥在传输过程中的安全性。接着，系统会生成文件密钥，这个密钥是对文件进行加密的关键。为了进一步加强安全性，主密钥还会对文件密钥进行二次加密。在选择本地文件进行上传时，系统会使用 SM4 加密算法对文件进行加密，这是一种高强度的对称加密算法，能够有效保护文件内容不被泄露。最后，加密的文件密钥密文与文件密文进行拼接，并上传至服务器。在整个过程中，密钥的管理和使用都严格遵循安全规范，确保文件在上传过程中的安全性与可靠性。图 6-92 所示为 SecCloud 文件加密上传过程。

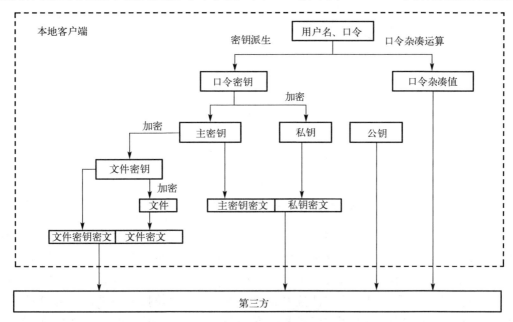

图 6-91　SecCloud 中的密钥管理

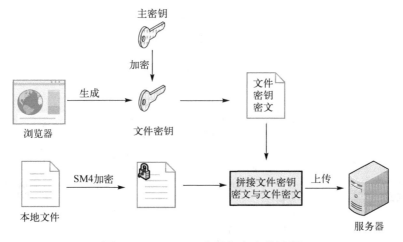

图 6-92　SecCloud 文件加密上传过程

　　SecCloud 中的文件下载解密过程：首先，用户通过浏览器访问网站并登录自己的账号，一旦用户登录成功，便可以浏览并选择要下载的密文文件。当用户选择了一个密文文件后，下载流程便正式启动。用户会向服务器发送一个请求，以获取文件密文和文件密钥密文。在接收到文件密钥密文后，用户会解密出文件密钥，再使用文件密钥对文件密文进行解密操作，最终获取到文件明文。图 6-93 所示为 SecCloud 文件下载解密过程。

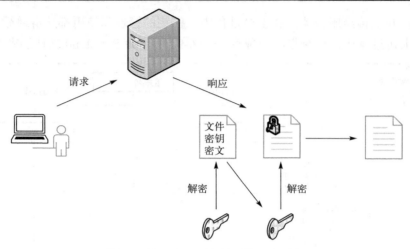

图 6-93　SecCloud 文件下载解密过程

　　SecCloud 中的文件加密分享过程：首先，用户选择需要分享的文件，随后通过文件密钥来解密文件。接下来，用户选择希望分享给的其他用户，系统会尝试获取这些用户的公钥。一旦获取公钥成功，系统就会使用该公钥对文件进行加密，确保只有特定接收方能够解密并访问文件。最后，加密的文件被提交到服务器中，等待接收方进行下载和解密。整个流程中，SecCloud 严格保护用户隐私和数据安全，确保文件分享既安全又高效。图 6-94 所示为 SecCloud 文件加密分享过程。

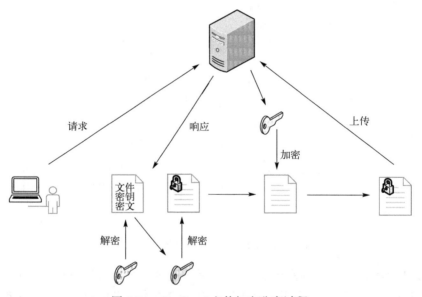

图 6-94　SecCloud 文件加密分享过程

　　总而言之，云服务有着广阔的前景和巨大的市场，云数据加密的研究对于云服务的推广和发展有着重要意义，是给对云安全有顾虑的用户的一颗定心丸，能大大加强用户对云服务的信心。虽然对于云数据安全的研究还存在着许多问题与技术难点，但是随着技术的发展和研究的深入，这些问题与难点都将被一一解决。

6.6　隐私保护的密码学方法

在当今的数字时代，保护个人隐私和敏感数据的安全变得前所未有的重要。传统的密码学技术主要关注于机密性和完整性，但是对于隐私保护来说还远远不够。幸运的是，现代密码学家开发出了一系列创新的密码学工具和技术，专门用于保护隐私和匿名性。

本节将介绍五种重要的隐私保护密码学方法：秘密共享、混淆电路、不经意传输、同态加密以及零知识证明。这些技术通过精心设计的密码学原理，使得敏感数据在使用和处理过程中的隐私得到保护，同时又不影响数据的实际应用。它们为构建安全的隐私保护系统奠定了基础。

无论是在电子投票、电子现金、医疗保健领域，还是在其他需要隐私保护的领域，这些密码学方法都发挥着越来越重要的作用。通过本节的学习，读者将对这些前沿技术有一个全面的了解，为日后的实践奠定坚实的基础。

6.6.1　秘密共享

秘密共享(secret sharing)是一种将单个秘密分割成多个分享的密码学技术，每个分享单独看起来毫无意义，但当足够多的分享重新组合时，就能重构出原始的秘密。

秘密共享旨在将高度敏感的秘密(如密钥、访问权限等)分散存储在多个参与方手中，任何单个参与方的份额都无法泄露秘密，只有当足够多的参与方将手中的份额集中时，才能重新组合出完整的秘密。

这种做法有效地降低了单点故障的风险，提高了系统的安全性和可靠性。即使部分参与方的份额遭到泄露，也不会影响秘密的保密性，除非有足够多的份额被获取和结合。

Shamir 秘密共享是秘密共享领域中最经典和最广为人知的算法，由阿迪·萨莫尔于 1979 年提出。它基于多项式插值原理，能够将秘密 S 安全地分割为 n 个份额，其中任意 k 个份额组合都能重构出秘密 S，但是通过 $k-1$ 个或更少的份额则无法获知任何有关 S 的信息。其算法流程如下。

(1) 初始化：选择一个大质数 p，以及一个 $k-1$ 次的多项式 $f(x)=a_0+a_1x+a_2x^2+\cdots+a_{k-1}x^{k-1}(\mathrm{mod}\ p)$，其中 $a_0=S$ 为要分享的秘密。

(2) 分享生成：对于每个参与方 $i\ (1\leqslant i\leqslant n)$，计算 $f(i)$ 作为第 i 个参与方的份额。

(3) 秘密重构：当有 k 个参与方提供份额 $(i,f(i))$ 时，利用拉格朗日插值可以唯一地重构出 $f(x)$，从而获得秘密 $S=f(0)$。

Shamir 秘密共享算法的安全性建立在多项式插值的基础之上。只要至少有一个未知的 a_i 系数，就无法从 $k-1$ 个或更少的份额推导出多项式 $f(x)$，保证了秘密 S 的保密性，直到收集够 k 个份额时才能重构。

秘密共享广泛应用于多方安全计算、密钥管理和加密数据分发等领域。通过灵活设置分享的个数 n 和重构门限 k，可以满足不同的安全需求。

6.6.2　混淆电路

混淆电路(garbled circuit，GC)是密码学中一种重要的原语，它允许多个通信方共同输入数据，然后通过同一个函数计算出一个结果，但是，各个通信方都不知道其他人的输入是什么。在很多隐私保护的密码学协议中，混淆电路都扮演着关键角色，其广泛应用于安全多方计算、零知识证明和隐私保护等领域。

混淆电路的工作原理是将待计算的函数表示为一个布尔电路，然后对电路进行"混淆"处理，使得电路的结构和中间值都被隐藏起来。实际计算由电路完成，而输入所有者只提供加密输入。可计算函数都可转化为电路的实现：加、比较、乘法等。电路由门组成，如与门、非门、或门、与非门等。通过精心设计的加密、解密和求值协议，可以确保输入和功能的隐私性。

典型的混淆电路协议大致分为以下几个步骤。

(1) 电路构造阶段：构造者根据需要计算的函数生成相应的布尔电路。

(2) 门编码阶段：对于每个逻辑门，构造者为其真实值(0 或 1)生成两个随机串作为其编码值。

(3) 门加密阶段：构造者根据门类型(AND、OR、XOR 等)生成相应的加密真值表，使用步骤(2)的编码值对真值表进行加密。

(4) 输入编码阶段：求值者向构造者提供自己的输入，构造者使用相应的编码值对输入进行编码并返回给求值者。

(5) 求值阶段：求值者使用编码输入，结合构造者提供的加密门电路，从输入层开始对电路进行求值，直到输出层。

(6) 解码阶段：求值者获得编码输出，如果需要将其解码成明文，则必须与构造者进行交互以获取相应的解码密钥。

混淆电路的安全性基于加密和置乱的可靠性。如果加密方案是语义安全的，并且置乱过程是随机的，那么参与计算的各方就无法从电路的结构和传输的数据中获取其他参与方的隐私信息。

混淆电路在实际应用中面临的主要挑战是计算和通信复杂度较高。为了提高混淆电路的效率，研究者提出了一些优化方案，如 Free-XOR 技术和 Half Gates 技术，以减少电路的大小和通信量。

总之，混淆电路是一种重要的隐私保护密码学方法，它为在不泄露隐私的情况下进行多方安全计算提供了一种可行的解决方案。随着隐私保护需求的不断增长，混淆电路技术的研究和应用也将不断深入和拓展。

6.6.3　不经意传输

不经意传输(oblivious transfer，OT)是一种重要的隐私保护密码学方法，它允许发送方向接收方传输一些信息，但发送方并不知道接收方具体获取了哪些信息，同时接收方也无法获取除了他所选择的信息之外的其他内容。不经意传输在安全多方计算、电子投票、隐私保护数据挖掘等领域有广泛的应用。

不经意传输的概念最早由 Michael O. Rabin 在 1981 年提出。经典的 Rabin OT 协议是一个 1-out-of-2 的 OT 协议，即发送方有两条消息 m_0 和 m_1，接收方只能选择获取其中一条消息 m_b，而不能同时获得两条消息。与此同时，发送方并不知道接收方选择获取的是哪一条消息。Rabin OT 协议的安全性基于二次剩余的困难性假设。

Rabin OT 协议的具体步骤如下。

(1) 发送方选择两个大素数 p 和 q，计算 $N = pq$。然后发送方将 N 发送给接收方。

(2) 接收方选择一个随机数 $r \in \mathbb{Z}_N^*$，计算 $x = r^2 (\mathrm{mod}\, N)$。如果接收方想获取消息 m_0，则令 $b = 0$；如果想获取消息 m_1，则令 $b = 1$。接收方将 x 和 b 发送给发送方。

(3) 发送方收到 x 和 b 后，计算 x 模 N 的四个平方根 $\pm r_0$、$\pm r_1$，满足 $r_0 \equiv r_1 \ (\mathrm{mod}\ 2)$。然后发送方计算 $y_0 = m_0 \oplus \mathrm{LSB}(r_0)$ 和 $y_1 = m_1 \oplus \mathrm{LSB}(r_1)$，其中 LSB 表示取最低有效位。发送方将 y_0 和 y_1 发送给接收方。

(4) 接收方根据自己选择的 b，计算 $m_b = y_b \oplus \mathrm{LSB}(r)$，即可获得自己想要的消息 m_b。

在 Rabin OT 协议中，发送方无法从 x 中得知接收方的选择 b，因为 x 是一个二次剩余，无法区分 r 和 $-r$。同时，接收方也无法同时获得 m_0 和 m_1，因为接收方只知道 r，无法计算出另一个平方根。

Rabin OT 协议是最经典的不经意传输协议之一，但其通信复杂度较高，需要多轮交互。此后，研究者提出了多种改进方案，如基于椭圆曲线密码学的不经意传输协议、基于格的不经意传输协议等，以提高效率和安全性。

除了 1-out-of-2 的 OT 协议外，还有 1-out-of-n 的 OT 协议和 k-out-of-n 的 OT 协议等扩展形式。这些扩展形式允许接收方从发送方的 n 条消息中选择获取 1 条或 k 条消息，进一步增强了不经意传输的灵活性和适用性。

不经意传输作为一种基础的隐私保护密码学工具，在构建复杂的隐私保护协议中起着重要的作用。它可以用于实现安全的信息交换、隐私保护的数据聚合、隐私保护的机器学习等。不经意传输与其他隐私保护密码学方法(如秘密共享、混淆电路、同态加密等)结合使用，可以构建出强大的隐私保护应用系统，为敏感数据的安全利用提供有力的保障。

6.6.4 同态加密

同态加密(homomorphic encryption)是一种新兴的密码学技术，它允许在加密数据上直接进行计算，而无须先对数据进行解密。这种技术在云计算、隐私保护等领域具有广泛的应用前景。本节详细介绍同态加密的基本概念、主要方案以及应用场景。

传统的加密方案在对数据进行加密后，若需要对加密数据进行处理，则必须先将其解密为明文，处理完成后再重新加密。这种方式存在两个主要问题：一是数据的机密性可能会受到威胁；二是频繁的加解密操作会带来较大的计算开销。同态加密正是为了解决这些问题而提出的。

同态加密的核心思想是允许在加密数据上直接进行计算，而计算结果仍然是加密的，并且解密后的结果与对明文数据进行同样计算的结果一致，用数学语言描述如下。

设 $E_k(\cdot)$ 和 $D_k(\cdot)$ 分别表示加密和解密算法，k 为密钥，m_1 和 m_2 为明文数据，$\odot$ 表示某种运算。如果对于任意的 m_1、m_2 和 $\odot$，都有

$$D_k(E_k(m_1) \odot E_k(m_2)) = m_1 \odot m_2$$

则称 $E_k(\cdot)$ 是同态加密算法。

根据支持的运算类型，同态加密可分为部分同态加密(partially homomorphic encryption，PHE)和全同态加密(fully homomorphic encryption，FHE)两大类。

部分同态加密只支持有限的一种或几种运算，如加法同态或乘法同态。较为经典的部分同态加密方案包括 Paillier 加密(支持加法同态)、ElGamal 加密(支持乘法同态)、Boneh-Goh-Nissim (BGN) 加密(支持有限次数的加法和乘法同态)等。

全同态加密则支持任意复杂的计算，即可以完成加法、乘法及其组合运算。2009 年，Gentry 基于理想格构造出第一个全同态加密方案，开创了全同态加密的研究热潮。此后，众多学者对 Gentry 方案进行了改进，提出了一系列新的全同态加密方案，如 BGV(brakerski-gentry-vaikuntanathan)方案、FHEW(fully homomorphic encryption from the weil Pairing)方案、GSW(gentry-sahai-waters)方案等。但现有的全同态加密方案计算效率普遍较低，在实际应用中仍面临诸多挑战。

同态加密技术具有广泛的应用前景，特别是在以下几方面。

(1) 云计算：用户可以将加密数据上传到云端，云服务器无须解密即可直接对数据进行处理和分析，最大限度地保护了用户隐私。

(2) 隐私保护数据挖掘：多个数据持有方可以在不泄露原始数据的情况下，协同完成数据挖掘任务，实现隐私保护和数据价值的双赢。

(3) 安全多方计算：利用同态加密实现无可信第三方参与的隐私保护计算，如电子投票、隐私保护的机器学习等。

(4) 医疗健康：医疗机构可以在保护患者隐私的前提下，对医疗数据进行分析和处理，实现疾病的早期预警和个性化治疗。

同态加密作为一种前沿的隐私保护密码学技术，具有广阔的发展空间和应用前景。但现有方案在计算效率、密钥管理等方面仍存在不足，亟须学术界和工业界的共同努力，推动同态加密技术的进一步发展和应用。

6.6.5 零知识证明

零知识证明(zero-knowledge proof, ZKP)是密码学中一种重要的隐私保护技术，它允许证明者向验证者证明某个论断是正确的，而无须透露除了论断正确性之外的任何信息。换句话说，证明者能够在不提供任何有用知识的情况下说服验证者相信某个论断。这种特性使得零知识证明在隐私保护、身份认证、可验证计算等领域有广泛的应用。

一个零知识证明协议需要满足以下三个性质。

(1) 完整性(completeness)：如果论断确实为真，诚实的证明者总能让诚实的验证者接受证明。

(2) 可靠性(soundness)：如果论断为假，欺骗的证明者不能让诚实的验证者接受证明，除非概率可忽略。

(3) 零知识性(zero-knowledge)：如果论断为真，验证者除了得到论断为真这一信息外，不能获得任何其他信息。

根据交互次数的不同，零知识证明可以分为交互式和非交互式两种。在交互式零知识证明中，证明者和验证者需要进行多轮交互以完成证明过程。代表性的交互式零知识证明协议有 Schnorr 协议、Fiat-Shamir 协议等。而在非交互式零知识证明中，证明者只需要发送一条消息给验证者，验证者不需要与证明者进行交互就可以验证论断的正确性。zk-SNARKs 是一种典型的非交互式零知识证明方案。

Schnorr 协议是一种基于离散对数问题的经典的零知识证明协议。假设证明者知道一个离散对数 x，使得 $g^x \equiv y(\bmod p)$，其中 p 是一个大素数，g 是 $\mathbb{Z}_p^*$ 的生成元。证明者要向验证者证明自己知道 x，而不泄露 x 的值。

证明过程如下。

(1) 证明者随机选择一个数 $r \in \mathbb{Z}_p^*$，计算 $R = g^r \bmod p$，将 R 发送给验证者。

(2) 验证者随机选择一个挑战 $c \in \mathbb{Z}_p^*$，将 c 发送给证明者。

(3) 证明者计算应答 $s = r + cx \bmod p - 1$，将 s 发送给验证者。

(4) 验证者检查等式 $g^s \equiv R \cdot y^c (\bmod p)$ 是否成立，如果成立，则接受证明；否则，拒绝证明。

Fiat-Shamir 协议是另一种经典的零知识证明协议，基于二次剩余问题。证明者要向验证者证明自己知道一个二次非剩余 s 的平方根 x，即 $x^2 \equiv s(\bmod n)$，其中 n 是两个大素数 p 和 q 的乘积。

证明过程与 Schnorr 协议类似，证明者随机选择一个数 r，计算 $R = r^2 \bmod n$，发送给验证者。验证者发送一个挑战 c，证明者根据 c 的值计算响应 y，验证者通过检查等式 $y^2 \equiv R \cdot s^c (\bmod n)$ 是否成立来决定是否接受证明。

零知识证明在多个领域有着广泛的应用，具体如下。

(1) 身份认证：零知识证明可以用于身份认证，允许用户在不泄露敏感信息的情况下，向服务提供商证明自己的身份。

(2) 隐私保护：零知识证明可以在保护隐私的前提下，实现数据的验证和计算。例如，在隐私保护的投票系统中，零知识证明可以确保选票的有效性，同时保护选民的投票隐私。

(3) 区块链和加密货币：零知识证明在区块链和加密货币领域有着重要应用。例如，Zcash 使用 zk-SNARKs(zero-knowledge succinct non-interactive argument of knowledge)实现了交易的隐私保护，用户可以在不泄露交易金额和参与方身份的情况下进行交易验证。

(4) 可验证计算：零知识证明用于可验证计算，允许一个人将计算任务外包给其他方，并在不泄露输入数据的情况下，验证计算结果的正确性。

综上所述，零知识证明是现代密码学的重要工具，为解决隐私保护和数据安全等问题提供了新的思路。随着研究的不断深入，零知识证明有望在更多领域得到应用，为构建安全、可信的数字世界做出贡献。

6.7　区块链中密码应用

区块链技术作为一种新兴的分布式记账技术，受到了学术界和工业界的广泛关注。区块链技术的核心是密码学，它利用密码学原理构建了一个安全、可信、去中心化的分布式系统。区块链技术的出现为解决传统中心化系统中存在的信任问题、数据安全问题等提供了一种新的思路和方案。

区块链技术在金融、供应链、医疗、版权等诸多领域都有广阔的应用前景。其中，区块链技术与密码技术的结合为解决数字版权保护、数据隐私保护等问题提供了新的可能。同时，区块链技术的发展也对密码技术提出了新的需求和挑战，推动了密码技术的创新和进步。

本节将重点介绍区块链技术的原理、区块链中的密码技术、区块链在版权保护中的应用、IBC 信任体系，以及区块链技术的发展趋势。通过本节的学习，读者将全面了解区块链技术的核心原理，深入理解区块链中密码技术的应用，掌握区块链在版权保护等领域的应用，并对区块链技术的发展趋势有所认识。

6.7.1　区块链技术原理

区块链本质上是一个分布式数据库，由多个节点共同维护。每个节点都保存了完整的区块链数据，并通过共识算法对新的交易数据达成一致。区块链中的数据以区块的形式进行组织和存储，每个区块包含了一定时间段内的交易数据，并与前一个区块通过密码学方式进行链接，形成一个不可篡改的链式结构。

区块链的关键特性如下。

(1) 去中心化：区块链网络中不存在中心化的管理机构，所有节点地位平等，共同参与网络的维护和数据的记录。

(2) 不可篡改：一旦数据被记录到区块链中，就无法被修改或删除，确保了数据的完整性和可信度。

(3) 可追溯：每个区块都与前一个区块相连，形成一个完整的链条，可以追溯每一笔交易的历史记录。

(4) 共识机制：区块链网络中的节点通过共识算法对新的交易数据达成一致，保证了网络的一致性和安全性。

区块是组成区块链的基本单位，每个区块由区块头和区块体两部分组成。

区块头包含了该区块的元数据，主要包括以下几项。

(1) 版本号：区块的版本信息。

(2) 前一个区块的哈希值：用于连接前一个区块，形成链式结构。

(3) 默克尔根：区块体中所有交易数据的哈希值，用于快速验证交易的完整性。

(4) 时间戳：区块生成的时间。

(5) 难度目标：挖矿难度的目标值。

(6) Nonce：用于工作量证明的随机数。

区块体包含了区块中所有的交易数据。每笔交易都包含了发送方、接收方、交易金额等信息，并通过数字签名的方式进行验证，确保交易的合法性和完整性。

区块链通过将区块按照时间顺序连接起来，形成一个不可篡改的链式结构。每个区块的哈希值都依赖于前一个区块的哈希值，因此如果修改了某个区块的数据，就会导致后续所有区块的哈希值发生变化，从而破坏整个区块链的完整性。

共识机制是区块链网络中各个节点对新的交易数据达成一致的过程，是保证区块链安全性和一致性的关键。常见的共识机制包括工作量证明(proof of work，PoW)、权益证明(proof of stake，PoS)等。

1. 工作量证明

工作量证明是比特币等早期区块链项目采用的共识机制。在 PoW 中，矿工节点通过解决复杂的数学问题(哈希难题)来竞争记账权，第一个解出问题的矿工可以将新的交易数据打包到区块中，并获得相应的奖励。其他节点通过验证该区块的合法性来决定是否接受该区块。

2. 权益证明

权益证明是一种更加节能环保的共识机制，通过持有代币的数量和时间来决定记账权的分配，以太坊从 2.0 版本开始将 PoS 作为共识机制。在 PoS 中，持有代币数量越多、时间越长的节点，有越高的概率获得记账权。相比于 PoW，PoS 不需要消耗大量的计算资源，因此更加高效和环保。

除了 PoW 和 PoS 之外，还有其他一些共识机制，如委托权益证明(delegated proof of stake，DPoS)、实用拜占庭容错(practical byzantine fault tolerance，PBFT)等，它们各有特点和适用场景。

区块链技术通过密码学原理和共识机制，实现了去中心化、不可篡改、可追溯等特性，为构建可信的数字世界奠定了重要的技术基础。随着技术的不断发展和成熟，区块链有望在更多领域得到应用，推动数字经济的创新和发展。

6.7.2 区块链中的密码学技术

区块链技术的安全性和可靠性高度依赖于密码学技术的应用。在区块链系统中，广泛采用了多种密码学技术，包括哈希函数、非对称加密、数字签名和默克尔哈希树等。这些密码学技术在确保区块链数据完整性、身份认证、交易验证等方面发挥着关键作用。

哈希函数是区块链中最基本也是最重要的密码学技术之一。哈希函数可以将任意长度的数据映射为固定长度的哈希值，且这一过程是不可逆的。常见的哈希算法有 SHA-256、SHA-3、RIPEMD-160 等。在区块链中，哈希函数主要用于以下场景。

(1) 区块链数据结构：区块头中包含前一个区块的哈希值，从而形成链式结构，确保了区块链的完整性。

(2) 工作量证明：在比特币等使用 PoW 共识机制的区块链系统中，矿工通过不断尝试不同的随机数来寻找满足难度目标的区块哈希值，以证明自己的工作量。

(3) 地址生成：用户的区块链地址通常由公钥经过哈希运算得到。例如，比特币地址是由公钥经过 SHA-256 和 RIPEMD-160 哈希算法生成的。

非对称加密也称为公钥密码学，是区块链实现身份认证和数字签名的基础。常见的非对称加密算法有 RSA、ECC(椭圆曲线密码学)等。在非对称加密中，每个用户拥有一对密钥：公钥和私钥。公钥可以公开，而私钥必须由用户妥善保管。区块链中非对称加密的主要应用如下。

(1) 身份认证：用户可以使用私钥对消息进行签名，其他人可以使用该用户的公钥验证签名，从而确认消息的发送方身份。

(2) 数字资产所有权：在区块链中，用户的数字资产(如比特币)的所有权是通过私钥控制的。只有私钥的拥有者才能对相应的数字资产进行转移或交易。

数字签名是在非对称加密的基础上实现的一种密码学技术，用于验证消息的完整性和发送方身份。常见的数字签名算法有 ECDSA(elliptic curve digital signature algorithm，椭圆曲线数字签名算法)、RSA 签名等。在区块链中，每笔交易都需要发送方使用私钥进行签名，其他节点可以使用发送方的公钥验证签名的有效性，从而确保交易的合法性和不可篡改性。

默克尔哈希树(Merkle Hash tree)也称为默克尔树，是一种基于哈希函数构建的树形数据结构。在区块链中，默克尔树主要用于以下目的。

(1) 高效验证交易：区块头中包含了所有交易的默克尔树根哈希值。通过默克尔树，节点可以快速验证某笔交易是否包含在区块中，而无须下载整个区块数据。

(2) 简化支付验证(simplified payment verification，SPV)：轻量级客户端可以通过默克尔树的分支节点和根哈希值，在不下载整个区块链数据的情况下，验证某笔交易的存在性。

(3) 数据完整性验证：默克尔树可以高效地检测数据的任何变更，因为即使一笔交易发生改变，也会导致整个默克尔树根哈希值的改变。

哈希函数、非对称加密、数字签名和默克尔哈希树等密码学技术在区块链系统中发挥着至关重要的作用，它们共同保障了区块链的安全性、可靠性和高效性，是区块链技术得以广泛应用的基石。未来，随着区块链技术的不断发展，有望看到包括零知识证明在内的更多先进的密码学技术应用到区块链系统中，进一步增强其安全性和性能。

6.7.3　区块链在版权保护中的应用

区块链技术以其去中心化、不可篡改、可追溯等特性，为版权保护提供了新的思路和方案。将区块链技术应用于版权领域，可以有效解决传统版权保护中存在的问题，如版权确权难、维权成本高、侵权取证难等。本节将结合真实案例，详细讲解区块链在版权领域的应用实践。

1. 版权登记与确权

在传统的版权登记过程中，权利人需要提交大量的纸质材料，经过烦琐的审核和公示流程，才能最终获得版权证书。这一过程耗时长、效率低，且版权信息容易出现遗失或被篡改的情况。区块链技术可以很好地解决这些问题。

以 Binded 平台为例，它利用区块链技术为摄影作品提供永久的在线版权登记服务。摄影师只需将作品上传至 Binded 平台，系统就会自动提取作品的特征码，生成数字指纹，并将其以哈希值的形式存储在区块链上，同时记录下作品的创作时间、作者等元数据信息。由于区块链的不可篡改性，这些信息一旦记录就无法被修改或删除，形成了永久、权威的版权证明。

权利人可以通过 Binded 平台随时查询和管理自己的作品，一旦发现侵权行为，也可以利用区块链上的版权记录进行维权。与传统的版权登记相比，基于区块链的版权确权更加高效、安全，大大降低了确权成本，提高了确权效率。

2. 版权交易与授权

在传统的版权交易与授权中，常常存在交易信息不透明、中间环节多、结算周期长等问题，导致交易效率低下，权利人收益难以保障。区块链技术可以为版权交易与授权提供一个去中心化的平台，实现点对点的直接交易，提高交易效率，保障权利人利益。

音乐版权交易平台 Ujo Music 就是一个典型的例子。音乐人可以在 Ujo Music 平台上注册自己的音乐作品，并设定版权授权条款和价格。当用户需要使用音乐时，可以直接在平台上进行选购，支付相应的授权费用。智能合约会自动执行交易，将费用分配给音乐人和其他版权方，整个过程无须中间商介入，交易信息全程公开透明，有效保障了各方权益。

同时，Ujo Music 还引入了"原子交易"机制，确保交易的原子性，即交易要么全部完成，要么全部失败，杜绝了中途退出或违约的可能性，进一步提高了交易的安全性和可靠性。

3. 版权监测与维权

在数字时代，作品一经发布就可能迅速传播，盗版侵权问题日益严重。传统的版权监测与维权往往需要投入大量的人力物力，取证难度大，维权成本高。区块链技术可以为版权监测与维权提供新的解决方案。

例如，Custos Media Technologies 公司开发了一套基于区块链的版权监测系统，帮助版权方实现全网监测和自动取证。版权方可以通过该系统为数字作品嵌入唯一的水印，一旦系统检测到疑似侵权行为，就会自动抓取证据，如侵权网页截图、侵权链接等，并将其哈希值存储在区块链上，同时与原始作品的水印信息进行比对，形成完整的证据链。

由于区块链数据的不可篡改性和时间戳机制，存储在链上的证据可以作为法律上合法有效的电子证据，大大降低了取证难度。版权方可以利用这些证据进行维权诉讼，或者与侵权方进行协商谈判，大大提高了维权效率，降低了维权成本。

4. 版税分配与结算

在传统的版权产业中，作品的创作、发行、销售等环节通常涉及多方主体，如作者、出版商、发行商、零售商等，版税分配十分复杂，结算周期长，账目不透明，权利人的收益难以保障。区块链技术可以实现版税的自动分配与结算，让权利人及时、足额地获得收益。

以电子书版权管理平台 Publica 为例，它利用智能合约技术，实现了版税的自动分配。出版商和作者可以在 Publica 平台上合作出版电子书，并预先设定版税分配比例。每当电子书售出时，购买记录就会被自动记录在区块链上，触发智能合约的自动执行，根据预设的规则进行版税结算，并将收益直接转入作者和出版商的数字钱包。

由于智能合约的代码公开透明，且执行过程不可篡改，各方权益可以得到有效保障。同时，由于区块链的去中心化特性，版税结算不再依赖于中心化的支付平台，降低了手续费，提高了结算效率。

除了上述典型场景外，区块链技术还可以在数字版权存证、版权交易追溯、侵权责任认定等方面发挥重要作用。例如，利用区块链构建数字版权存证平台，为数字作品提供"确权时间戳"，以解决版权归属争议；利用区块链不可篡改、可追溯的特性，为版权交易提供完整的交易证据链,规范交易行为;利用区块链智能合约,根据作品传播数据和侵权证据,自动认定侵权责任,提高侵权判定的效率和准确性。

区块链技术与版权保护的结合是大势所趋,未来必将在版权领域得到更广泛、更深入的应用。随着区块链技术的不断发展和完善,以及与人工智能、大数据等新兴技术的融合,区块链+版权有望构建一个更加规范、高效、透明的版权保护生态,为数字经济时代的版权保护提供有力支撑。

6.7.4　IBC 信任体系

基于身份的密码体制(IBC)是一种公钥加密体系,其核心思想是将用户的身份信息(如邮件地址、电话号码等)作为公钥,从而降低传统公钥基础设施(PKI)中证书管理的复杂性。IBC 信任体系在区块链网络中具有广泛的应用前景,能够有效地解决区块链跨链通信和互操作性问题。

在 IBC 信任体系中,私钥生成中心(private key generator,PKG)负责生成和分发用户的私钥。PKG 首先生成一个主密钥对,包括主公钥和主私钥。当用户需要获取私钥时,PKG 使用主私钥和用户的身份信息计算出用户的私钥,并通过安全信道将其分发给用户。用户可以使用自己的私钥对消息进行签名,而其他用户可以使用发送方的身份信息作为公钥来验证签名的有效性。

IBC 信任体系的安全性依赖于 PKG 的可信性和主密钥对的保密性。为了防止 PKG 滥用权力或主密钥对泄露,可以采用分布式 PKG 的方案,即由多个可信实体共同扮演 PKG 的角色,通过门限密码技术生成和管理主密钥对。

区块链跨链通信是指不同区块链网络之间的信息交换和资产转移。由于各个区块链网络采用不同的共识机制、加密算法和数据结构,跨链通信面临着互操作性和安全性的挑战。IBC 信任体系为解决这一问题提供了一种可行的方案。

在基于 IBC 的跨链通信协议中,每个区块链网络都部署一个 PKG,负责管理本链用户的身份和密钥。当一个区块链网络的用户需要向另一个区块链网络的用户发送消息或资产时,发送方首先向本链的 PKG 请求获取目标用户的公钥(即目标用户的身份信息)。然后,发送方使用自己的私钥对消息进行签名,并将签名后的消息发送给目标区块链网络。目标区块链网络的 PKG 使用发送方的身份信息作为公钥来验证消息签名的有效性,并将消息转发给目标用户。

通过 IBC 信任体系,不同区块链网络之间可以建立起一种基于身份的信任关系,从而实现安全可靠的跨链通信。

IBC 信任体系相比传统的 PKI 体系具有以下优势。

(1) 简化了证书管理:IBC 使用用户的身份信息作为公钥,无须颁发和管理数字证书,降低了系统复杂性。

(2) 提高了密钥管理效率:用户无须事先获取和存储其他用户的公钥,可以根据需要实时计算目标用户的公钥。

(3) 增强了用户隐私保护:IBC 中用户的公钥与身份信息相关联,而不是与特定的密钥对相关联,更难以追踪用户的通信行为。

然而，IBC 信任体系也面临着一些挑战。

(1) PKG 的安全性和可信性至关重要，一旦 PKG 被攻破，整个系统的安全性将受到严重威胁。

(2) 身份吊销问题需要妥善处理，当用户的私钥泄露或者身份信息发生变更时，如何及时、有效地吊销相应的密钥是一个挑战。

(3) 跨域互操作性有待加强，不同区块链网络的 IBC 实现可能采用不同的标准和协议，需要建立一套统一的跨域互操作机制。

IBC 信任体系为区块链跨链通信提供了一种新的解决方案，但 IBC 信任体系的安全性、身份吊销和跨域互操作等问题仍需要进一步研究和改进。随着区块链技术的不断发展，IBC 信任体系有望在未来的区块链网络中得到广泛应用，为实现安全、高效、可信的价值交换和数据共享奠定基础。

6.7.5　区块链技术的发展趋势

区块链技术自 2008 年诞生以来，经过十多年的发展，已经成为一项极具潜力的颠覆性技术。区块链的去中心化、不可篡改、可追溯等特性为解决传统系统中的信任问题提供了新的思路。未来，区块链技术将在以下几方面得到进一步的发展和应用。

1. 跨链技术的突破

目前，各个区块链系统之间缺乏互操作性，无法实现不同链之间的价值和信息传递。跨链技术的出现将打破不同区块链之间的壁垒，实现链与链之间的互联互通。通过跨链技术，不同的区块链系统可以进行数据和资产的交换，从而构建一个更加开放、互联的区块链生态系统。

跨链技术主要包括侧链、中继链、哈希锁定等多种实现方式。侧链通过将主链上的资产锁定，在侧链上进行交易，实现不同链之间的资产转移。中继链则充当不同区块链之间的桥梁，通过在中继链上进行跨链交易，实现不同链之间的信息传递。哈希锁定通过智能合约和哈希时间锁定机制，保证跨链交易的原子性，防止双花等安全问题的发生。跨链技术的发展将进一步推动区块链的互联互通，形成一个多链并存、互联互通的区块链网络，实现价值的自由流动和信息的无缝共享。

2. 隐私保护技术的完善

虽然区块链技术具有一定的匿名性，但是在公有链上的交易信息仍然是公开透明的。为了保护用户的隐私，未来区块链技术将进一步完善隐私保护机制。零知识证明、环签名、同态加密等密码学技术将在区块链中得到广泛应用，实现交易信息的隐私保护，同时保证交易的合法性和可验证性。

零知识证明允许一方在不泄露任何额外信息的情况下，向另一方证明某个陈述的真实性。在区块链中，零知识证明可以用于实现匿名交易，保护用户的隐私。环签名通过在一组用户中随机选择签名者，实现交易的匿名性，防止交易双方的身份信息被泄露。同态加密则允许在加密数据上直接进行计算，实现隐私保护下的数据共享和计算。

未来，隐私保护技术的完善将推动区块链的隐私保护能力不断提升，为用户提供更加安全、隐私的交易环境，促进区块链技术在隐私敏感领域的应用。

3. 可扩展性问题的解决

区块链的可扩展性问题一直是制约其大规模应用的瓶颈。目前，主流的区块链系统，如比特币和以太坊，其交易处理能力远远无法满足实际应用的需求。为了解决可扩展性问题，未来区块链技术将采用分片、状态通道、侧链等扩容方案，提高区块链的交易处理能力，实现高并发、低延迟的交易确认。

分片通过将区块链网络划分为多个子链，每个子链独立处理交易，来提高整个网络的并发处理能力。状态通道通过在链下进行交易，只将最终状态更新到主链上，来减少主链的交易负担，提高交易的即时性。侧链通过将一些高频交易转移到侧链上进行处理，来降低主链的交易压力，提高整个网络的可扩展性。

可扩展性问题的解决将推动区块链技术的大规模应用，实现更高的交易吞吐量和更低的交易延迟，满足实际应用场景的需求。

4. 与人工智能的结合

区块链与人工智能都是当前最具前景的技术领域，二者的结合将产生巨大的潜力。区块链可以为人工智能提供一个安全、可信的数据共享平台，而人工智能则可以为区块链提供智能化的决策和分析能力。未来，区块链与人工智能的融合将在智能合约、预测市场、数据共享等方面得到广泛应用，推动区块链技术的智能化发展。

智能合约与人工智能的结合可以实现更加智能、自动化的合约执行和决策。基于区块链的预测市场，可以利用人工智能算法，对市场趋势进行预测和分析，为用户提供更加准确的决策依据。区块链与人工智能的融合还可以实现安全、可信的数据共享和交换，为人工智能的训练和应用提供高质量的数据来源。

5. 监管技术的完善

区块链的去中心化特性对传统的监管模式提出了挑战。为了实现对区块链的有效监管，未来区块链技术将与监管科技(RegTech)深度融合。通过在区块链上嵌入监管规则，实现对区块链上交易的实时监控和合规性审查。同时，监管机构也可以利用区块链的不可篡改性，实现监管过程的透明化和可追溯性。

基于区块链的监管技术可以通过智能合约自动执行监管规则，实现对区块链上交易的实时监控和合规性审查。监管机构可以通过区块链，实时获取交易数据，对违规行为进行及时的识别和处置。区块链的不可篡改性也为监管过程提供了可信的审计证据，提高了监管的透明度和可信度。

监管技术的完善将推动区块链技术的规范化发展，营造一个更加健康、有序的区块链生态环境，为区块链技术的大规模应用奠定基础。

6. 区块链即服务的兴起

随着区块链技术的不断成熟，区块链即服务(blockchain as a service，BaaS)平台将成为区块链应用的重要载体。BaaS平台通过将区块链技术封装为服务，提供易用的开发工具和部署环境，降低了区块链应用的开发门槛，加速了区块链技术的普及和应用。

BaaS 平台可以为企业和开发者提供一站式的区块链解决方案，包括区块链网络的搭建、智能合约的开发、应用的部署等。通过 BaaS 平台，企业可以快速构建自己的区块链应用，而无须投入大量的时间和资源来开发和维护底层的区块链基础设施。

BaaS 平台的兴起将极大地推动区块链技术的应用普及，为更多的企业和个人提供便捷、高效的区块链服务，加速区块链技术在各个行业的落地和应用。

区块链技术的发展将推动数字经济的繁荣，重塑人们的信任机制，为构建一个更加安全、透明、高效的社会奠定基础。随着区块链技术的不断成熟和应用的不断深入，有理由相信区块链将成为驱动未来社会发展的重要引擎，为人类的生产生活带来深刻的变革。

第7章 商用密码应用安全性评估

7.1 商用密码应用安全性评估概述

商用密码应用安全性评估通常称为"密评"，指在采用商用密码技术、产品和服务集成建设的网络和信息系统中，对其密码应用的合规性、正确性、有效性等进行评估。

7.1.1 商用密码应用安全性评估发展现状

1. 商用密码发展现状及密评重要性

党的十八大以来，以习近平同志为核心的党中央高度重视互联网、发展互联网、治理互联网，形成了网络强国战略思想，走出了一条中国特色治网之道，指引我国网信事业取得历史性成就，商用密码由此得到全面发展。我国商用密码的自主创新能力持续增强，已取得一系列高水平、原创性科研成果。部分密码算法(如 ZUC 算法)已经成为 3GPP 中的 4G 国际标准，SM2/SM9 数字签名算法、SM3 密码杂凑算法、SM4 分组密码算法、SM9 标识加密算法也已达到国际先进水平，成为国际标准。

在产业发展方面，商用密码产业总体规模保持高增长率，商用密码供给质量不断提高，基础支撑能力持续增强。在应用推广方面，商用密码已经在一些重要领域和关键行业中得到广泛应用。在通信、金融、教育、医疗健康、交通、社保、能源、国防工业等领域中都能找到商用密码的应用场景。

与此同时，商用密码管理体系也在不断健全完善，商用密码应用安全性评估试点正在有序开展，商用密码的社会认可度在大幅提升。商用密码应用安全性评估是商用密码检测认证体系的重要组成部分。维护网络空间安全、规范商用密码应用是密评工作开展的客观要求，开展密评是加强密码工作监管的重要举措，也是重要领域信息系统运营主管部门必须要履行的法定义务。

开展密评是保障系统安全的必然要求。商用密码应用安全性评估是保障密码应用合规、正确、有效的重要手段，它使密码应用管理过程构成闭环，促进密码应用管理体系不断完善，并能够持续提高密码在网络和信息系统中应用的安全性，保障密码应用动态安全，为信息系统的安全提供坚实的基础支撑。

开展密评是建设网络强国的重要保障。《中华人民共和国国民经济和社会发展第十四个五年规划和 2035 年远景目标纲要》中指出，要推进网络强国建设，营造良好数字生态，健全国家网络安全法律法规和制度标准，加强重要领域数据资源、重要网络和信息系统安全保障。而应用商用密码产品并进行安全性评估有利于建立健全关键信息基础设施保护体系，提升数字化应用场景中的网络安全防护能力和网络安全产业综合竞争力。

2. 商用密码应用安全性评估体系发展历程

商用密码应用安全性评估最早于 2007 年提出，经过十余年的积累，密评制度体系正在不断地成熟。我国密评发展经历了四个阶段。

第一阶段，制度奠基期(2007 年 11 月~2016 年 8 月)。2007 年 6 月 27 日，国家密码管理局印发 43 号文件《信息安全等级保护管理办法》，要求信息安全等级保护商用密码测评工作由国家密码管理局指定的测评机构承担。2009 年 12 月 15 日，国家密码管理局印发《〈信息安全等级保护商用密码管理办法〉实施意见》，进一步明确了与密码测评有关的要求。

第二阶段，再次集结期(2016 年 9 月~2017 年 4 月)。国家密码管理局成立起草小组，研究起草《商用密码应用安全性评估管理办法(试行)》。2017 年 4 月 22 日，国家密码管理局正式印发《关于开展密码应用安全性评估试点工作的通知》(国密局(2017)138 号文)，在七省五行业开展密评试点。

第三阶段，体系建设期(2017 年 5~9 月)。国家密码管理局成立密评领导小组，研究确定了密评体系总体架构，并组织有关单位起草 14 项制度文件。经征求试点地区、部门意见和专家评审，2017 年 9 月，国家密码管理局印发《商用密码应用安全性管理办法(试行)》《商用密码应用安全性测评机构能力评审实施细则(试行)》《信息系统密码应用基本要求》(GM/T 0054—2018)和《信息系统密码测评要求(试行)》，国标密评制度体系初步建立。

第四阶段，密评试点开展期(2017 年 10 月至今)。试点开展过程同时也是机构培育过程，包括机构申报遴选、考察认定、发布目录、开展试点测评工作、提升测评机构能力、总结试点经验、完善相关规定等。2021 年 3 月 8 日，在对密码行业标准 GM/T 0054—2018 进一步修改完善后，密码国家标准《信息安全技术　信息系统密码应用基本要求》(GB/T 39786—2021)正式发布，并于 2021 年 10 月 1 日正式实施。

3. 商用密码应用安全性评估主要内容

密评的内容包括密码应用安全的三方面：合规性、正确性和有效性。

(1) 商用密码应用合规性评估：判定信息系统使用的密码算法、密码协议、密钥管理是否符合法律法规的规定和密码相关国家标准、行业标准的有关要求，使用的密码产品和密码服务是否经过国家密码管理部门核准或由具备资格的机构认证合格。

(2) 商用密码应用正确性评估：判定密码算法、密码协议、密钥管理、密码产品和服务使用是否正确，即系统中采用的标准密码算法、协议和密钥管理机制是否按照相应的密码国家和行业标准进行正确的设计和实现，自定义密码协议、密钥管理机制的设计和实现是否正确，安全性是否满足要求，密码保障系统建设或改造过程中密码产品和服务的部署和应用是否正确。

(3) 商用密码应用有效性评估：判定信息系统中实现的密码保障系统是否在信息系统运行过程中发挥了实际效用，是否满足了信息系统的安全需求，是否切实解决了信息系统面临的安全问题。

密评工作包括四项基本测评活动，即测评准备活动、方案编制活动、现场测评活动、分析与报告编制活动。测评方与受测方之间的沟通与洽谈应贯穿整个测评过程。需要注意的是，在测评活动开展之前，信息系统的密码应用方案需要通过测评机构的评估或者密码应用专家的评审，按要求通过评估或评审的密码应用方案可以作为密评实施的依据。密码应用方案评审主要审查其是否涵盖所有需要采用密码保护的核心资产及敏感信息，以及采取的密码保护措施是否能够达到相应等级的使用要求。

测评准备活动是开展测评工作的前提和基础，主要任务是掌握被测信息系统的详细情况，准备测评工具，为编制测评方案做好准备。

方案编制活动是开展测评工作的关键，主要任务是确定与被测信息系统相适应的测评对象、测评指标及测评内容等，形成测评方案，为实施现场测评提供依据。

现场测评活动是开展测评工作的核心，主要任务是依据测评方案的总体要求，分步实施所有测评项目，包括单项测评和单元测评等，以了解系统的真实保护情况，获取足够的证据，发现系统存在的密码应用安全性问题。

分析与报告编制活动是给出测评工作结果的活动，主要任务是根据现场测评结果和《信息系统密码应用基本要求》《信息系统密码应用测评要求》的有关要求，通过单项测评结果判定、单元测评结果判定、整体测评和风险分析等方法，找出整个系统密码的安全保护现状与相应等级的保护要求之间的差距，并分析这些差距可能导致的被测信息系统面临的风险，从而给出测评结论，形成测评报告。

7.1.2　商用密码应用安全性评估工作依据

1. 商用密码管理法律法规

2023 年 9 月 26 日，国家密码管理局令第 3 号发布，《商用密码应用安全性评估管理办法》已于 2023 年 9 月 11 日国家密码管理局局务会议上审议通过，自 2023 年 11 月 1 日起施行。它是国家密码管理局根据《中华人民共和国密码法》《商用密码管理条例》等法律法规研究制定的，目的是统筹细化商用密码应用安全性评估对象范围、责任主体、工作原则、程序内容、实施规范等规定，依法规范商用密码应用安全性评估工作。

2. 商用密码应用法律政策要求

(1) 密评基础性国家标准《信息安全技术　信息系统密码应用基本要求》(GB/T 39786—2021)是贯彻落实《中华人民共和国密码法》、指导商用密码应用与安全性评估工作的一项基础性标准。国家密码管理局 2018 年发布实施的密码行业标准《信息系统密码应用基本要求》(GM/T 0054—2018)，修改完善上升为国家标准，突出了它在商用密码应用标准体系中的基础性地位。该标准从物理和环境安全、网络和通信安全、设备和计算安全、应用和数据安全四个方面提出了密码应用技术要求，以及管理制度、人员管理、建设运行、应急处置等密码应用管理要求。与 GM/T 0054—2018 相比，标准 GB/T 39786—2021 结合近年来商用密码应用与安全性评估工作实践对部分内容进行了优化，按照信息系统安全等级分别提出了相应的密码应用要求。

(2) 密码测评国家标准《信息安全技术　信息系统密码应用测评要求》(GB/T 43206—2023)自 2024 年 4 月 1 日起实施，适用于指导、规范信息系统商用密码应用安全性评估工作中的测评活动。

7.2　密码技术应用要求

《信息安全技术　信息系统密码应用基本要求》(以下简称《基本要求》)，主要适用于指导、规范信息系统密码应用的规划、建设、运行、测评。在《基本要求》的基础上，各个领域与行业可以结合本领域行业的密码应用需求来指导、规范信息系统密码应用。

《基本要求》规定了信息系统第一级至第四级的密码应用的基本要求，第一级到第四级的密码保障能力逐级增强。根据不同等级的密码保障能力的不同，《基本要求》中将采取措施的必要程度分为"可"、"宜"和"应"三种(其中"可"表示可以，"宜"表示推荐、建议，"应"表示要求、应该)。

《基本要求》是贯彻落实《中华人民共和国密码法》、指导商用密码应用与安全性评估工作的一项基础性标准，对于规范和引导信息系统合规、正确、有效应用密码，切实维护国家网络与信息安全具有重要意义。

7.2.1　安全技术要求

《基本要求》从信息系统的物理和环境安全、网络和通信安全、设备和计算安全、应用和数据安全四个层面提出密码应用技术要求，以保障信息系统的安全性。

1.　物理和环境安全

物理和环境安全旨在确保信息系统的实体身份真实性，包括访问控制、设备存放、环境监控等方面的要求。不同等级的物理和环境安全技术要求如表 7-1 所示。

表 7-1　不同等级的物理和环境安全技术要求

物理和环境安全的技术要求	第一级	第二级	第三级	第四级
采用密码技术进行物理访问身份鉴别，保证重要区域进入人员身份的真实性	可	宜	宜	应
采用密码技术保证电子门禁系统进出记录数据的存储完整性	可	可	宜	应
采用密码技术保证视频监控音像记录数据的存储完整性	—	—	宜	应
以上如果采用密码服务，应符合法律法规的相关要求并经商用密码认证机构认证合格	应	应	应	应
以上采用的密码产品，应达到 GB/T 37092(商密)一级及以上安全要求	—	一级及以上	二级及以上	三级及以上

2.　网络和通信安全

网络和通信安全主要保护信息系统的通信链路和数据传输，包括加密算法、密钥管理、网络隔离等方面的要求。不同等级的网络和通信安全技术要求如表 7-2 所示。

表 7-2　不同等级的网络和通信安全技术要求

网络和通信安全的技术要求	第一级	第二级	第三级	第四级
采用密码技术对通信实体进行身份鉴别，保证通信实体身份的真实性	可	宜	应	应

续表

网络和通信安全的技术要求	第一级	第二级	第三级	第四级
采用密码技术保证通信过程中数据的完整性	可	可	宜	应
采用密码技术保证通信过程中重要数据的机密性	可	宜	应	应
采用密码技术保证网络边界访问控制信息的完整性	可	可	宜	应
采用密码技术对从外部连接到内部网络的设备进行接入门认证，确保接入设备身份的真实性	—	—	可	宜
以上如果采用密码服务，该密码服务应符合法律法规的相关要求，需依法接受检测认证的，应经商用密码认证机构认证合格	应	应	应	应
以上采用的密码产品，应达到 GB/T 37092 一级及以上安全要求	—	一级及以上	二级及以上	三级及以上

3. 设备和计算安全

设备和计算安全旨在确保信息系统硬件和软件的安全性，包括密码算法实现、密钥存储、访问控制等方面的要求。不同等级的设备和计算安全技术要求如表 7-3 所示。

表 7-3　不同等级的设备和计算安全技术要求

设备和计算机安全的技术要求	第一级	第二级	第三级	第四级
采用密码技术对登录设备的用户进行身份鉴别，保证用户身份的真实性	可	宜	应	应
远程管理设备时，应采用密码技术建立安全的信息传输通道	—	—	应	应
采用密码技术保证系统资源访问问控制信息的完整性	可	可	宜	应
采用密码技术保证设备中的重要信息资源安全标记的完整性	—	—	宜	应
采用密码技术保证日志记录的完整性	可	可	宜	应
以上如果采用密码服务，该密码服务应符合法律法规的相关要求，需依法接受检测认证的应经商用密码认证机构认证合格	应	应	应	应
以上采用的密码产品，应达到 GB/T 37092 一级及以上安全要求	—	一级及以上	二级及以上	三级及以上

4. 应用和数据安全

应用和数据安全旨在维护信息系统中重要数据的机密性和完整性，包括数据加密、访问控制、审计等方面的要求。不同等级的应用和数据安全技术要求如表 7-4 所示。

表 7-4　不同等级的应用和数据安全技术要求

应用和数据安全的技术要求	第一级	第二级	第三级	第四级
采用密码技术对登录用户进行身份鉴别，保证应用系统用户身份的真实性	可	宜	应	应
采用密码技术保证信息系统应用的访问控制信息的完整性	可	可	宜	应
采用密码技术保证信息系统应用的重要信息资源安全标记的完整性	—	—	宜	应
采用密码技术保证信息系统应用的重要数据在传输过程中的机密性	可	宜	应	应
采用密码技术保证信息系统应用的重要数据在存储过程中的机密性	可	宜	应	应
采用密码技术保证信息系统应用的重要数据在传输过程中的完整性	可	宜	宜	应
采用密码技术保证信息系统应用的重要数据在存储过程中的完整性	可	宜	宜	应
在可能涉及法律责任认定的应用中，宜采用密码技术提供数据原发证据和数据接收证据，实现数据原发行为的不可否认性和数据接收行为的不可否认性	—	—	宜	应

续表

应用和数据安全的技术要求	第一级	第二级	第三级	第四级
以上如果采用密码服务，该密码服务应符合法律法规的相关要求。需依法接受检测认证的，应经商用密码认证机构认证合格	应	应	应	应
以上采用的密码产品，应达到 GB/T 37092 一级及以上安全要求	—	一级及以上	二级及以上	三级及以上

7.2.2　安全管理要求

《基本要求》从信息系统的管理制度、人员管理、实施管理和应急处置四个方面提出密码应用管理要求，为信息系统提供管理方面的密码应用安全保障。

1. 管理制度要求

对使用密码技术的信息系统不同等级的管理制度要求如表 7-5 所示。

表 7-5　不同等级的管理制度要求

制度管理要求	第一级	第二级	第三级	第四级
具备密码应用安全管理制度，包括密码人员管理密钥管理、建设运行、应急处置、密码软硬件及介质管理等制度	应	应	应	应
根据密码应用方案建立相应密钥管理规则	应	应	应	应
对管理人员或操作人员执行的日常管理操作建立操作规程	—	应	应	应
定期对密码应用安全管理制度和操作规程的合理性和适用性进行论证和审定，对存在不足或需要改进之处进行修订	—	—	应	应
明确相关密码应用安全管理制度和操作规程的发布流程并进行版本控制	—	—	应	应
具有密码应用操作规程的相关执行记录并妥善保存	—	—	应	应

2. 人员管理要求

对使用密码技术的信息系统不同等级的人员管理要求如表 7-6 所示。

表 7-6　不同等级的人员管理要求

人员管理要求	第一级	第二级	第三级	第四级
相关人员了解并遵守密码相关法律法规、密码应用安全管理制度	应	应	应	应
建立密码应用岗位责任制度，明确各岗位在安全系统中的职责和权限	—	应	应	应
建立上岗人员培训制度，对于涉及密码的操作和管理的人员进行专门培训，确保其具备岗位所需专业技能	—	应	应	应
定期对密码应用安全岗位人员进行考核	—	—	应	应
建立关键人员保密制度和调离制度，签订保密合同，承担保密义务	应	应	应	应

3. 实施管理要求

对使用密码技术的信息系统不同等级的实施管理要求如表 7-7 所示。

表 7-7　不同等级的实施管理要求

实施管理要求	第一级	第二级	第三级	第四级
依据密码相关标准和密码应用需求，制定密码应用方案	应	应	应	应
根据密码应用方案，确定系统涉及的密钥种类、体系及其生命周期环节	应	应	应	应

续表

实施管理要求	第一级	第二级	第三级	第四级
按照密码应用方案实施建设	应	应	应	应
投入运行前可进行密码应用安全性评估	应	应	应	应
在运行过程中，应严格执行既定的密码应用安全管理制度，或定期开展密传应用安全性评估及攻防对抗演习，并根据评估结果进行整改	—	—	应	应

4. 应急管理要求

对使用密码技术的信息系统不同等级的应急管理要求如表 7-8 所示。

表 7-8　不同等级的应急管理要求

应急管理要求	第一级	第二级	第三级	第四级
应急策略	可	应	应	应
事件处置	—	—	应	应
向有关主管部门上报处置情况	—	—	应	应

7.3　密码应用安全性评估测评要求与测评方法

于 2024 年 4 月 1 日起实施的《信息安全技术　信息系统密码应用测评要求》(GB/T 43206—2023)规定了信息系统第一级到第四级密码应用的通用测评要求、技术测评要求、管理测评要求，并给出了整体测评要求、风险分析和评价、测评结论的要求。本节按照《信息系统密码应用基本要求》及《信息系统密码应用测评要求》给出每个要求条款的测评实施方法。首先给出通用测评要求、典型密码功能、典型密码产品应用的测评实施方法，然后根据密码技术测评要求，从物理和环境安全测评、网络和通信安全测评、设备和计算安全测评及应用和数据安全测评四个方面给出具体的测评实施方法，并进一步给出安全管理测评实施方法，最后强调如何进行整体测评并得到最终的测评结论。

7.3.1　通用要求测评

通用要求是贯穿整个《信息系统密码应用基本要求》标准的主线，所有涉及密码算法、密码技术、密码产品、密码服务和密钥管理的条款都需要满足通用要求中的规定。在进行密码应用安全性评估时，测评人员需要对密码算法、密码技术、密码产品、密码服务和密钥管理进行核查。

在进行详细核查之前，测评人员需要确认信息系统中应使用密码保护的资产是否已经采用密码技术进行了适当的保护。这里的"应当"按照《信息系统密码应用基本要求》中的条款要求来界定。如果存在不适用的情况，信息系统的责任方需要在密码应用方案中说明每一项不适用的原因。密码应用方案应在进行测评活动之前经过评估，测评人员在进行核查时可以参考已经评估过的密码应用方案，对密码算法、密码技术、密码产品、密码服务和密钥管理进行核查。如果信息系统确无密码应用方案，测评人员就需要逐条核查并评估所有不适用的情况，详细论证被测信息系统的具体安全需求以及不适用项的具体原因，并确定是否采用了其他可替代的措施来满足安全要求。

1. 密码算法核查

测评人员应当了解信息系统中使用的密码算法的名称、用途、何处使用、执行设备及实现方式(软件、硬件或固件)，核查信息系统中使用的密码算法是否符合法律法规的规定和密码相关国家标准、行业标准的有关要求。

2. 密码技术核查

在密码算法核查基础上，测评人员应当进一步了解信息系统中使用的密码技术的名称、用途、何处使用、执行设备及实现方式(软件、硬件或固件)，核查信息系统中使用的密码技术是否符合法律法规的规定和密码相关国家标准、行业标准的有关要求。需要注意的是，若密码技术由已经获得审批或检测认证合格的商用密码产品实现，则意味着其内部实现的密码技术已经符合相关标准，在测评过程中，测评人员应当重点评估这些密码技术的使用是否符合标准规定。例如，《信息系统密码应用基本要求》标准规定了使用证书或公钥之前应对其进行验证，因此，在使用数字证书前应当按照验证策略对证书的有效性和真实性进行验证。

3. 密码产品核查

测评人员应了解信息系统中使用的密码产品的型号和版本等配置信息，核查密码产品是否经商用密码认证机构认证合格，并核查密码产品的使用是否满足其安全运行的条件，如其安全策略或使用手册说明的部署条件。对于遵循密码模块相关标准的密码产品，还要核查其是否满足密码模块相应安全等级及以上安全要求。

4. 密码服务核查

测评人员应核查信息系统中使用的密码服务是否符合法律法规的相关要求。如果信息系统使用了第三方提供的电子认证服务等密码服务，测评人员应当核查信息系统所采用的相关密码服务是否获得了国家密码管理部门或商用密码认证机构颁发的相应证书，如《电子认证服务使用密码许可证》，且证书在有效期内。

5. 密钥管理核查

测评人员首先应核查密钥管理使用的密码产品、密码服务是否满足密码产品与密码服务的核查要求，并进一步核查信息系统密钥管理实现是否安全、正确、有效。例如，非公开密钥是否能被非授权访问、使用、泄露、修改和替换，公开密钥是否能被非授权修改和替换。在信息系统密码应用方案中，需明确信息系统的密钥生命周期管理。密钥管理包括密钥的产生、分发、存储、使用、更新、归档、吊销、备份、恢复和销毁等环节。每个环节的测评实施方法如下。

1) 密钥产生

针对密钥产生环节，测评人员应确认密钥产生所使用的随机数发生器是否具有商用密码认证机构颁发的认证证书，并确认密钥协商算法是否符合法律、法规的规定和密码相关国家标准、行业标准的有关要求，还应进一步核实密钥产生功能的正确性和有效性，如随机数发生器的运行状态、所产生密钥的关联信息，密钥关联信息包括密钥种类、长度、拥有者、使用起始时间、使用终止时间等。

2) 密钥分发

针对密钥分发环节，测评人员应确认系统内部采用何种密钥分发方式(离线分发方式、在线分发方式、混合分发方式)，确认密钥传递过程中信息系统使用了何种密码技术来保证密钥的机密性、完整性与真实性，并核实所采用密码技术的合规性、正确性和有效性。

3) 密钥存储

针对密钥存储环节，测评人员应确认系统内部所有密钥(除公开密钥)是否均以密文形式进行存储，或者位于受保护的安全区域，确认密钥(除公开密钥)存储过程中信息系统使用了何种密码技术来保证密钥的机密性(除公开密钥)、完整性，并核实所采用密码技术的合规性、正确性和有效性，最后还应确认公开密钥存储过程中信息系统使用了何种密码技术来保证公开密钥的完整性，并核实所采用密码技术的合规性、正确性和有效性。

4) 密钥使用

针对密钥使用环节，测评人员首先应确认信息系统内部是否具有严格的密钥使用管理机制，以及所有密钥是否有明确的用途并按用途正确使用，并确认信息系统是否具有鉴别公开密钥的真实性与完整性的认证机制，采用的公钥密码算法是否符合法律、法规的规定和密码相关国家标准、行业标准的有关要求，进一步确认信息系统采用了何种安全措施来防止密钥泄露或替换，是否采用了密码算法以及算法是否符合相关法规和标准的要求，核实当发生密钥泄露时，信息系统是否具备应急处理和响应措施，确认信息系统是否定期更换密钥，核实密钥更换处理流程中是否采取有效措施来保证密钥更换时的安全性。

5) 密钥更新

针对密钥更新环节，测评人员应确认信息系统内部是否具有密钥的更新策略，并核实当密钥超过使用期限、已泄露或存在泄露风险时，是否会根据相应的更新策略进行密钥更新。

6) 密钥归档

针对密钥归档环节，测评人员首先应确认信息系统内部密钥归档时是否采取有效的安全措施，以保证归档密钥的安全性和正确性，并进一步核实归档密钥是否仅用于解密被加密的历史信息或验证被签名的历史信息。此外，还应确认密钥归档的审计信息是否包括归档的密钥、归档的时间等信息。

7) 密钥吊销

针对密钥吊销环节，若信息系统内部使用公钥证书、对称密钥，则应确认是否有公钥证书、对称密钥撤销机制和吊销机制的触发条件，并确认是否有效执行。测评人员还应进一步核实吊销后的密钥是否已不具备使用效力。

8) 密钥备份

针对密钥备份环节，如信息系统内部存在需要备份的密钥，则需要确认是否具有密钥备份机制并有效执行。测评人员应该确认密钥备份过程中，信息系统使用了何种密码技术来保证备份密钥的机密性、完整性，并确认是否包括备份主体、备份时间等密钥备份的审计信息。

9) 密钥恢复

针对密钥恢复环节，测评人员应确认信息系统内部是否具有密钥的恢复机制并有效执行，并确认是否包括恢复主体、恢复时间等密钥恢复的审计信息。

10）密钥销毁

针对密钥销毁环节，测评人员应确认系统内部是否具有密钥的销毁机制并有效执行，并核实密钥销毁过程和销毁方式，确认是否密钥销毁后无法被恢复。

7.3.2　典型密码功能测评

本节针对典型密码功能，包括传输机密性、存储机密性、传输完整性、存储完整性、真实性、不可否认性等方面的测评实施方法进行介绍。

1. 传输机密性

利用协议分析类工具，分析传输的重要数据或鉴别信息是否为密文、数据格式(如分组长度等)是否与信息系统实际使用的密码技术相符合；如果信息系统以外挂密码产品的形式实现传输机密性，如 VPN 网关、密码机、智能密码钥匙，则参考对这些密码产品应用的测评方法。

2. 存储机密性

通过读取存储的重要数据，判断存储的数据是否为密文、数据格式(如分组长度等)是否与信息系统实际使用的密码技术相符合；如果信息系统以外挂密码产品的形式实现存储机密性，如密码机、智能密码钥匙，则参考对这些密码产品应用的测评方法。

3. 传输完整性

利用协议分析类工具，分析被完整性保护的数据在传输时的数据格式(如签名长度、消息鉴别码的长度)是否与信息系统实际使用的密码技术相符合；如果采用数字签名技术进行完整性保护，可使用公钥对抓取的签名结果进行验证；如果信息系统以外挂密码产品的形式实现传输完整性，如 VPN 网关、密码机、智能密码钥匙，则参考对这些密码产品应用的测评方法。

4. 存储完整性

通过读取存储的重要数据，判断被完整性保护的数据在存储时的数据格式(如签名长度、消息鉴别码的长度)是否与信息系统实际使用的密码技术相符合；如果采用数字签名技术进行完整性保护，可使用公钥对存储的签名结果进行验证；条件允许的情况下，可尝试对存储数据进行篡改(如修改消息鉴别码或数字签名结果)，以验证完整性保护措施的有效性；如果信息系统以外挂密码产品的形式实现存储完整性保护，如电子门禁系统、视频监控系统、密码机、智能密码钥匙，则参考对这些密码产品应用的测评方法。

5. 真实性

如果信息系统以外挂密码产品的形式实现对用户、设备的真实性鉴别，如电子门禁系统、VPN 网关、安全认证网关、动态令牌系统等，则需要对密码产品应用情况进行测评，测评方法参考对这些密码产品应用的测评。

对于不能复用密码产品检测结果的情况，测评时还要查看实体鉴别机制是否符合《信息技术　安全技术　实体鉴别　第 3 部分：采用数字签名技术的机制》(GB/T 15843—2023)中的要求，特别是对于"挑战-应答"方式的鉴别协议，可以通过协议抓包分析来验证每次挑战是否不同。

对于基于口令机制的鉴别过程，抓取鉴别过程的数据包，确认鉴别信息(如口令)未以明文形式传输；对于采用数字签名的鉴别过程，抓取鉴别过程的挑战和签名结果，使用对应公钥验证签名结果的有效性；如果采用了数字证书，则参考对证书认证系统应用的测评方法。

如果鉴别过程使用了数字证书，则参考对证书认证系统应用的测评方法。如果鉴别未使用证书，则密评人员要验证公钥或(对称)密钥与实体的绑定方式是否可靠，以及实际部署过程是否安全。

6. 不可否认性

如果使用第三方电子认证服务，则应对密码服务资质进行核查，同时核查信息系统中是否配置了国家电子认证根 CA 证书，以及在信息系统运行过程中是否对运营 CA 证书有效性进行了验证。

使用相应的公钥对作为不可否认性证据的签名结果进行验证。

如果使用智能密码钥匙、电子签章系统等密码产品实现不可否认性，则参考对这些密码产品应用的测评方法。

7.3.3　典型密码产品应用测评

密码产品是测评人员直接面对的测评对象，信息系统使用的密码算法和密码技术都应由合规的密码产品提供。因此，测评人员应当进一步掌握对密码产品应用安全性的基本测评方法，即判断密码产品在信息系统中是否被正确和有效地应用。下面给出一些典型密码产品应用的测评方法示例，以供参考。

1. 智能 IC 卡/智能密码钥匙应用测评

(1) 进行错误尝试试验，验证在智能 IC 卡或智能密码钥匙未使用或错误使用(如使用他人的介质)时，相关密码应用过程(如鉴别)不能正常工作。

(2) 条件允许情况下，在模拟的主机或抽选的主机上安装监控软件(如 Bus Hound)，用于对智能 IC 卡、智能密码钥匙的 APDU 指令进行抓取和分析，确认调用指令格式和内容符合预期(如口令和密钥是加密传输的)。

(3) 如果智能 IC 卡或智能密码钥匙存储数字证书，测评人员可以将数字证书导出后，对证书合规性进行检测，具体检测内容参见对证书认证系统应用的测评。

(4) 验证智能密码钥匙的口令长度不小于 6 个字符，错误口令登录验证次数不大于 10 次。

2. 密码机应用测评

(1) 利用协议分析工具，抓取应用系统调用密码机的指令报文，验证其是否符合预期(如调用频率是否正常、调用指令是否正确)。

(2) 管理员登录密码机查看相关配置，检查内部存储的密钥是否对应合规的密码算法，以及密码计算时是否使用合规的密码算法等。

(3) 管理员登录密码机查看日志文件，根据与密钥管理、密码计算相关的日志记录，检查是否使用合规的密码算法等。

3. VPN 产品和安全认证网关应用测评

(1) 利用端口扫描工具，探测 IPSec VPN 和 SSL VPN 服务端所对应的端口服务是否开启，如 IPSec VPN 服务对应的 UDP500、4500 端口，SSL VPN 服务常用的 TCP443 端口(视产品而定)。

(2) 利用通信协议分析工具，抓取 IPSec 协议 IKE 阶段、SSL 协议握手阶段的数据报文，解析密码算法或密码套件标识是否属于已发布为标准的商用密码算法。IPSec 协议 SM4 算法标识为 129(在部分早期产品中该值可能为 127)，SM3 算法标识为 20，SM2 算法标识为 2；SSL 协议中 ECDHE_SM4_SM3 套件标识为{0xe0,0x11}，ECC_SM4_SM3 套件标识为{0xe0,0x13}，IBSDH SM4_SM3 套件标识为{0xe0,0x15}，IBC_SM4_SM3 套件标识为{0xe0,0x17}。

(3) 利用协议分析工具，抓取并解析 IPSec 协议 IKE 阶段、SSL 协议握手阶段传输的证书内容，判断证书是否合规，具体检测内容参见对证书认证系统应用的测评。

4. 电子签章系统应用测评

(1) 检查电子签章和验章的过程是否符合《安全电子签章密码应用技术规范》(GM/T 0031—2014)的要求，其中部分检测内容可以复用产品检测的结果。

(2) 使用制章人公钥证书，验证电子印章格式的正确性；使用签章人公钥证书，验证电子签章格式的正确性。

5. 动态口令系统应用测评

(1) 判断动态令牌的 PIN 保护机制是否满足以下要求：PIN 长度不少于 6 位数字；若 PIN 输入错误次数超过 5 次，则需至少等待 1h 才可继续尝试；若 PIN 输入超过最大尝试次数的情况(超过 5 次)，则令牌将被锁定，不可再使用。

(2) 尝试对动态口令进行重放，确认重放后的口令无法通过认证系统的验证。

(3) 通过访谈、文档审查或实地查看等方式，确认种子密钥是以密文形式导入动态令牌和认证系统中的。

6. 电子门禁系统应用测评

(1) 尝试发一些错误的门禁卡，验证这些卡无法打开门禁。

(2) 利用发卡系统分发不同权限的卡，验证非授权的卡无法打开门禁。

7. 证书认证系统应用测评

(1) 对信息系统内部署的证书认证系统进行测评时，测评人员可以参考《证书认证系统检测规范》(GM/T 0037—2014)和《证书认证密钥管理系统检测规范》(GM/T 0038—2014)的要求进行测评。

(2) 通过查看证书扩展项 KeyUsage 字段，确定证书类型(签名证书或加密证书)，并验证证书及其相关私钥是否正确使用。

(3) 通过数字证书格式合规性检测工具，验证生成或使用的证书格式是否符合《基于 SM2 密码算法的数字证书格式规范》(GM/T 0015—2012)的有关要求。

7.3.4　密码技术测评

1.　物理和环境安全测评

1) 身份鉴别

测评指标：可采用密码技术进行物理访问身份鉴别，保证重要区域进入人员身份的真实性(适用于第一级)；宜采用密码技术进行物理访问身份鉴别，保证重要区域进入人员身份的真实性(适用于第二级和第三级)；应采用密码技术进行物理访问身份鉴别，保证重要区域进入人员身份的真实性(适用于第四级)。

测评对象：信息系统所在机房等重要区域及其电子门禁系统。

测评实施：①核查是否符合密码算法、密码技术的要求；②核查是否符合密码产品、密码服务和密钥管理的要求；③核查电子门禁系统是否采用基于对称密码算法或密码杂凑算法的消息鉴别码机制、基于公钥密码算法的数字签名机制等密码技术对重要区域进入人员进行身份鉴别，并验证进入人员身份真实性实现机制是否正确和有效。

2) 电子门禁系统进出记录数据存储完整性

测评指标：可采用密码技术保证电子门禁系统进出记录数据的存储完整性(适用于第一级和第二级)；宜采用密码技术保证电子门禁系统进出记录数据的存储完整性(适用于第三级)；应采用密码技术保证电子门禁系统进出记录数据的存储完整性(适用于第四级)。

测评对象：信息系统所在机房等重要区域及其电子门禁系统。

测评实施：①核查是否符合密码算法、密码技术的要求；②核查是否符合密码产品、密码服务和密钥管理的要求；③核查是否采用基于对称密码算法或密码杂凑算法的消息鉴别码机制、基于公钥密码算法的数字签名机制等密码技术对电子门禁系统进出记录数据进行存储完整性保护，并验证完整性保护机制是否正确和有效。

3) 视频监控音像记录数据存储完整性

测评指标：宜采用密码技术保证视频监控音像记录数据的存储完整性(适用于第三级)；应采用密码技术保证视频监控音像记录数据的存储完整性(适用于第四级)。

测评对象：信息系统所在机房等重要区域及其视频监控系统。

测评实施：①核查是否符合密码算法、密码技术的要求；②核查是否符合密码产品、密码服务和密钥管理的要求；③核查是否采用基于对称密码算法或密码杂凑算法的消息鉴别码机制、基于公钥密码算法的数字签名机制等密码技术对视频监控音像记录数据进行存储完整性保护，并验证完整性保护机制是否正确和有效。

2.　网络和通信安全测评

1) 身份鉴别

测评指标：可采用密码技术对通信实体进行身份鉴别，保证通信实体身份的真实性(适用于第一级)；宜采用密码技术对通信实体进行身份鉴别，保证通信实体身份的真实性(适用于第二级)；应采用密码技术对通信实体进行身份鉴别，保证通信实体身份的真实性(适用于第三级)；应采用密码技术对通信实体进行双向身份鉴别，保证通信实体身份的真实性(适用于第四级)。

测评对象：信息系统与网络边界外建立的网络通信信道，以及提供通信保护功能的设备或组件、密码产品等。

测评实施：①核查是否符合密码算法、密码技术的要求；②核查是否符合密码产品、密码服务和密钥管理的要求；③核查是否采用基于对称密码算法或密码杂凑算法的消息鉴别码机制、基于公钥密码算法的数字签名机制等密码技术对通信实体进行身份鉴别(适用于第一级至第三级)/双向身份鉴别(适用于第四级)，并验证通信实体身份真实性实现机制是否正确和有效。

2) 通信数据完整性

测评指标：可采用密码技术保证通信数据的完整性(适用于第一级和第二级)；宜采用密码技术保证通信数据的完整性(适用于第三级)；应采用密码技术保证通信数据的完整性(适用于第四级)。

测评对象：信息系统与网络边界外建立的网络通信信道，以及提供通信保护功能的设备或组件、密码产品等。

测评实施：①核查是否符合密码算法、密码技术的要求；②核查是否符合密码产品、密码服务和密钥管理的要求；③核查是否采用基于对称密码算法或密码杂凑算法的消息鉴别码机制、基于公钥密码算法的数字签名机制等密码技术对通信数据进行完整性保护，并验证通信数据完整性保护机制是否正确和有效。

3) 通信过程中重要数据的机密性

测评指标：可采用密码技术保证通信过程中重要数据的机密性(适用于第一级)；宜采用密码技术保证通信过程中重要数据的机密性(适用于第二级)；应采用密码技术保证通信过程中重要数据的机密性(适用于第三级和第四级)。

测评对象：信息系统与网络边界外建立的网络通信信道，以及提供通信保护功能的设备或组件、密码产品。

测评实施：①核查是否符合密码算法、密码技术的要求；②核查是否符合密码产品、密码服务和密钥管理的要求；③核查是否采用密码技术的加解密功能对通信过程中敏感信息或通信报文进行机密性保护，并验证敏感信息或通信报文机密性保护机制是否正确和有效。

4) 网络边界访问控制信息完整性

测评指标：可采用密码技术保证网络边界访问控制信息的完整性(适用于第一级和第二级)；宜采用密码技术保证网络边界访问控制信息的完整性(适用于第三级)；应采用密码技术保证网络边界访问控制信息的完整性(适用于第四级)。

测评对象：信息系统与网络边界外建立的网络通信信道，以及提供网络边界访问控制功能的设备或组件、密码产品等。

测评实施：①核查是否符合密码算法、密码技术的要求；②核查是否符合密码产品、密码服务和密钥管理的要求；③核查是否采用基于对称密码算法或密码杂凑算法的消息鉴别码机制、基于公钥密码算法的数字签名机制等密码技术对网络边界访问控制信息进行完整性保护，并验证网络边界访问控制信息完整性保护机制是否正确和有效。

5) 安全接入认证

测评指标：可采用密码技术对从外部连接到内部网络的设备进行接入认证，确保接入设备身份真实性(适用于第三级)；宜采用密码技术对从外部连接到内部网络的设备进行接入认证，确保接入设备身份真实性(适用于第四级)。

测评对象：信息系统内部网络，以及提供设备入网接入认证功能的设备或组件、密码产品等。

测评实施：①核查是否符合密码算法、密码技术的要求；②核查是否符合密码产品、密码服务和密钥管理的要求；③核查是否采用基于对称密码算法或密码杂凑算法的消息鉴别码机制、基于公钥密码算法的数字签名机制等密码技术对从外部连接到内部网络的设备进行接入认证，并验证安全接入认证机制是否正确和有效。

3. 设备和计算安全测评

1) 身份鉴别

测评指标：可采用密码技术对登录设备的用户进行身份鉴别，保证用户身份的真实性(适用于第一级)；宜采用密码技术对登录设备的用户进行身份鉴别，保证用户身份的真实性(适用于第二级)；应采用密码技术对登录设备的用户进行身份鉴别，保证用户身份的真实性(适用于第三级和第四级)。

测评对象：通用设备、网络及安全设备、密码设备、数据库及其管理系统、各类虚拟设备，以及提供身份鉴别功能的密码产品等。

测评实施：①核查是否符合密码算法、密码技术的要求；②核查是否符合密码产品、密码服务和密钥管理的要求；③核查是否采用动态口令机制、基于对称密码算法或密码杂凑算法的消息鉴别码机制、基于公钥密码算法的数字签名机制等密码技术对设备操作人员等登录设备的用户进行身份鉴别，并验证登录设备用户身份真实性实现机制是否正确和有效。

2) 远程管理通道安全

测评指标：远程管理设备时，应采用密码技术建立安全的信息传输通道(适用于第三级和第四级)。

测评对象：通用设备、网络及安全设备、密码设备、数据库及其管理系统、各类虚拟设备，以及提供安全的信息传输通道的密码产品等。

测评实施：①核查是否符合密码算法、密码技术的要求；②核查是否符合密码产品、密码服务和密钥管理的要求；③核查远程管理时是否采用密码技术建立安全的信息传输通道，包括身份鉴别、传输数据机密性和完整性保护，并验证远程管理通道所采用的密码技术实现机制是否正确和有效。

3) 系统资源访问控制信息完整性

测评指标：可采用密码技术保证系统资源访问控制信息的完整性(适用于第一级和第二级)；宜采用密码技术保证系统资源访问控制信息的完整性(适用于第三级)；应采用密码技术保证系统资源访问控制信息的完整性(适用于第四级)。

测评对象：通用设备、网络及安全设备、密码设备、数据库及其管理系统、各类虚拟设备，以及提供完整性保护功能的密码产品等。

测评实施：①核查是否符合密码算法、密码技术的要求；②核查是否符合密码产品、密码服务和密钥管理的要求；③核查是否采用基于对称密码算法或密码杂凑算法的消息鉴别码机制、基于公钥密码算法的数字签名机制等密码技术对设备上的系统资源访问控制信息进行完整性保护，并验证系统资源访问控制信息完整性保护机制是否正确和有效。

4) 重要信息资源安全标记完整性

测评指标：宜采用密码技术保证设备中的重要信息资源安全标记的完整性(适用于第三级)；应采用密码技术保证设备中的重要信息资源安全标记的完整性(适用于第四级)。

测评对象：通用设备、网络及安全设备、密码设备、数据库及其管理系统、各类虚拟设备，以及提供完整性保护功能的密码产品等。

测评实施：①核查是否符合密码算法、密码技术的要求；②核查是否符合密码产品、密码服务和密钥管理的要求；③核查是否采用基于对称密码算法或密码杂凑算法的消息鉴别码机制、基于公钥密码算法的数字签名机制等密码技术对设备中的重要信息资源安全标记进行完整性保护，并验证安全标记完整性保护机制是否正确和有效。

5) 日志记录完整性

测评指标：可采用密码技术保证日志记录的完整性(适用于第一级和第二级)；宜采用密码技术保证日志记录的完整性(适用于第三级)；应采用密码技术保证日志记录的完整性(适用于第四级)。

测评对象：通用设备、网络及安全设备、密码设备、数据库及其管理系统、各类虚拟设备，以及提供完整性保护功能的密码产品等。

测评实施：①核查是否符合密码算法、密码技术的要求；②核查是否符合密码产品、密码服务和密钥管理的要求；③核查是否采用基于对称密码算法或密码杂凑算法的消息鉴别码机制、基于公钥密码算法的数字签名机制等密码技术对设备运行的日志记录进行完整性保护，并验证日志记录完整性保护机制是否正确和有效。

6) 重要可执行程序完整性、重要可执行程序来源真实性

测评指标：宜采用密码技术对重要可执行程序进行完整性保护，并对其来源进行真实性验证(适用于第三级)；应采用密码技术对重要可执行程序进行完整性保护，并对其来源进行真实性验证(适用于第四级)。

测评对象：通用设备、网络及安全设备、密码设备、数据库及其管理系统、各类虚拟设备，以及提供完整性保护和来源真实性功能的密码产品等。

测评实施：①核查是否符合密码算法、密码技术的要求；②核查是否符合密码产品、密码服务和密钥管理的要求；③核查是否采用基于公钥密码算法的数字签名机制等密码技术对重要可执行程序进行完整性保护并实现其来源的真实性保护，并验证重要可执行程序完整性保护机制和其来源真实性实现机制是否正确和有效。

4. 应用和数据安全测评

1) 身份鉴别

测评指标：可采用密码技术对登录用户进行身份鉴别，保证应用系统用户身份的真实性(适用于第一级)；宜采用密码技术对登录用户进行身份鉴别，保证应用系统用户身份的真实性(适用于第二级)；应采用密码技术对登录用户进行身份鉴别，保证应用系统用户身份的真实性(适用于第三级和第四级)。

测评对象：业务应用，以及提供身份鉴别功能的密码产品等。

测评实施：①核查是否符合密码算法、密码技术的要求；②核查是否符合密码产品、密码服务和密钥管理的要求；③核查是否采用动态口令机制、基于对称密码算法或密码杂凑算法的消息鉴别码机制、基于公钥密码算法的数字签名机制等密码技术对登录用户进行身份鉴别，并验证应用系统用户身份真实性实现机制是否正确和有效。

2) 访问控制信息完整性

测评指标：可采用密码技术保证信息系统应用的访问控制信息的完整性(适用于第一级和第二级)；宜采用密码技术保证信息系统应用的访问控制信息的完整性(适用于第三级)；应采用密码技术保证信息系统应用的访问控制信息的完整性(适用于第四级)。

测评对象：业务应用，以及提供完整性保护功能的密码产品等。

测评实施：①核查是否符合密码算法、密码技术的要求；②核查是否符合密码产品、密码服务和密钥管理的要求；③核查是否采用基于对称密码算法或密码杂凑算法的消息鉴别码机制、基于公钥密码算法的数字签名机制等密码技术对应用的访问控制信息进行完整性保护，并验证应用的访问控制信息完整性保护机制是否正确和有效。

3) 重要信息资源安全标记完整性

测评指标：宜采用密码技术保证信息系统应用的重要信息资源安全标记的完整性(适用于第三级)；应采用密码技术保证信息系统应用的重要信息资源安全标记的完整性(适用于第四级)。

测评对象：业务应用，以及提供完整性保护功能的密码产品等。

测评实施：①核查是否符合密码算法、密码技术的要求；②核查是否符合密码产品、密码服务和密钥管理的要求；③核查是否采用基于对称密码算法或密码杂凑算法的消息鉴别码机制、基于公钥密码算法的数字签名机制等密码技术对应用的重要信息资源安全标记进行完整性保护，并验证安全标记完整性保护机制是否正确和有效。

4) 重要数据传输机密性

测评指标：可采用密码技术保证信息系统应用的重要数据在传输过程中的机密性(适用于第一级)；宜采用密码技术保证信息系统应用的重要数据在传输过程中的机密性(适用于第二级)；应采用密码技术保证信息系统应用的重要数据在传输过程中的机密性(适用于第三级和第四级)。

测评对象：业务应用，以及提供机密性保护功能的密码产品等。

测评实施：①核查是否符合密码算法、密码技术的要求；②核查是否符合密码产品、密码服务和密钥管理的要求；③核查是否采用密码技术的加解密功能对重要数据在传输过程中进行机密性保护，并验证传输数据机密性保护机制是否正确和有效。

5) 重要数据存储机密性

测评指标：可采用密码技术保证信息系统应用的重要数据在存储过程中的机密性(适用于第一级)；宜采用密码技术保证信息系统应用的重要数据在存储过程中的机密性(适用于第二级)；应采用密码技术保证信息系统应用的重要数据在存储过程中的机密性(适用于第三级和第四级)。

测评对象：业务应用，以及提供机密性保护功能的密码产品等。

测评实施：①核查是否符合密码算法、密码技术的要求；②核查是否符合密码产品、密码服务和密钥管理的要求；③核查是否采用密码技术的加解密功能对重要数据在存储过程中进行机密性保护，并验证存储数据机密性保护机制是否正确和有效。

6) 重要数据传输完整性

测评指标：可采用密码技术保证信息系统应用的重要数据在传输过程中的完整性(适用于第一级)；宜采用密码技术保证信息系统应用的重要数据在传输过程中的完整性(适用于第二级和第三级)；应采用密码技术保证信息系统应用的重要数据在传输过程中的完整性(适用于第四级)。

测评对象：业务应用，以及提供完整性保护功能的密码产品等。

测评实施：①核查是否符合密码算法、密码技术的要求；②核查是否符合密码产品、密码服务和密钥管理的要求；③核查是否采用基于对称密码算法或密码杂凑算法的消息鉴别码机制、基于公钥密码算法的数字签名机制等密码技术对重要数据在传输过程中进行完整性保护，并验证传输数据完整性保护机制是否正确和有效。

7) 重要数据存储完整性

测评指标：可采用密码技术保证信息系统应用的重要数据在存储过程中的完整性(适用于第一级)；宜采用密码技术保证信息系统应用的重要数据在存储过程中的完整性(适用于第二级和第三级)；应采用密码技术保证信息系统应用的重要数据在存储过程中的完整性(适用于第四级)。

测评对象：业务应用，以及提供完整性保护功能的密码产品等。

测评实施：①核查是否符合密码算法、密码技术的要求；②核查是否符合密码产品、密码服务和密钥管理的要求；③核查是否采用基于对称密码算法或密码杂凑算法的消息鉴别码机制、基于公钥密码算法的数字签名机制等密码技术对重要数据在存储过程中进行完整性保护，并验证存储数据完整性保护机制是否正确和有效。

8) 不可否认性

测评指标：在可能涉及法律责任认定的应用中，宜采用密码技术提供数据原发证据和数据接收证据，实现数据原发行为的不可否认性和数据接收行为的不可否认性(适用于第三级)；在可能涉及法律责任认定的应用中，应采用密码技术提供数据原发证据和数据接收证据，实现数据原发行为的不可否认性和数据接收行为的不可否认性(适用于第四级)。

测评对象：业务应用，以及提供不可否认性功能的密码产品等。

测评实施：①核查是否符合密码算法、密码技术的要求；②核查是否符合密码产品、密码服务和密钥管理的要求；③核查是否采用基于公钥密码算法的数字签名机制等密码技术对数据原发行为和接收行为实现不可否认性，并验证不可否认性实现机制是否正确和有效。

7.3.5　安全管理测评

1. 制度管理

1) 密码应用安全管理制度

测评指标：应具备密码应用安全管理制度，包括密码人员管理、密钥管理、建设运行、应急处置、密码软硬件及介质管理等制度(适用于第一级至第四级)。

测评对象：密码应用安全管理制度类文档。

测评实施：核查各项安全管理制度是否包括密码人员管理、密钥管理、建设运行、应急处置、密码软硬件及介质管理等制度。

2) 密钥管理规则

测评指标：应根据密码应用方案建立相应的密钥管理规则(适用于第一级至第四级)。

测评对象：密码应用方案、密钥管理制度及策略类文档。

测评实施：核查是否有通过评估的密码应用方案，并核查是否根据密码应用方案建立相应的密钥管理规则(如密钥管理制度及策略类文档中的密钥全生命周期的安全性保护相关内容)且对密钥管理规则进行评审，以及核查信息系统中密钥是否按照密钥管理规则进行生命周期的管理。

3) 操作规程

测评指标：应对密码相关管理人员或操作人员执行的日常管理操作建立操作规程(适用于第二级至第四级)。

测评对象：操作规程类文档。

测评实施：核查是否对密码相关管理人员或操作人员的日常管理操作建立操作规程。

4) 安全管理制度

测评指标：应定期对密码应用安全管理制度和操作规程的合理性和适用性进行论证和审定，对存在不足或需要改进之处进行修订(适用于第三级和第四级)。

测评对象：密码应用安全管理制度类文档、操作规程类文档、记录表单类文档。

测评实施：核查是否定期对密码应用安全管理制度和操作规程的合理性和适用性进行论证和审定;对经论证和审定后存在不足或需要改进的密码应用安全管理制度和操作规程，核查是否具有修订记录。

5) 管理制度发布流程

测评指标：应明确相关密码应用安全管理制度和操作规程的发布流程并进行版本控制(适用于第三级和第四级)。

测评对象：密码应用安全管理制度类文档、操作规程类文档、记录表单类文档。

测评实施：核查相关密码应用安全管理制度和操作规程是否具有相应明确的发布流程并进行版本控制。

6) 制度执行过程记录

测评指标：应具有密码应用操作规程的相关执行记录并妥善保存(适用于第三级和第四级)。

测评对象：密码应用安全管理制度类文档、记录表单类文档。

测评实施：核查是否具有密码应用操作规程执行过程中留存的相关执行记录文件。

2. 人员管理

1) 密码相关法律法规和密码管理制度

测评指标：相关人员应了解并遵守密码相关法律法规、密码应用安全管理制度(适用于第一级至第四级)。

测评对象：信息系统相关人员(包括系统负责人、安全主管、密钥管理员、密码安全审计员、密码操作员等)。

测评实施：核查信息系统相关人员是否熟悉并遵守密码相关法律法规和密码应用安全管理制度。

2) 密码应用岗位责任制度

测评指标：

(1) 应建立密码应用岗位责任制度，明确各岗位在安全系统中的职责和权限(适用于第二级)。

(2) 应建立密码应用岗位责任制度，明确各岗位在安全系统中的职责和权限(适用于第三级)：①根据密码应用的实际情况，设置密钥管理员、密码安全审计员、密码操作员等关键安全岗位；②对关键岗位建立多人共管机制；③密钥管理、密码安全审计、密码操作人员职责互相制约、互相监督，其中密码安全审计员岗位不应与密钥管理员岗位、密码操作员岗位兼任；④相关设备与系统的管理和使用账号不应多人共用。

(3) 应建立密码应用岗位责任制度，明确各岗位在安全系统中的职责和权限(适用于第四级)：①根据密码应用的实际情况，设置密钥管理员、密码安全审计员、密码操作员等关键安全岗位；②对关键岗位建立多人共管机制；③密钥管理、密码安全审计、密码操作人员职责互相制约、互相监督，其中密码安全审计员岗位不应与密钥管理员岗位、密码操作员岗位兼任；④相关设备与系统的管理和使用账号不应多人共用；⑤密钥管理员、密码安全审计员、密码操作员应由机构的内部员工担任，并应在任前对其进行背景调查。

测评对象：密码应用安全管理制度类文档、系统相关人员(包括系统负责人、安全主管、密钥管理员、密码安全审计员、密码操作员等)。

测评实施：

(1) 对于第二级的信息系统，核查是否建立了密码应用岗位责任制度，以及安全管理制度中是否明确了各岗位在安全系统中的职责和权限。

(2) 对于第三级的信息系统，核查安全管理制度类文档是否根据密码应用的实际情况，设置密钥管理员、密码安全审计员、密码操作员等关键安全岗位并定义岗位职责；核查是否对关键岗位建立多人共管机制，并确认密码安全审计员岗位人员是否不兼任密钥管理员、密码操作员等关键安全岗位；核查相关设备与系统的管理和使用账号是否有多人共用情况；离职人员及时删除其账号。

(3) 对于第四级的信息系统，在第三级信息系统测评实施的基础上，还应核查密钥管理员、密码安全审计员和密码操作员是否由机构的内部员工担任，是否具有人员录用时对录用人身份、背景、专业资格和资质等进行审查的相关文档或记录等。

3) 上岗人员培训制度

测评指标：应建立上岗人员培训制度，对涉及密码的操作和管理的人员进行专门培训，确保其具备岗位所需专业技能(适用于第二级至第四级)。

测评对象：密码应用安全管理制度类文档和记录表单类文档、系统相关人员(包括系统负责人、安全主管、密钥管理员、密码安全审计员、密码操作员等)。

测评实施：核查安全教育和培训计划文档是否具有针对涉及密码的操作和管理的人员

的培训计划；核查安全教育和培训记录是否有密码培训人员、密码培训内容、密码培训结果等的描述。

4) 安全岗位考核

测评指标：应定期对密码应用安全岗位人员进行考核(适用于第三级和第四级)。

测评对象：密码应用安全管理制度类文档和记录表单类文档、系统相关人员(包括系统负责人、安全主管、密钥管理员、密码安全审计员、密码操作员等)。

测评实施：核查安全管理制度文档是否包含具体的人员考核制度和惩戒措施；核查人员考核记录内容是否包括安全意识、密码操作管理技能及相关法律法规；核查记录表单类文档，确认是否定期进行岗位人员考核。

5) 关键岗位人员保密制度

测评指标：应及时终止离岗人员的所有密码应用相关的访问权限、操作权限(适用于第一级)；应建立关键岗位人员保密制度和调离制度：签订保密合同，承担保密义务(适用于第二级至第四级)。

测评对象：密码应用安全管理制度类文档和记录表单类文档、系统相关人员(包括系统负责人、安全主管、密钥管理员、密码安全审计员、密码操作员等)。

测评实施：①对于第一级的信息系统，核查人员离岗时是否具有及时终止其所有密码应用相关的访问权限、操作权限的记录；②对于第二级至第四级的信息系统，核查人员离岗的管理文档是否规定了关键岗位人员保密制度和调离制度等；核查保密协议是否有保密范围、保密责任、违约责任、协议的有效期和责任人的签字等内容。

3. 建设运行测评

1) 密码应用方案

测评指标：应根据信息系统密码应用需求和依据密码相关标准，制订密码应用方案(适用于第一级至第四级)。

测评对象：密码应用方案。

测评实施：核查在信息系统规划阶段，是否根据信息系统密码应用需求和密码相关标准，制订密码应用方案，并核查方案是否通过评估。

2) 密钥安全管理策略

测评指标：应根据密码应用方案，确定系统涉及的密钥种类、体系及其生命周期环节，各环节密钥管理检查要点参照密钥管理(适用于第一级至第四级)。

测评对象：密码应用方案、密管理制度及策略类文档、密钥管理过程记录。

测评实施：①核查是否有通过评估的密码应用方案；核查密钥管理制度及策略类文档是否确定了系统设计的密钥种类、体系及其生命周期环节，是否与密码应用方案一致；若信息系统中没有相应的密码应用方案，参照密钥管理核查密钥管理制度及策略类文档。②核查相关密钥管理过程记录，核查是否按照密钥管理制度及策略类文档完成密钥管理。

3) 实施方案

测评指标：应按照应用方案实施建设(适用于第一级至第四级)。

测评对象：密码实施方案。

测评实施：核查是否有通过评估的密码应用方案，并核查是否按照密码应用方案，制定密码实施方案。

4) 投入运行前的密码应用安全性评估

测评指标：投入运行前可进行密码应用安全性评估(适用于第一级)；投入运行前宜进行密码应用安全性评估(适用于第二级)；投入运行前应进行密码应用安全性评估，评估通过后系统方可正式运行(适用于第三级至第四级)。

测评对象：密码应用安全性评估报告。

测评实施：①对于第一级和第二级的信息系统，核查信息系统投入运行前，是否组织进行密码应用安全性评估；核查是否具有系统投入运行前编制的密码应用安全性评估报告。②对于第三级和第四级的信息系统，核查信息系统投入运行前，是否组织进行密码应用安全性评估；核查是否具有系统投入运行前编制的密码应用安全性评估报告，且系统通过评估。

5) 投入运行后的密码应用安全性评估

测评指标：在运行过程中，应严格执行既定的密码应用安全管理制度，应定期开展密码应用安全性评估及攻防对抗演习，并根据评估结果进行整改(适用于第三级和第四级)。

测评对象：密码应用安全管理制度、密码应用安全性评估报告、攻防对抗演习报告、整改文档。

测评实施：核查信息系统投入运行后，信息系统责任方是否严格执行既定的密码应用安全管理制度，定期开展密码应用安全性评估及攻防对抗演习，并具有相应的密码应用安全性评估报告及攻防对抗演习报告；核查是否根据评估结果制定整改方案，并进行相应整改。

4. 应急处置

1) 应急策略

测评指标：可根据密码产品提供的安全策略，由用户自主处置密码应用安全事件(适用于第一级)；应制定密码应用应急策略，做好应急资源准备，当密码应用安全事件发生时，按照应急处置措施结合实际情况及时处置(适用于第二级)；应制定密码应用应急策略，做好应急资源准备，当密码应用安全事件发生时，应立即启动应急处置措施，结合实际情况及时处置(适用于第三级和第四级)。

测评对象：密码应用应急策略、应急处置记录类文档。

测评实施：①对于第一级的信息系统，核查用户是否根据密码产品提供的安全策略处置密码应用安全事件。②对于第二级的信息系统，核查是否根据密码应用安全事件等级制定了相应的密码应用应急策略并对应急策略进行评审，以及应急策略中是否明确了密码应用安全事件发生时的应急处理流程及其他管理措施，并遵照执行；若发生过密码应用安全事件，核查是否具有相应的处置记录。③对于第三级和第四级的信息系统，核查是否根据密码应用安全事件等级制定了相应的密码应用应急策略并对应急策略进行评审，以及应急策略中是否明确了密码应用安全事件发生时的应急处理流程及其他管理措施并遵照执行；若发生过密码应用安全事件，核查是否立即启动应急处置措施并具有相应的处置记录。

2) 事件处置

测评指标：事件发生后，应及时向信息系统主管部门进行报告(适用于第三级)；事件发生后，应及时向信息系统主管部门及归属的密码管理部门进行报告(适用于第四级)。

测评对象：密码应用应急策略类文档、安全事件报告。

测评实施：①对于第三级的信息系统，核查密码应用安全事件发生后，是否及时向信息系统主管部门进行报告；②对于第四级的信息系统，核查密码应用安全事件发生后，是否及时向信息系统主管部门及归属的密码管理部门进行报告。

3) 处置情况上报

测评指标：事件处置完成后，应及时向信息系统主管部门及归属的密码管理部门报告事件发生情况及处置情况(适用于第三级和第四级)。

测评对象：密码应用应急策略类文档、安全事件发生情况及处置情况报告。

测评实施：核查密码应用安全事件处置完成后，是否及时向信息系统主管部门及归属的密码管理部门报告事件发生情况及处置情况，例如，事件处置完成后，向相关部门提交安全事件发生情况及处置情况报告。

7.3.6 整体测评

整体测评指从单元间、层面间等方面进行测评和综合安全分析。在进行整体测评的过程中，部分单项测评结果可能会有变化，需进一步对单项和单元测评结果进行修正。修正完成之后再进行风险分析和评价，并形成最终的被测信息系统密码应用安全性评估结论。

1. 单元间测评

单元间测评指对同一技术层面或管理方面内的两个或者两个以上不同测评单元间的关联进行测评分析，其目的是确定这些关联对信息系统整体密码应用防护能力的影响。

单元测评完成后，应对单元测评结果中存在的不符合项或部分符合项进行单元间测评，重点分析信息系统中是否存在同一层面单元间的相互弥补作用。根据测评分析结果，综合判定测评单元所对应的信息系统密码应用防护能力是否缺失，最后对测评单元的测评结果予以调整。

2. 层面间测评

层面间测评指对不同技术层面或管理方面之间的两个或者两个以上不同测评单元间的关联进行测评分析，其目的是确定这些关联对信息系统整体密码应用防护能力的影响。

单元测评完成后，应对单元测评结果中存在的不符合项或部分符合项进行层面间测评，重点分析信息系统中是否存在不同层面单元间的相互弥补作用。根据测评分析结果，综合判定测评单元所对应的密码安全防护能力是否缺失，最后对测评单元的测评结果予以调整。

3. 风险分析和评价

对单元测评结果中存在的不符合项和部分符合项：

采用风险分析方法分析密码应用在合规性、正确性和有效性方面对应的安全问题被威胁利用的可能性和对信息系统造成的影响；

综合评价这些不符合项和部分符合项给信息系统带来的不同程度的安全风险。

高风险的判定依据：

(1) 不符合项和部分符合项是否会给信息系统带来高安全风险的判定依据可参考其他相关标准或文件；

(2) 对未满足密码应用的合规性、正确性、有效性且存在明显安全风险的情形，例如，使用的密码技术不符合法律法规的规定和密码相关国家标准、行业标准的有关要求，应结合具体业务场景做出高安全风险判定。

4．测评结论

测评结论信息系统密码应用测评的最终输出是密码应用安全性评估报告，在报告中应描述以下环节的测评情况：各个测评单元的测评结果、整体测评结果、风险分析和评价结果和测评结论等。其中，测评结论基于整体测评结果和风险分析结果综合给出，分为如下三种。

(1) 符合：信息系统所有单元测评结果不存在不符合项和部分符合项。

(2) 基本符合：信息系统单元测评结果中存在不符合项和部分符合项，与测评指标存在一定差距，但存在的不符合项和部分符合项未导致信息系统高安全风险。

(3) 不符合：信息系统单元测评结果中存在不符合项和部分符合项，与测评指标存在较大差距，或存在的不符合项和部分符合项导致信息系统高安全风险。

7.4　密码应用安全性评估测评过程

7.4.1　测评准备活动

测评准备活动是密评工作的前提，主要目的是掌握目标信息系统的具体情况，同时准备现场测评工具。

测评准备活动包括项目启动、信息收集和分析、工具准备三个环节。

(1) 项目启动：需要测评机构分配一个项目组，一直负责并跟踪至项目结束。同时联系被测信息系统的运维人员、系统负责人、项目牵头人，组织项目启动会。测评机构要求测评委托单位提供基本资料，为全面初步了解被测信息系统准备资料。该环节需要签署《委托测评协议书》、《保密协议》、《测评授权书》、《风险告知书》、文档交接单、会议记录表单和会议签到表单等。

(2) 信息收集和分析：测评机构查询被测信息系统已有资料或者使用调查表格的形式了解系统的构成以及密码保护现状。

(3) 工具准备：项目组成员在进行现场测评之前需要熟悉与被测信息系统相关的各种测试工具、组件。

7.4.2　方案编制活动

方案编制活动是密评工作的重要一环，主要任务是确定测评对象及测评指标、确定测评检查点、测评方案编制以及根据目标系统的网络安全等级保护定级结果制定测评计划以及明确相对应的测评指标，目标是完成测评准备活动中获取的信息系统相关资料整理，为现场测评活动提供最基本的文档和指导方案。

(1) 确定测评对象及测评指标：根据已经了解到的被测信息系统的情况，分析整个被测信息系统及其涉及的业务应用系统，以及与此相关的密码应用情况，确定本次测评的测评对象，同时根据被测信息系统的网络安全等级保护定级结果确定本次测评的具体测评指标。

(2) 确定测评检查点：在评估过程中，必须对一些重要的安全点进行现场检查确认，以防止出现密码产品或密码服务虽然已经被正确配置，但未真正接入信息系统或者未正常工作的情况。需要通过在测评检查点进行抓包测试和查看所有关键密码产品设备的配置等方式，来确认密码算法、密码技术、密码产品和密码服务的正确性和有效性。这些测评检查点在方案编制阶段需得到确定，并且需要充分考虑检查的可行性和风险，以最大限度地避免对被评估的信息系统产生影响，特别是对在线运行业务系统的影响。

(3) 测评方案编制：结合被测信息系统的实际情况，根据《信息系统密码应用基本要求》和《信息系统密码测评要求》，明确测评活动所要依据和参考的密码算法、密码技术、密码产品和密码服务相关标准规范。根据项目组成员的人数进行具体分工，确定现场测评的具体时间以及是否需要避开被测信息系统的业务高峰期以避免给被测信息系统带来影响。同时，还要提前提交被测单位被测信息系统服务器所在本地机房/云机房的访客申请以及其他需要保障的要求，汇总上述内容及方案编制活动中其他任务获取的内容，形成测评方案。测评方案经测评机构评估通过后，提交给测评委托单位签字认可。

7.4.3　现场测评活动

现场测评活动是开展密评工作的核心，主要任务是根据方案编制阶段给出的测评方案逐项逐条抓取被测信息系统的数据包以了解系统的真实运行方式，并获取足够的证据以发现系统中存在的密码应用安全性问题。

现场测评活动主要包括以下几项任务。

(1) 现场测评前准备：召开现场测评启动会并向相关与会人员介绍测评的流程以及现场测评时间安排、测评过程中可能存在的风险和需要现场人员配合的内容。此外，测评方与受测方确认现场测评需要的各种资源，包括测评委托单位的配合人员和需要提供的测评条件等，确认被测信息系统已备份过系统及数据。测评委托单位签署现场测评授权书。测评人员根据会议沟通结果对测评结果记录表单和测评程序进行必要的更新。

(2) 现场测评及结果记录：根据 7.4.2 节输出的现场测评方案以及现场测评检查点逐项对被测信息系统进行现场测评和抓包。对于已经取得相应证书的密码产品，测评时不对其本身进行重复检测。进行配置检查时，根据被测单位出具的密码产品的产品型号证书或认证证书(复印件)、安全策略文档或用户手册等，应首先确认实际部署的密码产品与声称情况的一致性，然后查看配置的正确性，并记录相关证据。进行工具测试时，需要根据信息系统的实际情况选择测试工具，尤其是配置检查无法提供有力证据的情况下，要通过工具测试的方法抓取并分析信息系统相关数据。需要重点采集信息系统与外界通信的数据以及信息系统内部传输和存储的数据，分析使用的密码算法、密码协议、关键数据结构(如数字证书格式)是否合规，检查传输的口令、用户隐私数据等重要数据是否进行了保护(如对密文进行随机性检测、查看关键字段是否以明文出现)，验证杂凑值和签名值是否正确；条件允许的情况下，可以重放抓取的关键数据(如身份鉴别数据)以验证信息系统是否具备防重放的能力，或者修改传输的数据以验证信息系统是否对传输数据的完整性进行保护，主要进行符合性核验和配置检查。

(3) 现场测评结果确认及被测信息系统资料归还：在完成现场测评之后召开现场测评结束会，测评方与被测方对测评过程出现的问题进行现场确认并签字。现场测评人员归还临时借阅的被测单位相关文档资料，并签字确认归还。

7.4.4　分析与报告编制活动

分析与报告编制活动根据现场测评环节抓获的目标信息系统数据包进行分析，给出测评结果；同时根据《信息系统密码应用基本要求》《信息系统密码测评要求》的有关要求，通过单项测评结果判定、单元测评结果判定、整体测评和风险分析等方法，找出整个系统密码的安全保护现状与相应等级的保护要求之间的差距，并分析这些差距可能导致的被测信息系统面临的风险，从而给出测评结论，形成测评报告。该阶段主要包括以下几项任务。

(1) 单项测评结果判定：针对测评指标中的单个测评项，如果该测评项为适用项，则将测评实施时实际获得的多个测评结果与预期的测评结果相比较，分别判断每项测评结果与预期结果之间的符合性，得出每个测评项对应的测评结果，包括符合和不符合两种情况。

(2) 单元测评结果判定：将单项测评结果进行汇总，分别统计不同测评对象的单项测评结果，从而判定单元测评结果，并以表格的形式逐一列出。通常有四种情况：①若测评指标包含的所有测评项的单项测评结果均为符合，则对应测评指标的单元测评结果为符合；②若测评指标包含的所有测评项的单项测评结果均为不符合，则对应测评指标的单元测评结果为不符合；③若测评指标包含的所有测评项均为不适用项，则对应测评指标的单元测评结果为不适用；④若测评指标包含的所有测评项的单项测评结果不全为符合或不符合，则对应测评指标的单元测评结果为部分符合或不符合。

(3) 系统整体得分计算及高风险项分析：通过单元测评结果对被测信息系统整体进行打分，同时对于测评指标结果为不符合或者部分符合的测评项，要单独以表格的形式列出，并统计相应的低风险/中风险/高风险项，即使被测信息系统达到 60 分以上，但只要出现了一项或多项高风险，被测信息系统的测评结论即为不合规。

(4) 测评结论及编制测评报告：给出被测信息系统的最终结论，编制测评报告相应部分。对一个测评委托单位，应至少形成一份测评报告；如果一个测评委托单位内有多个被测信息系统，对每个被测信息系统均需要形成一份测评报告。针对被测信息系统存在的安全隐患，提出相应改进建议，并编制测评报告整改建议部分；列表给出现场测评文档清单和单项测评记录，以及对各个测评项的单项测评结果判定情况，编制测评报告单元测评的结果记录、问题分析、整体测评结果和风险分析结论等部分内容。

7.5　密码应用安全性评估测评工具

7.5.1　评测工具体系

密评活动中需要使用到各种各样的检测和抓包工具，主要包括通用测评工具和专用测评工具。

1. 通用测评工具

(1) 渗透测试工具：主要用于审查被测信息系统可能面临的密码安全风险，支持对系统进行已知漏洞探测、未知漏洞发现和综合评估，并试图通过多种途径获取系统的敏感信息。测评结果可作为评估人员分析被测信息系统密码应用安全性的可靠依据。经典的渗透测试工具平台为 Offensive Security 所维护的 Kali Linux 系统，该系统内集成了绝大多数渗透测试过程需要使用的工具。

(2) 逆向分析工具：一类软件工具，用于在没有源代码或仅有应用程序的可执行文件的情况下，通过分析二进制代码和执行过程，来揭示应用程序的内部结构、算法、功能和工作原理。这些工具通常用于研究软件的运行机制、发现潜在的安全漏洞或弱点，以及进行软件逆向。逆向分析工具可以分为静态分析工具和动态分析工具，用于静态地分析程序的代码、数据结构和逻辑，或者动态地监视和调试程序的执行过程。典型的逆向分析工具为 IDA Pro 和 OllyDbg。

(3) 协议分析工具：主要用于捕获和解析常见通信协议的数据，支持对常见的网络传输协议、串口通信协议、蓝牙协议、移动通信协议(如 3G、4G)、无线局域网协议等进行协议抓取和分析。捕获和解析的协议数据可以作为评估人员分析和评估通信协议情况的可靠依据。

2. 专用测评工具

专用测评工具一般用来检测和分析被测信息系统密码应用是否合规、正确和有效，同时专用测评工具的检测结果能够帮助测评人员直接判断某项指标是否符合规定，大大提高测评人员的工作效率。其主要包括密码安全协议检测工具、数字证书合规性检测工具、随机性检测工具、国密算法签名验证工具、数据存储安全检测工具等。

7.5.2　典型评测工具

(1) Wireshark 流量分析工具：一款开源的网络协议分析工具，旨在帮助用户捕获、分析和展示计算机网络中的数据包。它可以在多种操作系统上运行，包括 Windows、macOS 和 Linux。Wireshark 界面如图 7-1 所示，Wireshark 能够捕获网络接口上的数据包，包括以太网、无线网络(Wi-Fi)、蓝牙、USB 等多种类型的数据流量，同时能够解析和分析各种网络通信协议，包括常见的 TCP/IP 协议(如 HTTP、DNS、FTP、SMTP 等)以及其他应用层、传输层和网络层协议。Wireshark 还提供灵活的过滤器语言，允许测评人员根据需要过滤和显示特定协议、源或目的地址、数据内容等，以便快速定位关键信息。

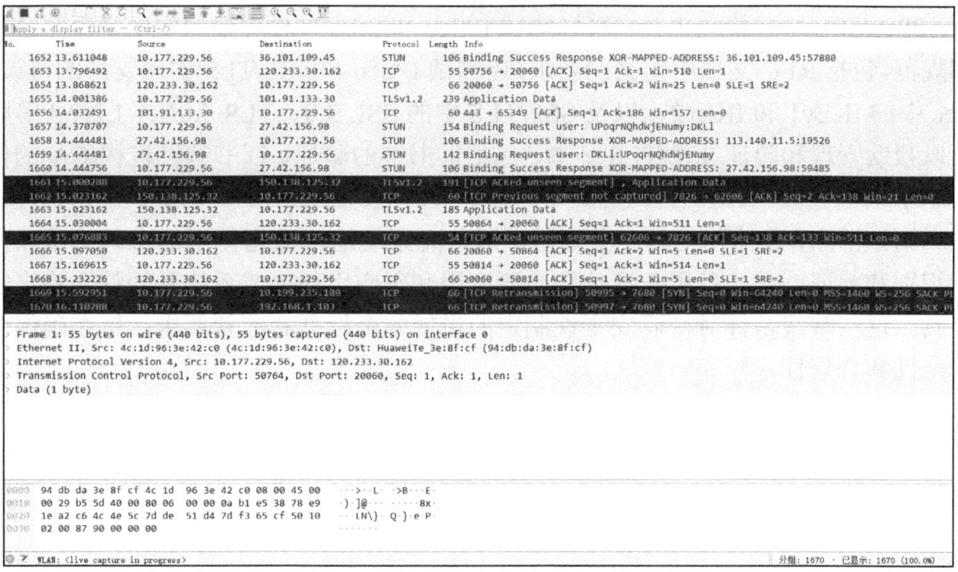

图 7-1　Wireshark 抓包截图

(2) 随机性检测工具：主要用于评估商用密码算法的随机性和安全性，主要依据《随机性检测规范》(GM/T 0005—2012)对被测信息系统中需要使用到随机数的密码产品、设备进行随机性检测并判断是否合规有效。对密码系统中使用的随机数生成器进行测试和评估。这些工具可以检查随机数生成器产生的随机数序列是否具有高质量的随机性，以及是否符合密码学安全性要求。随机性检测工具的作用是确保商用密码系统具备足够的随机性，从而提高密码系统的安全性和可靠性，保护关键信息免受未经授权的访问和攻击。

(3) 数字证书格式合规性检测工具：能够依据 GM/T 0015—2012 对数字证书格式、数字证书签名等进行合规性检测并分析该数字证书的颁发机构以及证书链是否合规有效，测试人员首先将存储在智能密码钥匙、密码设备、网站中的证书进行导出，随后使用数字证书格式合规性检测工具验证导出的证书是否合规。数字证书查看及分析如图 7-2 所示。

图 7-2　数字证书查看及分析

(4) IPSec/SSL 协议检测工具：可以测试 IPSec 和 SSL/TLS 协议的实现是否符合相关的标准和规范，包括 RFC 文档中定义的要求，还测试 IPSec 和 SSL/TLS 实现支持的协议版本，如 IPSec 中的 IKEv1 和 IKEv2，以及 SSL/TLS 中的 SSL 3.0、TLS 1.0/1.1/1.2/1.3 等版本，同时可以帮助管理和验证 SSL/TLS 证书，包括证书链的验证、证书颁发机构(CA)的信任管理等。

(5) 商用密码基线检测工具：主要用于对信息系统通信数据使用的密码算法和密码协议进行识别和验证，是一种用于评估和检测商用密码应用程序或系统是否符合特定安全基线的工具。这些基线是针对密码安全性制定的最低安全标准和配置要求，旨在确保信息系统的安全性和合规性。

参 考 文 献

曹春杰, 韩文报, 2023. 密码科学与技术概论[M]. 北京: 清华大学出版社.

杜海涛, 2011. 口令认证的分类概述[J]. 科技视界(24): 49-50.

戴维·王, 2023. 深入浅出密码学[M]. 韩露露, 谢文丽, 杨雅希, 译. 北京: 人民邮电出版社.

范红, 2001. 数字签名技术及其在网络通信安全中的应用[J]. 中国科学院研究生院学报, 18(2): 101-104.

房梁, 殷丽华, 郭云川, 等, 2017. 基于属性的访问控制关键技术研究综述[J]. 计算机学报, 40(7): 1680-1698.

国家密码管理局, 2014. 安全电子签章密码应用技术规范: GM/T 0031—2014[M]. 北京: 中国标准出版社.

国家密码管理局, 2014. 证书认证密钥管理系统检测规范: GM/T 0038—2014[M]. 北京: 中国标准出版社.

国家密码管理局, 2014. 证书认证系统检测规范: GM/T 0037—2014[M]. 北京: 中国标准出版社.

国家密码管理局, 2022. 随机性检测规范: GM/T 0005—2021[M]. 北京: 中国标准出版社.

国家市场监督管理总局, 国家标准化管理委员会, 2019. 信息安全技术 网络安全等级保护基本要求: GB/T 22239—2019[S]. 北京: 中国标准出版社.

国家市场监督管理总局, 国家标准化管理委员会, 2020. 信息安全技术 SM9 标识密码算法 第 2 部分: 算法: GB/T 38635.2—2020[S]. 北京: 中国标准出版社.

国家市场监督管理总局, 国家标准化管理委员会, 2021. 信息安全技术 信息系统密码应用基本要: GB/T 39786—2021[S]. 北京: 中国标准出版社.

霍炜, 郭启全, 马原, 2020. 商用密码应用与安全性评估[M]. 北京: 电子工业出版社.

卡哈特, 2023. 密码学与网络安全[M]. 4 版. 葛秀慧, 金名, 译. 北京: 清华大学出版社.

李兰燕, 毛雪石, 2010. 动态口令双因素认证及其应用[J]. 计算机时代, (4): 11-13.

林璟锵, 荆继武, 2019. 密码应用安全的技术体系探讨[J]. 信息安全研究, 5(1): 14-22.

王凤英, 2010. 访问控制原理与实践[M]. 北京: 北京邮电大学出版社.

杨义先, 钮心忻, 2003. 网络安全理论与技术[M]. 北京: 人民邮电出版社.

赵亮, 茅兵, 谢立, 2004. 访问控制研究综述[J]. 计算机工程, 30(2): 1-2, 189.

中华人民共和国国家质量监督检验检疫总局, 中国国家标准化管理委员会, 2016. 信息安全技术 祖冲之序列密码算法 第 1 部分: 算法描述: GB/T 33133.1—2016[M]. 北京: 中国标准出版社.

中华人民共和国国家质量监督检验检疫总局, 中国国家标准化管理委员会, 2017. 信息安全技术 SM2 椭圆曲线公钥密码算法 第 1 部分: 总则: GB/T 32918.1—2016[M]. 北京: 中国标准出版社.

中华人民共和国国家质量监督检验检疫总局, 中国国家标准化管理委员会, 2017. 信息安全技术 SM2 椭圆曲线公钥密码算法 第 2 部分: 数字签名算法: GB/T 32918.2—2016[M]. 北京: 中国标准出版社.

中华人民共和国国家质量监督检验检疫总局, 中国国家标准化管理委员会, 2017. 信息安全技术 SM2 椭圆曲线公钥密码算法 第 3 部分: 密钥交换协议: GB/T 32918.3—2016[M]. 北京: 中国标准出版社.

中华人民共和国国家质量监督检验检疫总局, 中国国家标准化管理委员会, 2017. 信息安全技术 SM2 椭圆曲线公钥密码算法 第 4 部分:公钥加密算法: GB/T 32918.4—2016[M]. 北京: 中国标准出版社.

中华人民共和国国家质量监督检验检疫总局，中国国家标准化管理委员会，2017.信息安全技术　SM3 密码杂凑算法: GB/T 32905—2016[M]. 北京: 中国标准出版社.

中华人民共和国国家质量监督检验检疫总局，中国国家标准化管理委员会，2017.信息安全技术　SM4 分组密码算法: GB/T 32907—2016[M]. 北京: 中国标准出版社.

PEYRAVIAN M, ZUNIC N, 2000. Methods for protecting password transmission[J]. Computers & security, 19(5): 466-469.